当代科普名著系列

Why Trust Science?

为什么信任科学
反智主义、怀疑论及文化多样性

［美］内奥米·奥雷斯克斯　著

马建波　乔　宇　译

上海科技教育出版社

Philosopher's Stone Series

哲人石丛书

立足当代科学前沿

彰显当代科技名家

绍介当代科学思潮

激扬科技创新精神

策 划

哲人石科学人文出版中心

对本书的评价

◇

我们如何才能了解真相？当科学影响一些人的利益时，我们应该如何保护科学知识（以及我们自己）不受这些人的侵害？内奥米·奥雷斯克斯在气候变化否定论等问题上的开创性研究，为这些问题提供了必要的视角。在这本透彻明了、绝对无法抗拒的书中，她直面了这些问题。

——内奥米·克莱因(Naomi Klein)，
《说不，是不够的》(*No is not Enough*)及
《这改变一切》(*This Changes Everything*)的作者

◇

这本内容广泛且思想丰富的作品探讨了诸多我们通常认为是理所当然，但实则非常棘手的问题，比如我们为什么、何时及如何能（或不能）信任科学。在一个后真相的世界里，本书实乃我们所需。

——凯瑟琳·海霍(Katharine Hayhoe)，
得克萨斯理工大学，《气候变化》(*A Climate for Change*)的合著者

◇

内奥米·奥雷斯克斯的《为什么信任科学》应该被进步人士、保守分子和所有中间派阅读。本书重要且及时，绝对引人入胜。

——伊丽莎白·科尔伯特(Elizabeth Kolbert)，
《大灭绝时代：一部反常的自然史》(*The Sixth Extinction:
An Unnatural History*)的作者

◇

在一个充斥着假新闻、另类事实,并且意见和意识形态胜过经验证据和科学方法的时代,科学应该如何回应?这本不可思议的重要作品以书名直击当代最紧迫的问题之一,如果我们不信任科学,那么人类注定灭亡。

——吉姆·阿勒-哈利利(Jim Al-Khalili),
英国皇家学会会员,物理学家,作家,
BBC《生命科学》(The Life Scientific)节目主持人

◇

对任何想要理解科学发现可信度的概念和实践基础的人来说,本书都不容错过。

——约翰·P. 霍尔德伦(John P. Holdren),
哈佛大学,前总统奥巴马的科学技术顾问

◇

这是科学史上一个糟糕的时刻,科学在公众中的声誉岌岌可危,勇气非凡且才华横溢的内奥米·奥雷斯克斯对此的探索正当其时。其对人类探究天性的考察不容错过,关乎它的成功、失败,以及它在寻求真理过程中基本的诚信。

——德博拉·布卢姆(Deborah Blum),
普利策奖得主,
《测毒小队》(The Poison Squad)的作者

◇

《为什么信任科学》来得恰到好处,它的作者是世界上最重要、最犀利的科学和社会观察家之一。在错误和虚假信息满天飞的今天,有责任心的公民对应该相信什么或相信谁一无所知,并且对各种各样的证据、观点和党派主张无所适从。奥雷斯克斯清晰地阐明了如何识别和使用可靠知识,正中我等下怀。本书当前对科学家和公民的重要性,无论怎么说都不为过。

——拉什·D. 霍尔特(Rush D. Holt),
美国科学促进会首席执行官,前美国众议院议员

◇

内奥米·奥雷斯克斯曾因对气候变化问题的敏锐洞察而引人瞩目,现在则直面对科学本身的攻击,后者已然是知情民主基石的威胁。扣人心弦,力透纸背,批判分析有理有据,《为什么信任科学》为任何关心我们这个世界的人而作。

——简·卢布琴科(Jane Lubchenco),
前美国国家海洋和大气管理局局长

◇

在这场权威的对科学的辩护中,著名科学家和科学史家内奥米·奥雷斯克斯提出案例,交由专家仔细审查,并对专家的提问做出回应。她的方法本身就是对科学的自我修正机制,以及引导科学更好地理解自然世界的迭代过程的隐喻。

——迈克尔·E. 曼恩(Michael E. Mann),
宾夕法尼亚州立大学,
《曲棍球棍与气候战争》(The Hockey Stick and the Climate Wars)的作者

◇

这本书提出了一个重要而及时的问题。虽然承认科学有可能偏离轨道而变得不可靠,但奥雷斯克斯为科学提供了令人信服、理由充足的辩护,认为科学的可信性来自它的集体特性,而不是特定的方法或科学家固有的客观性。

——安杰拉·N. H. 克里杰(Angela N. H. Creager),
《原子生命:放射性同位素在科学和医学中的历史》
(Life Atomic: A History of Radioisotopes in Science and Medicine)的作者

◇

本书对一个高度复杂、非常紧迫的重要问题进行了富有洞察力、清晰明了的讨论。奥雷斯克斯对社会参与科学的呼吁,可能导致我们对科学在社会中的作用及科学制度化组织方式的观念发生重大变化。

——卡里姆·布希尔(Karim Bschir),
苏黎世联邦理工学院

内容提要

为什么科学知识的社会属性令其值得信赖？

当医生告诉我们疫苗是安全的，他们真的知道自己在说什么吗？当气候专家警告我们全球变暖的危险时，我们应该相信他们的话吗？我们为什么要相信科学，而我们自己的政客却不相信？在这本里程碑式的著作中，内奥米·奥雷斯克斯为科学提供了一个大胆而令人信服的辩护，揭示了为什么科学知识的社会属性是其最大的优势——也是我们可以信任它的最大理由。

通过梳理19世纪末至今的科学史和科学哲学，奥雷斯克斯指出，与流行的信念相反，没有单一的科学方法。相反，科学主张之所以值得信赖源自社会过程，在其中它们受到严格审查。这个过程并不完美——但凡涉及人类，从来不存在完美，但她从科学家们的错误案例中汲取了重要的教训。奥雷斯克斯表明，共识是判断科学问题何时得到解决、何时产生的知识可能值得信赖的关键指标。

这本及时而饱含战斗性的作品以普林斯顿大学的"坦纳人类价值讲座"为基础，其中气候专家奥特马尔·埃登霍费尔和马丁·科瓦什、政治学家乔恩·克罗斯尼克、科学哲学家马克·兰格、科学史家苏珊·林迪的评论,以及政治理论家斯蒂芬·马赛多的导言,亦为之增色。

作者简介

　　内奥米·奥雷斯克斯（Naomi Oreskes），哈佛大学科学史教授，地球与行星科学兼职教授，国际知名的地质学家、科学史家和作家，致力于科学在社会中的作用，以及人为气候变化问题的研究。其作品学术性和大众性兼具，包括《大陆漂移学说蒙难记》(The Rejection of Continental Drift)、《板块构造：地球现代理论内幕史》(Plate Tectonics: An Insider's History of the Modern Theory of the Earth)、《贩卖怀疑的商人：操弄从吸烟到全球变暖真相的幕后黑手》(Merchants of Doubt: How a Handful of Scientists Obscured the Truth on Issues from Tobacco Smoke to Global Warming) 及《西方文明的崩溃：来自未来的观点》(The Collapse of Western Civilization: A View from the Future)。

评论者简介

乔恩·A.克罗斯尼克(Jon A. Krosnick),斯坦福大学人文与社会科学弗雷德里克·O.格洛弗讲席教授,斯坦福大学传播、政治科学和(礼任)心理学教授,斯坦福政治心理学研究小组主任,美国人口普查局研究心理学家,美国艺术与科学学院院士、美国科学促进会会员。

苏珊·林迪(Susan Lindee),宾夕法尼亚大学科学史和科学社会学的贾尼丝及朱利安·伯斯讲席教授,近期作品为《基因医学的真相时刻》(*Moments of Truth in Genetic Medicine*)。

马克·兰格(Marc Lange),北卡罗来纳大学教堂山分校西达·珀杜杰出哲学教授,近期作品为《因为无缘无故:科学和数学中的非因果解释》(*Because without Cause: Non-Causal Explanations in Science and Mathematics*)。

奥特马尔·埃登霍费尔(Ottmar Edenhofer),波茨坦气候影响研究所所长,柏林工业大学气候变化经济学教授,墨卡托全球公域与气候变化研究所所长,世界银行顾问。

马丁·科瓦什(Martin Kowarsch),墨卡托研究所科学评估、伦理和公共政策工作组负责人,主要研究科学、政策和社会的相互作用,以及综合环境评估中的价值和伦理。

斯蒂芬·马赛多(Stephen Macedo),普林斯顿大学人类价值中心前主任,政治学劳伦斯·S. 洛克菲勒讲席教授,美国艺术与科学学院院士,著有《自由美德:自由宪政中的公民、美德和社区》(*Liberal Virtues: Citizenship, Virtue, and Community in Liberal Constitutionalism*)、《多样性和不信任:多元文化民主中的公民教育》(*Diversity and Distrust: Civic Education in a Multicultural Democracy*),合著有《危险中的民主:政治选择如何破坏公民参与,我们该如何应对》(*Democracy at Risk: How Political Choices Undermine Citizen Participation, and What We Can Do about It*)、《事关结婚:同性伴侣、一夫一妻制和婚姻的未来》(*Just Married: Same-Sex Couples, Monogamy, and the Future of Marriage*)。

信任,但须求证。
——罗纳德·里根(Ronald Reagan)

目录

CONTENTS

目 录

001 — 译者序：是否信任科学，为什么在西方会成为一个问题？

001 — 导言

　　斯蒂芬·马赛多

013 — **第一篇　演讲**

015 — 为什么信任科学：科学史和科学哲学的视角

057 — 误入歧途的科学

118 — 余论：科学中的价值观

129 — **第二篇　评论**

131 — 冻豌豆的认识论：纯洁、暴力与对 20 世纪科学的日常信任

　　苏珊·林迪

145 — 信任科学的理由是什么？

　　马克·兰格

153 — 重构帕斯卡赌注：风险社会可信的气候政策评估

　　奥特马尔·埃登霍费尔　马丁·科瓦什

161 — 对科学现状与未来的评论：受启发于内奥米·奥雷斯克斯

　　乔恩·A.克罗斯尼克

169 — 第三篇　回应

171 — 答复

194 — 后记

203 — 致谢

205 — 注释

239 — 参考文献

277 — 译后记

译者序：是否信任科学，为什么在西方会成为一个问题？

鉴于英文原版已经有一篇颇为简明扼要的导言，绍介本书的主旨及概要，加之作者行文并无太多晦涩难解之处，本篇序文将不在此行画蛇添足之事，而将注意力放在其他两个方面，以期助力读者有更多收益。其一，作者写这样一本书的原因何在；其二，这样一本书对中国的读者而言，有什么样的价值。

我曾经在别处说过，知道一个问题是怎么来的，往往比知道人们如何回答它更为重要。*这一观点对本书尤为适用。也就是说，如果对作者为什么会提出书名中的问题不甚了了，就很难明白她具有何等勃勃的雄心和满满的自信；也很容易把出现在前辅文和封底处的那些读者评论和专家荐语视为商业炒作，或者某个小圈子内部的相互吹捧。实际上，鉴于文化和社会环境的巨大差异，中国的大部分读者估计并不会觉得"是否需要信任科学"是一个值得大费周章去讨论的问题，更不会认为这样的问题有什么样的紧迫性和重要性。毕竟，提到科学，我们主流舆论的关键词或者说社会共识仍然是"赶超""提高科学家待遇""理顺科研体制""解决卡脖子问题"之类。

在某种意义上，本书是一种预言，尽管它并非出现在作者主要关切的领域，而且肯定也不是以她所期望的方式。过去的一年多时间，如梦似幻。由于新冠肺炎疫情的大流行，当代人对未来的不确定感从未如此强烈。当中国人从最初的惶恐和不知所措中逐渐镇定下来的时候，

---

* 参见马建波：《科学之死：20世纪科学哲学思想简史》，上海科技教育出版社，2018年，第37页。

他们无比惊愕地发现,环顾世界,现实的魔幻程度堪比"N刻拍案惊奇"。一向被认为代表着更发达、更先进科学技术水平的西方国家,上至总统,下至平民百姓,竟然有如此众多的反科学者,这些人不仅拒绝戴口罩,抵制居家隔离禁令,甚至对从事抗疫工作的科学家进行人身威胁。还能有比这更荒谬的吗?!然而,按本书作者的观点,这一切的发生,即使称不上必然,也算不得奇怪。因为在这些国家中,对科学的不信任——至少在某些领域——已经达到了令人瞠目结舌的程度,并对社会的正常运行带来了严重的负面干扰。

一

为什么在科技先进的西方发达国家,反科学势力反倒是异常强劲,说起来很难一概而论,因为不同的国家,情况有所不同。但总体上,以下三个方面具有相当的普遍性:(1)20世纪以来,从知识论上为科学的辩护彻底失败;(2)基于根深蒂固个人主义传统之上的,对权威的质疑和对抗;(3)当代科学与工业利益紧密纠缠的运行模式,动摇了科学价值中立的惯常形象。

科学知识是什么?很多人会不假思索地回答说:它是对自然规律客观、真实的反映。换言之,科学是真理或者对真理某种程度的近似。然而,我们相信这一点,与我们能够论证这一点,是完全不同的两码事。上述信念至少包含着三个具有递进关系的难题:自然是否具有客观规律?如果有,人是否能够认识它们?如果能,人是否能够判定何为真何为假?20世纪西方的科学哲学围绕这几个问题展开了旷日持久的争论,结局是悲剧性的,它们之中无一能够得到肯定性的答案。可以说,在捍卫科学知识客观性和真理性的问题上,西方哲学知识论在20世纪经历了灾难性溃败。关于这一点,本书第一篇中《为什么信任科学:科学史和科学哲学的视角》这章对20世纪科学哲学的简短回顾有隐约的暗示,译者所著的《科学之死:20世纪科学哲学思想简史》中有更为完整的论述,此处不赘。毫无疑问,这为怀疑论和相对主义的泛滥,打开了方便之门,也是反科学思潮在西方大行其道的智识基础。

值得一提的是,肯定有读者质疑说,科学在实践上的成功不是已经充分证明了它的真实性和可靠性吗?哪还需要哲学家们叽叽歪歪搞什么知识论上的论证?哲学家们要不就是闲的,要不就是矫情。这样的驳斥看上去非常有力,实则并非如此。姑且不论科学在实践中并不总是那么成功,即便对那些失败的案例视而不见,我们也不能在"有用"和"真实"之间画上等号。简单举个例子,科学史上所有被抛弃的理论——譬如地心说、燃素说、热质说等,都曾经被认为是有用而且真实的;相应地,我们今天认为真实的那些科学理论,在将来同样可能会被认定为是虚假的,无论它们现在多么有用。从实用主义角度出发为科学进行的辩护,不能说是无效的,但肯定是不充分的。它无法堵住怀疑论者和相对主义者的嘴。

自历史学家霍夫施塔特(Richard Hofstadter)于1962年使用"反智主义"(anti-intellectualism)一词开始,它就越来越广泛地被用于描述西方反科学思潮,尤其是新冠肺炎疫情爆发之后。但反智主义一词,无论中译的叫法还是英文原词,都有相当的误导性。因为它比较容易让人联想起"蒙昧""非理性"之类的词汇。实际上,正如本书的作者所言,当今科学的反对者大都并非不分青红皂白地"逢科必反",而是根据自己的好恶有选择性地针对某些具体的领域。比如,宗教上的原教旨主义者抵制进化论,但未必同样对相对论抱有成见;认为自己的生活方式受到气候科学威胁的人,未必就不喜欢看到计算机科学的进步,诸如此类。因此,很难认定西方文化中存在一种系统性的反科学、反理性的所谓"反智主义传统"。

当然,这并不意味着西方反科学思潮和社会运动没有某种共性的东西。在我看来，这种共性与其用含混不清的"反智"一词来表达，不如视之为西方个人主义传统的一种外化。在这种传统当中成长起来的个体，对外在"权威"的约束，有一种天然的抵抗心理，不管它来自权力还是智力。一旦感觉外在的权威触碰到自己珍视的价值核心，他们就会对其产生明显（有时甚至是歇斯底里）的敌意。糟糕的是，这种敌意几乎不可能用所谓"摆事实、讲道理"的方式来消除。而且，只要碰上适宜的氛围，它会迅速发酵，形成轰轰烈烈的社会运动。由于得天独厚的文化政治环境，这一点在美国社会中的表现最为显著。

一个经典的例子是发生于20世纪20年代的"猴子审判"（monkey trail）。面对日益流行的生物进化论，一批基督教原教旨主义者深感自己的信仰遭受威胁，愤而发动反击。他们先是批评进化论的各种错误，进而试图以立法的方式阻止在公立学校讲授进化论，最终演变为一场席卷全美的大事件。自此之后，原教旨主义者对进化论发起的挑战一波接着一波，至今仍未能平息。* 另一个经典的例子是20世纪50年代一度沸沸扬扬的"水加氟"事件。在发现氟对防止龋齿有用后，美国公共卫生机构拟通过在水中加氟——因其成本低、效果好且简单可行，来提高人们的牙齿健康。结果，这一单纯的健康措施不仅在很多地方被抵制，而且还令人啼笑皆非地演变成了关于自由与控制、阴谋与反阴谋的争论。** 此外，本书多处述及的当代关于气候变化的讨论也很有代表性，读者届时不妨细细品味。

很不幸，科学的结论天然就带有约束性，而目前的公众管理政策大部分依赖科学，或者以科学的名义来制定。所以，科学在很多人眼中已然蜕变为代表新权威的文化符号，需要小心提防，甚至打倒在地。他们

---

* 参见爱德华·拉森：《众神之夏》，语桥等译，江西教育出版社，2001年。

** 参见克里斯托弗·托默：《科学幻象》，王鸣阳译，江西教育出版社，1999年。

之所以反对科学,不在于科学本身,而在于恐惧有人借用科学的名义来干涉或戕害他们想要的信仰和自由。或者说,不是科学不重要,而是有别的东西比它更重要。(想想下面两句人人耳熟能详的诗:"生命诚可贵,爱情价更高;若为自由故,二者皆可抛。")更不幸的是,常言说苍蝇不叮无缝的蛋,人们在捍卫科学客观性和真理性上的失败,加剧了由此产生的困境。科学的反对者们能够轻易借用各种理论武器来发动攻击。

纯粹的科学研究超然于任何利益之上,科学知识与价值无涉,这是很多科学家、哲学家乃至普通人心目中科学的理想形象。问题是,科学在现实中展现出来的却与此相去甚远,甚至完全相反。产业资本大举进入科学研究领域,是当代科学社会化一个最为显著的特征。这在极大推动相关领域研究飞速前进的同时,也让游戏规则有了很大的不同。资本逐利的本性,使得很多由其资助的研究一开始就带有强烈的目的性和功利性,这样的研究结果很难保证所谓的客观和公正。

这方面最为臭名昭著的例子是有关烟草与健康关系的研究。早在20世纪50年代,吸烟与肺癌等严重疾病之间的关联性就已经引起了广泛关注,但为了维护行业利益,世界上几大烟草业巨头持续资助了很多研究,力证吸烟与健康之间没有关联,或者关联程度很低。这严重迟滞了各国对烟草业的管控和限制。* 在本书看来,此类现象在医疗、石油化工以及食品饮料等领域都较为普遍。

至于产业资本如何影响科学研究,程度怎样,需要更为细致和长期的研究。但是,"一朝被蛇咬,十年怕井绳",类似的负面案例哪怕只有一起也会极大损害科学的声誉。它会给人们留下这样的印象:即使科学曾经拥有独立性和公正性,它现在也已然丧失了这样的品质。因此,

---

* 参见阿兰·布兰特:《香烟的世纪》,苏琦译,东方出版社,2011年。

科学似乎日益沦为了利益集团争斗的工具，而非凌驾于这些争斗之上的仲裁者。科学所谓的价值中立，不过是利益集团手中的遮羞布和挡箭牌。不难想象，这会给那些试图把水搅浑的人带来多大话柄，又会给那些阴谋论爱好者们发挥想象力带来多大空间。很多绘声绘色的关于科学与财富、权力狼狈为奸的精彩剧本，都是因此杜撰出来的。在疫情期间流传的各种阴谋论故事中，微软创始人比尔·盖茨（Bill Gates）和美国国家过敏和传染病研究所所长福奇（Anthony S. Fauci）屡次成为大反派，恰如其分地体现出这一点。

总而言之，西方发达国家在病毒肆虐之际发生的种种荒谬，是长时间以来反科学思潮泛滥的一次集中体现。它们并不突兀，也不难理解。由此出发，读者当能更为清晰地理解作者写作本书的意图，以及她可能面临的巨大挑战；也当能更好地理解众多评论家为什么会对她不吝溢美之词。在很大程度上，这本书代表着那些认可科学及其在当代社会中扮演重要角色的知识分子，对反科学思潮和社会运动的又一次迎头痛击。他们迫切希望这样的言论，能够正本清源，改变人们对科学的错误认识，使得它重新获得认可和应得的尊重。在他们看来，这对科学的良性运转，以及整个社会的长远发展都至关重要。

从明面上看，反科学思潮在中国的声势及实际造成的影响，都远逊西方社会。但是，认为反科学思潮在中国不存在，或者它的影响小到可以忽略不计，却是错的。中国当代社会中的反科学思潮有着不同的根源和表现形式，同样值得我们关注和认真研究。随着中国社会的发展变化，"为什么信任科学"是否会成为一个令人瞩目的社会问题，殊难预料。

二

对于国内相关专业领域的读者而言，本书至少在以下三个方面颇有可资借鉴之处。

首先，本书有助于人们更好地意识到，科学哲学和科学史的视角，在研究诸多现实问题时是不可或缺的。为什么有人始终不屈不挠地抵制全球变暖的科学结论？为什么人们接种疫苗的意愿逐步走低？为什么关于5G或者病毒的各种阴谋论会满天飞？这些具体的现实问题看上去与纯粹的知识论和科学史研究毫无关联，但本书令人信服地表明，缺乏后者的维度，想要解决它们是不可能的。知识论和科学史研究不仅能够帮助人们更深入地思考这些问题的根由，更重要的是，它们能够告诉人们，采取什么样的应对之策是无效或错误的。在作者看来，面对那些对科学的种种质疑，诉诸科学是纯粹追求知识的事业，或者科学知识是真理的化身，不只是达不到目的，甚至会适得其反。因为它们只是理想，在现实中从来不存在。不诚实而且漏洞百出的辩护，只会加剧已有的不信任。知识论和一般性的科学史研究在今天的学术圈子日渐式微，关于科技的创新、法律、伦理、社会影响之类的研究正炙手可热。但是前者的基础性地位仍然必须得到坚持，否则后者很可能成为想当然和空中楼阁。

其次，虽然知识社会学或者社会知识论主导了20世纪最后20年的西方科学哲学，但它在中国学术界的影响一直不温不火，本书在这一点上对国内学界的价值可圈可点。此处略举三例。

第一例与大名鼎鼎的库恩（Thomas Kuhn）有关。一般认为，库恩打开了通向知识社会学的大门，而他的思想主要来自早期的科学思想史研究。*本书作者则将库恩的思想追溯到20世纪二三十年代的波兰学者弗莱克（Ludwik Fleck），后者提出了"思想集体"这一概念。她对弗莱克的在思想史上的地位评价极高，认为库恩《科学革命的结构》

---

* 译者所著的《科学之死：20世纪科学哲学思想简史》即持此种观点。

中的主要思想深受其影响,并委婉地批评库恩没有及时和明确地承认这一点。进而,她还明确指出,美国学界近年来对弗莱克的思想有新一轮的发掘,并就库恩与他之间的关联展开了激烈争论。相较而言,弗莱克并未引起国内学界的充分关注。本书在这一问题上的观点,无论对深入研究库恩思想,还是对爬梳西方知识社会学思想史,都有很好的启发作用。

第二例是本书从社会知识论的角度,给出了科学知识客观性的一个有限辩护。很多哲学家和科学家都认为,如果将科学知识视为社会进程的结果,对科学知识的客观性而言是毁灭性的。因为这会使得科学知识无法与意识形态、宗教信仰之类的东西区别开,只会导致相对主义和怀疑论。但本书作者反其道而行之,她认为,从实在论和方法论的角度为科学知识的客观性辩护才是毫无出路的,科学的客观性恰恰寓于它天然的社会属性。一个开放的,方法论上灵活的,而且研究者的年龄、民族、种族、性别等呈多样化分布的科学共同体,如果对所有相互竞争的主张都遵循严格的批判性质询的方式进行评价,最终达成的共识就必然具有客观性。(当然,作者并未像有些哲学家暗示的那样认为科学共同体的组成者应该面向所有不特定的个体,而是强调他们必须是获得相应资格的专业人员。)作者对这个辩护可谓信心十足,但具体情形如何,有赖读者诸君明辨,译者不便越俎代庖。不过,无论如何,本书作者的这一观点,对理解知识社会学的研究进路,以及澄清对这种进路的某些污名化,都不无益处。

第三例是本书作者温和的女性主义立场。女性主义在知识社会学中占据重要地位,20世纪晚期此领域出产了好些有影响力的学者,并引发了很多争议。本书作者对自己女性主义的立场丝毫不加掩饰,并且处处精心维护,但凡有女性科学家的研究或者著作能够引用,她都会当仁不让地采纳。当然,作者的分寸拿捏得恰到好处。她强调女性参与科学对维系科学共同体多样性的重要性，但并不咄咄逼人地主张女性是拯救科学的救世主。这种坦诚而不做作的态度，应该能够增强女性主义的亲和力和吸引力。需要指出的是，第二例中提到的那种辩护，很大程度上来自作者的女性主义立场。作为一名坚守这一立场的女性，她更能敏锐地意识到，同质化的群体，其成员很难发现他们默认的一些前提和出发点，其实只是偏见。

再次，单从科学史的角度来说，作者述及的案例，也能极大丰富国内学界的科学史教学和研究。本书第一篇中《误入歧途的科学》分析了5个科学史上的例子，各具特色，读起来津津有味。

其中，译者最感兴趣的一个是"优生学"。关于优生学理论和实践与纳粹的关联，以及由此在历史上造成的恶劣后果，如今已经说得上广为人知。但实际上，20世纪早期，优生学的深厚影响遍及整个西方社会，其带来的负面作用在各国也不比纳粹逊色多少。这是科学史上最为不堪的一部分。把优生学视为科学的滥用或误用，在科学界和科学史界几乎众口一词。但作者并不认同所谓的"滥用"或"误用"的说法。一方面，她认为优生学理论来自公认的科学原理（也就是进化论），尽管其前提中包含明显的种族主义和等级主义成分；同时，优生学的鼓吹者大部分是科学家，所以在这样的意义上，优生学研究应该算一种科学的实践。另一方面，当时的科学共同体在关于优生学的问题上存在巨大分歧，也就是不存在共识性的结论，所以在这样的意义上，那些用来制定强制绝育之类政策或法律的优生学依据，则根本不能算是科学。她的这一观点说起来有点拧巴，但引用史料和观点的丰富性，令人刮目相看。

最后，本书作者对一些科学研究方法，尤其是统计学方法的批评，非常有建设性。无论是从事一般方法论研究的哲学工作者，还是从事自然科学研究的科学工作者，都能从中受益匪浅。

本书的编排采取了学术期刊都遵循的同行评议方式。全书附有4篇评论文章,也各有其趣。对此,我个人最大的感触是,一种真正对事不对人的学术批评,在学术共同体建设中的重要性,无论如何评价都不过分。

三

当然,本书并非只适合专业读者阅读。英文原版的定位就是学术性和普及性兼具,因此全书没有太多的学究气,适合所有对科学问题感兴趣的读者。借用英文原版编辑在"导言"中的话来说,本书对"所有关心人类在这个脆弱地球上未来的人"而言,都值得一读。通过本书,普通读者可以在一种毫不枯燥乏味的氛围中,不知不觉增进对科学、科学哲学和科学史的了解。有心的读者还可以在这个过程中深切感受到,某些微妙但影响甚巨的中西文化差异。不过,在我看来,本书最大的价值在于,它能引导人们严肃思考那一类看似与我们的日常生活无关,实则攸关人类前途命运的问题。

按照作者的观点,人们不信任科学的原因,归根结底在于价值观的不同。而且,科学在实际运行中,无论科学家个体还是科学知识,都必定包含着价值观的成分,尽管在不同学科、不同类型的知识体系中,其程度或显著性会有所不同。因此,试图使用各种方式来规避价值观在科学中的作用,塑造科学价值中立的客观形象,都不过是掩耳盗铃,无助于改变科学当前面临的信任困境。对此,我深以为然。

因而,循此思路,"为什么信任科学"这个问题,只不过是"不同价值观的人(群体)能够彼此信任和相处吗"这个更为宏大问题的一个特例。重要的是,无论人们能否在理论上找到彼此信任的基础,都必须在实践中找到彼此共存的智慧。毕竟,地球只有一个,我们所有人都在同一条船上。如若不然,在作者担心的全球变暖导致地球无法居住之前,由价值观导致的冲突可能已经将之撕成了碎片。

马建波

2021年3月30日于中国人民大学青年公寓

导言

斯蒂芬·马赛多

科学面临着一场公众信任危机。从华盛顿的总统办公室到遍及全世界的新闻媒体,有关气候变化、疫苗有效性以及其他重大事项的科学共识,被反复质疑和歪曲。对科学的诸般怀疑,与科学的发现背道而驰,它们来自被经济利益和意识形态信条捆绑的强大机构,比如烟草公司、石化企业、自由市场智库。[1]

众所周知,科学家们间或会犯错误,尤其是,今天被广泛信奉的科学事实将来却可能被证明是错的。那么我们为什么要信任科学?在什么情况下,以及在多大程度上,应该信任科学?

当极端气候变得寻常、海平面上升、气候变化引发的移民潮席卷边界、世界各国面临日益增加的开支和人道主义危机之时,这些问题再及时和切中肯綮不过了,尽管一些所谓的专家对此并不总是认同。"极地漩涡"在2019年1月末袭击了美国上中西部及东北地区,一个地方电视台的气象工作者可能播报说,将极端气候事件归因于全球变暖,仅仅是"科学家的一些推测"。在另一频道,一个供职于声誉卓著的研究中心的科学家则坚持主张:"我们知道为什么……所有的一切都因为人类活动增加了大气层中的温室气体,使得大量热量聚集在地表。"[2]

尽管气候科学攸关人类未来,但它只是冰山一角。疫苗有效吗?避孕药是否导致抑郁?牙线对你的牙齿有没有好处?在诸如此类的很多问题上,科学家们可能达成一致,但怀疑仍然萦绕。那么,我们应该信任谁?为什么?

在本书中,对为什么及在什么情况下科学发现是可靠的问题,奥雷斯克斯教授给出了清晰且有说服力的回应。她用极富可读性的语言解释了信任科学的基础,并且用生动的、有关科学是否应该在我们的生活中发挥核心作用的例证阐明了她的论点。读者将在此处看到一个对科学发现值得信赖的坚定辩护,其并非来自什么特殊的方法或者科学家的人格魅力,而是来自科学乃集体事业这一性质。

对于科学在社会中扮演的角色以及人为气候变化这一事实,作为一名卓越的科学家和科学史家,奥雷斯克斯教授的观点,亦是当世最清晰、最有影响力的观点之一。

本书发端于奥雷斯克斯教授2016年11月底在普林斯顿大学坦纳人类价值观讲座(Tanner Lectures on Human Values)上所做的演讲。其时,四名杰出的评论者从不同的领域和角度,对她的两次演讲做出了回应。本书包含演讲稿、四篇评论稿,以及一篇奥雷斯克斯教授的拓展性答复,它们都经过重新修订和扩充。[3]

读者将在接下来的章节中读到围绕科学认识的本质、科学方法、科学共同体的作用展开的主要哲学论争的概要。奥雷斯克斯捍卫了价值观在科学中的作用,讨论了科学与宗教的关系,并给出了自己作为科学家和科学捍卫者的信条。四位评论者提供了他们关于这些问题的观点,奥雷斯克斯最后对科学在当今的困境及前景进行了评论。下面是更详细的介绍。

为什么我们必须信任科学?奥雷斯克斯教授首先言简意赅地指出:科学知识是"基本共识",正确理解科学有助于我们"解决当前的信任危机"。

第一篇中《为什么信任科学:科学史和科学哲学的视角》以有关科

学的本质和科学方法的哲学争论为背景,提出了信任问题。在18、19世纪以及更早前,信任通常由"伟大人物"来维系:科学之所以值得信任乃在于科学家们值得信赖。渐渐地,一种不同的观点逐渐发展起来:细心的观察和坚持科学的方法才是科学进步的基石。奥雷斯克斯亦考察了主导20世纪上半叶科学哲学的各种经验主义,以及波普尔(Karl Popper)带来的挑战。波普尔认为科学的本质并非证实,而是对可证伪性或"可错论"(fallibilism)保持开放。

奥雷斯克斯认为,将科学视为一种集体性事业观点的出现最为重要。在20世纪30年代,弗莱克(Ludwik Fleck)率先开启了科学的"社会学视角",他认为"真正孤立的研究者是不可能的……思考是一种集体行为"。奥雷斯克斯赞同科学的进步取决于集体组织和科学实践,"诸如施行同行评议的期刊,以及科学家分享数据、解决争端、调整观点的科学社团"。

科学共同体——他们的世界观及实践的中心重要性,是奥雷斯克斯教授观点的核心。当我们关注科学家所做之事时,会发现各种各样的方法都具有创造性和灵活性。奥雷斯克斯探讨了围绕迪昂(Pierre Duhem)、蒯因(W. V. O. Quine)、库恩及其他人的工作展开的科学哲学上的争论。她阐述了由女性主义哲学家及科学史家发展起来的社会认识论,其中包括朗吉诺(Helen Longino)的诸多贡献。奥雷斯克斯指出,朗吉诺帮助创建了如下观点:"客观性将达到极致……当共同体有足够的多样性,即各色观点都能发展、被听取并得到妥善考虑之时。"或者,像她后来所说的:"知识的力量寓于多样性之中。"

奥雷斯克斯教授在为人们对科学的理解发生"社会转向"辩护之时,也谈及了"科学实在乃是社会建构的"这一观点带来的威胁。她告诫公众要记住这显而易见的一点:科学家们对自然进行着持续而仔细的研究。经验的维度至关重要,但科学的专业知识也是公共组织的:客观性在批评及纠错的社会实践中产生,最成功的当属多样性的、"非保守性的"(non-defensive)以及自我批评的科学共同体。

奥雷斯克斯教授认为,有理由将"基于知情的信任"(informed trust)置于"科学共同体经严格协商达成的共识"之中。科学家个体会犯错误,尤其是当"他们偏离了自己的专业领域"时,奥雷斯克斯讲述了一些这方面引人注目的例子。虽说在洞察自然世界方面,科学并没有专属权,但科学共同体的实践和程序增加了科学共识可靠的概率。

在气候变化问题上,我们应该信任来自科学共同体的结论,而非石油行业,因为后者在此存在利益相关。它的目标是通过勘探、开发、出售石油资源来获利,而且一般来说精于此道。可是这些目标与对有关气候变化真相的寻求背道而驰。按照通常的原则,我们应该对受利益驱动或者意识形态偏见支配的机构在科学上的断言持怀疑态度。好科学的先决条件是"参与者对研究感兴趣并对真理有共同的爱好。它假定参与者没有重要的、需在理智上做出妥协的利益冲突"。

不过,科学家们有时也会把事情搞砸,因而,奥雷斯克斯教授在《误入歧途的科学》一章中追问道,我们如何知道他们现在没有犯错呢?如果我们的知识是速朽和不完善的,如何"能够有理由依靠它来做出决策,特别是那些往往攸关社会和政治敏锐性、重大经济后果以及与个人切身相关的问题"?

为了弄清这些重大问题,奥雷斯克斯检视了5个科学走向歧路的案例,它们有什么共同点?我们能从中学到些什么?

第一个是19世纪晚期流行的"有限能量理论"(Limited Energy Theory),该理论认为女性不应该接受高等教育,理由是用于学习的能量会对她们的生育能力产生影响。正如读者将会看到的那样,这一理论曾遭到雅各比(Mary Putnam Jacobi)博士的尖锐批评,但对男性科学家的影响微乎其微。

另一个案例是对大陆漂移理论的排斥。许多美国科学家之所以对该理论充满敌意，是因为他们指责其建立在有缺陷的"欧洲人的"方法论的基础上。

第三个案例是优生学，它在今天几乎被认为只与纳粹有密切关联，但实际上，在美国和其他西方国家，它有着各种各样的提倡者和实践者。奥雷斯克斯对美国和欧洲优生学复杂的政治有着引人入胜的说明。

奥雷斯克斯的第四个案例是激素节育及其常常导致抑郁的证据。许多女性在使用某些避孕药物之后，会出现抑郁的症状，奥雷斯克斯谈及了她与此相关的亲身经历。然而，长期以来，数以百万计的女性这方面的自我报告，因被医学科学视为不可靠而遭到忽视。

奥雷斯克斯最后所举的案例是牙线，大量新闻报道声称，用牙线清洁牙齿的效果缺乏过硬证据。随着研究的深入，奥雷斯克认为，缺乏随机试验来测试牙线的效果，并不等同于缺乏证据。

从这些不同的案例中，奥雷斯克斯教授得出了一些一般性的教训，并将之归类为共识、方法、证据、价值观和谦逊等主题。

通过这5个案例，来之不易的科学共识作为可信度指标的重要性，得到了极好的体现。奥雷斯克斯还对非专家意见这一难题——**它对科学在民主政治中的作用来说至关重要**，以及科学家们如何回应它，进行了极其精彩的讨论。非科学家——从护士、助产士到农夫、渔民，通常会掌握与科学决策相关的信息或证据，病人则对自己的症状非常了解。然而，"仅仅因为某人接近一个问题并不意味着他或她了解它，所以传统客观性的概念据此预设了距离"。这些案例有助于说明并加深可靠的科学权威与基于利益和意识形态的伪科学异议之间的区别，后者我们在气候变化、进化论和疫苗等问题周围随处可见。

根据她所举的5个案例，奥雷斯克斯警告道："方法论偶像崇拜"

（methodological fetishism）使得一些科学家忽略了某些有价值的证据形式，因为它们不符合他们的方法论前提。可是，证据的形式多种多样。

奥雷斯克斯坚持认为，价值观不可避免地在塑造科学中发挥作用。回顾优生学，科学家们大概会说科学被价值观带歪了，可是价值观同样在抵制优生学和有限能量理论中起到核心作用。正因为价值观扮演着不可或缺的角色，故而多样化的科学团体将更有可能发现未经检视的假设、盲点以及前后相继的偏见："一个具有不同价值观的科学团体，更可能识别、挑战潜入或伪装成科学理论的偏见。"对那些部分由科学判定、部分由特殊价值主张判定的政策，奥雷斯克斯承认非科学异见的合法地位，无论它们基于宗教或是道德观。

谦卑同样重要。多样性的科学团体能够纠正那些傲慢科学家的盲点，但科学史告诫我们需要谦卑：那些最了不起的科学家（还有哲学家），有时也会成为方法的盲目崇拜者，从证据中得出错误的结论，沦为时代成见和偏见的牺牲品。[4]即使最顶尖的科学家们也需要记住，完完全全地掌握真理对我们而言仍然遥不可及。

因而，我们什么时候可以信任科学？在《误入歧途的科学》的最后，奥雷斯克斯总结道：当专家共识是在一个多样化的科学共同体中达成时，其特征是有充分的机会进行同行评议以及对批评持开放态度。当然，任何特定的科学主张都有可能是错的，所以她建议我们重温帕斯卡（Pascal）的赌注：考虑犯错的风险。牙线对你的牙齿未必有好处，但它既便宜又方便。人类行动及政策的改变未必能逆转气候变化导致的严重后果，但如果我们今天忽视正确的科学预测，想想我们的子孙后代将会面临的各种灾难吧。

在两个讲座的末尾，奥雷斯克斯教授回到了科学家的价值观问题。理论上，科学发现是一回事，而要用它们做些什么则是另一回事。因此，估计有人会认为，尽管"需要做什么"这一实践问题不可避免地涉及价值观,但科学的证据显示了什么,这一问题则无须涉及。理想状态下,科学应该能把政治和道德争议留给其他人。

然而,事情并非如此纯粹和简单。奥雷斯克斯教授注意到,人们会把科学与他们理解的含义等同起来。原教旨主义者和福音派基督徒,从布莱恩(Williams Jennings Bryan)到桑托勒姆(Rick Santorum),都担心进化论对人类起源的解释会使得人们犯下——按桑托勒姆的说法——"天性的错误"(mistakes of nature),从而摧毁人类尊严和道德的根基。另外,人们质疑环保主义者企图破坏"美国式生活"——大排量小汽车、游艇以及高消费,此类质疑助长了对气候科学的怀疑主义立场。

面对这些质疑,奥雷斯克斯认为,科学家们退回到价值中立的立场是完全错误的。为什么普通人应该信任科学并认真对待它?对这样一个问题,回应说科学家们没有价值立场毫无意义!这恰恰是人们所担心的。而且,很明显,科学家具有价值立场——每个人都有,并且他们的立场影响着他们的工作。在奥雷斯克斯看来,隐藏你的价值观就是在隐藏你的人性。

因此,科学家们应该在价值观上保持诚实。当很多人都愿意分享他们的价值观时,信任就能在其基础上建立起来。基督徒所尊奉的上帝创造之物,正是科学家们所珍视的生物多样性,然而在奥雷斯克斯看来,大量证据表明这一切正在遭受严重威胁。

最后,奥雷斯克斯教授有力地总结了自己的信条。作为科学家和环境保护主义者,她的价值立场是:"如果我们不按照科学行事而结果证明它是正确的,人们就将遭受苦难,世界就将走向衰亡。"

接下来,四名杰出学者对奥雷斯克教授讲座的中心要义进行了拓展、精心阐述和评论。

林迪是宾夕法尼亚大学科学史和科学社会学的贾尼丝及朱利安·伯斯讲席教授,并担任多种行政职务。林迪认为,在对付科学的怀疑主义方面,应该将注意力集中于人们日常生活中会频繁碰到并依赖的科学上,从烤面包机到冻豌豆、智能手机,以及其他改善人们生活的现代科技奇迹,我们需要"自下而上,步步为营"。

当然,科学的贡献并不总是那么正面。林迪教授提醒我们留意20世纪技术强化战争的残酷历史。她认为,鉴于技术留下的遗产错综复杂,科学史家曾经寻求在纯科学与技术应用之间划清界限。原子科学家也曾寻求通过将原子弹设计归功于工程师,以维护他们的道德纯洁性。

兰格是北卡罗来纳大学教堂山分校西达·珀杜杰出哲学教授,专攻科学哲学。兰格指出,为什么我们应该信任科学这一问题,似乎导致了一种恶性循环:同行评议难道不是一些专家为另一些专家作保吗?

兰格教授认为,要为整个科学寻求一个外部辩护可能是不合理的:科学是自我修正的,因为它可以对任何特定的科学主张进行批判性审查,"但**不能**理所当然地指望科学**同时**将其**所有**理论置于危险之中"。

兰格还讨论了库恩所称的对整个世界观或范式的革命性挑战,在其中方法和理论"相互渗透"。以伽利略(Galileo)为例,他指出,在范式转变的过程中,通常只有"稀疏的共同点",科学家可以利用这一点,来为相互竞争的理论中的某一个建立论据,进而反对其他理论。兰格在结尾处敦促哲学家及其他人等,不要过分强调"不可通约性和不确定性",而要把注意力放在正面阐述"基于科学推理的逻辑上"。

埃登霍费尔为波茨坦气候影响研究所所长兼首席经济学家、柏林工业大学教授。他在普林斯顿发表过评论,此处则同墨卡托研究所科学评估、伦理和公共政策工作组负责人科瓦什一起加入了讨论。他们首先认为,特朗普政府在很大程度上接受了气候科学,但不愿尝试雄心勃勃的减缓气候变化的措施,部分原因是它严重忽视了需为美国之外的气候变化付出的代价。因而,科学共识并不等于政策共识。故此,他们讨论了奥雷斯克斯对信任科学的说明需如何扩展或修正,以便将其运用在基于科学的政策评估中。他们建议进行旨在逐步认识备选政策途径的试验,并认为由于对备选政策的复杂性认识不足,已经犯了代价高昂的错误。

在价值中立的不可能性这一点上,埃登霍费尔和科瓦什认同奥雷斯克斯的观点。他们以杜威实用主义为基础,建议将所有重要的社会价值观——"平等、自由、纯洁及民族主义等",都置于政策评估之中,这或许能为新颖而有创造性的方案打开大门。

最后,受奥雷斯克斯教授启发,克罗斯尼克分享了他对科学的现状及未来的看法。克罗斯尼克是斯坦福大学人文与社会科学弗雷德里克·O.格洛弗讲席教授,以及传播学、政治科学和心理学教授,同时他还领导着政治心理学研究小组。

克罗斯尼克教授描述了一些在生物医学、心理学和其他领域著名的(现在则臭名昭著的)、有影响力的科学发现,它们的结果是科学家们无法重复的。在一些案例中,数据是伪造的;在另一些案例中,研究者承认他们不断重复一个实验,直到得到想要的结果。

克罗斯尼克认为,有缺陷的研究部分源于错误的方法,也源于对职业提升的渴望。学术部门和专业人士非常重视发表令人惊讶和违反直觉的发现。经过更仔细地检查,许多证据都是毫无根据的,这有什么好奇怪的吗?期刊很少发表负面结果,因此对不良研究的驳斥速度缓慢。他坚持认为,科学家必须正视这些问题,解决目前极其盛行但适得其反的动机。

在其含蕴丰富的《回应》篇中,奥雷斯克斯教授深化和丰富了自己的论点。

科学家们试图将他们的工作与技术应用划清界限,奥雷斯克斯赞赏林迪对此所做的出色的历史说明;但是,对更加清晰地了解冻豌豆和智能手机中的科学,会在多大程度上影响对人们对待气候科学的态度,她则表示怀疑。美国人通常不排斥科学,但排斥特定的"与他们的经济利益或珍视的信念相冲突的科学主张和结论"。

在回应兰格的问题时,奥雷斯克斯教授质疑对科学专家的信任是恶性循环这一观点。她认为,"专业知识的社会标记对非专业人士来说是显而易见的",不难看出,否认气候科学的人不是专家,而且美国企业研究所预先承诺了某些政策结果。专家的科学共识往往是可靠的。

作为对埃登霍费尔和科瓦什的回应,奥雷斯克斯教授同意在如何从科学转向政策方面尚需做更多工作的观点。然而,她坚持认为,当有权势的行动者试图破坏公众对涉及进步气候政策的科学的信任时,**根源**往往不是对科学的不信任,而是经济上的私利和意识形态上的承诺。奥雷斯克斯重申,如果科学家们像她建议的那样诚实地对待他们的价值观,那么他们就会经常发现,在气候政策分歧的背后有相当多的价值观重叠,这可能有助于我们建立更大的信任。

最后,奥雷斯克斯教授转向克罗斯尼克的观点,他断言科学面临着"重复性危机"。她承认存在一些涉及数据滥用的显著案例,但同时指出,文章撤稿率(即文章撤回占发表文章的百分比)非常小:可能不到0.01%。如果这个比率上升了,反映出的可能是对研究结果的审查更加严格了,而不是错误研究的发生率更高了;或者也可能反映出媒体对诸如心理学和生物医学领域华而不实的孤立研究论文的胡乱报道。

奥雷斯克斯驳斥了克罗斯尼克关于科学中存在一场危机的更宽泛的暗示。他的例子没有显示科学中的欺诈现象比任何其他领域更普遍。而且,在其中的一些例子中,欺诈行为很快就被发现并受到惩罚。批评和撤稿是通向进步的途径。她提醒我们,她的观点是,我们应该信任**科学共识**,而不是克罗斯尼克所关注的孤立研究,并重申有目的的行业研究资助存在严重的问题。

在这本书付印之前所写的后记中,奥雷斯克斯指出,自2016年秋天她在普林斯顿的坦纳讲座发表演讲以来,对科学——以及更广泛的新闻和信息——的信任问题已经爆发。认为气候变化是事实的美国人远超以往,但美国是由一位否认科学和事实的首席执行官领导的,他正在逆转来之不易的气候政策进展。就像奥雷斯克斯和康韦(Erik Conway)在《贩卖怀疑的商人》(Merchants of Doubt)一书中所论述的那样,对科学共识的诸多怀疑,是那些出于经济或意识形态利益,试图破坏以科学为基础的政策的人捏造出来的。

奥雷斯克斯教授在结语中再次强调,当科学结论是身在多样性及自我批评的科学共同体中的专家成员之间达成共识的,科学就值得我们信任。她最后还举了一个例子——关于使用防晒霜的争议,来说明这本书的核心主题。

如所有优秀的书籍,这本书解决了许多问题,也提出了一些问题。奥雷斯克斯教授认为,科学的进步和可靠性更多地取决于科学共同体的品质,而不是科学家个人的品性。她还认为,科学家不可避免地拥有价值观,他们应该真诚地对待这些价值观。运转良好的科学共同体,难道不是依赖在科学家中占主导地位的良好价值观(即学术诚实和寻求真理)吗?如果多样性对科学共同体很重要,那它是什么样的呢?一般来说,女性和各个种族、民族、宗教及少数群体成员的加入显然对所有的自然科学和学术都有很大的好处。在社会科学(或许还有其他研究领域)中,意识形态上更丰富的多样性会有所帮助吗?

读者将带着如下收获从本书满载而归,即更好地理解现代科学这一至关重要的事业,以及我们应该信任科学共识的理由。所有关心在这个脆弱地球上的人类的未来的人,都应当希望此等及时而重要的书能赢得广大读者的青睐,以免为时太晚。

第一篇

演 讲

为什么信任科学：
科学史和科学哲学的视角

问题[1]

许多人对接种疫苗的风险、气候变化的原因、如何保持健康，以及其余科学领域的问题感到困惑。免疫学家告诉我们，一般来说疫苗对大多数人是安全的，它保护了数百万人免受致命和致残疾病的伤害，而且不会导致自闭症。大气物理学家告诉我们，大气中温室气体的积聚正在使地球变暖，导致海平面上升和极端天气事件的发生。但是他们是怎么知道这些东西的呢？我们怎么知道他们没有错呢？每一种说法都会在大众媒体和互联网上引起争议，有时还会被自称是科学家的人质疑。我们能搞明白那些相互竞争的主张（孰是孰非）吗？

考虑三个最近的例子。

1. 在2016年的总统辩论中，特朗普（Donald Trump）反对医学专业人士——包括同为候选人的内科医生卡森（Ben Carson）——关于疫苗安全的立场。特朗普讲述了一名雇员的经历，该雇员的孩子接种了疫苗，后来被诊断为自闭症。因此，他认为疫苗接种剂量应该更低，间隔时间应该更长。很少有医学专业人士同意他的观点。[2]他们认为推迟接种疫苗会增加婴儿和儿童感染本可预防的疾病的风险，如麻疹、腮腺炎、白喉、破伤风和百日咳。感染了这些疾病的孩子，有的病情会很严重甚至死亡；有的虽存活下来，但会感染其他人。当然，特朗普并不是唯一提出此类建议的人，众多知名人士也做出了相似的劝诫。现在，许多家长拒绝医生的建议，选择延迟或根本不给孩子接种疫苗。因此，可预防的传染病的发病率和死亡率在上升。[3]

2. 美国副总统彭斯（Mike Pence）是一位主张地球历史很短的神创论者，也就是说他相信上帝在不到1万年前创造了地球及其所包含的一切。科学界的共识是，地球已有45亿年的历史，**人属**（*Homo*）出现在二三百万年前，解剖学上的现代人类出现在大约20万年前。尽管科学无法回答上帝（或者任何超自然的存在及力量）是否指引着这一进程，但绝大多数科学家均相信地球上的生命很大程度上通过自然选择的方式演化而来；人类与黑猩猩及其他灵长类动物具有共同的祖先，解释晚期智人（*Homo sapiens sapiens*）的存在无须神的干预。[4]

美国人倾向科学的观点还是彭斯式的观点？答案有点儿取决于你如何询问这一问题。如果你是一个经常去教堂的有宗教信仰的美国人，你同意彭斯的可能性很高：67%的此类人士相信上帝在距今1万年的时间内创造了人类。也许有人会认为他们全是共和党人，然而这种观点是错的。根据盖洛普民意调查，58%的共和党人同意"上帝在距今1万年内创造了人类"，39%的独立人士和41%的民主党人持同样立场。[5]鉴于神创论受到的普遍支持，因此2012年田纳西州颁布了人称《21世纪猴子法案》（Twenty-first-century Monkey Law）的法令也就不足为奇了，该法案授予了教师在科学课堂上讲授神创论的权利。[6]尽管曾多次遭到美国法院否决，但许多州仍在试图颁布这类法律。[7]

3. 美国企业研究所是华盛顿特区历史悠久、资金雄厚的智库，坚持自由放任经济制度、以市场为基础解决社会问题、有限（联邦）政府和低税率的原则。该研究所长期以来一直对人类活动导致气候变化的科学证据持怀疑态度，并贬低包括政府间气候变化专门委员会（the Intergov-

ernmental Panel on Climate Change，简称IPCC）在内的科学共同体的结论。⁸美国企业研究所学者认为，气候科学家正在压制群体内的异议；该所一度向任何愿意搜寻IPCC报告中错误的人提供现金奖励。2002—2016年担任哥伦比亚大学地球研究所所长、联合国秘书长古特雷斯（António Guterres）的千年发展目标特别顾问的萨克斯（Jeffrey Sachs），曾说过一位著名的美国企业研究所学者"歪曲、误报或完全忽视"相关科学结论。⁹2016年，这位挑剔的学者称科学家们为一个"利益集团"，要求知道为什么"由在政治压力下受命的机构进行或资助的科学分析……[应该]在事先被视为最权威的，例如，石油工业"？¹⁰

我不喜欢美国企业研究所。对于他们（与其他倡导对社会和经济问题采取放任态度的智库一道）是如何持续错误报道和描述气候变化，以及各种公共健康和环境问题的科学发现的，我和同事康韦已经有过展示。（他们也不是我的粉丝，他们的学者攻击我关于科学共识的工作。）¹¹不过，他们提出的问题是合理的。科学分析应该被看作绝对的权威吗？在科学问题上，科学共同体通常可以被信任，而石油工业（如他所举的例子）就不能被信任，这种默认的立场合理吗？

一般而言，在北美的大学和研究机构中，科学学科资金充足、受人尊重——通常好于艺术和人文学科，但在这些神圣的殿堂之外，一些非常不同的事情正在上演。自启蒙运动以来，科学应该是我们对经验事项（即事实问题）的权威的主要来源，这一观点在西方国家一直盛行，但如果不经过论证，它将无法持续下去。¹²我们**应该**信任科学吗？如果是，基于什么理由，达到什么程度？什么是信任科学的适当基础，若有的话？

这是一个学术问题，但有着重要的社会影响。如果我们不能回答为什么我们应该信任科学，甚至是为什么我们应该彻头彻尾信任它，那么我们就很难说服我们的同胞，更不用说我们的政治领导人，让他们的孩子接种疫苗,用牙线清洁牙齿,并采取行动防止气候变化。

在过去的一个世纪里,学者们对它的看法发生了巨大变化。而且,科学家的某些观点显然与历史证据相矛盾。一个老生常谈的例子是,科学家们坚称他们的理论必定正确,因为它们有效。如若不然,飞机怎么会飞,药物怎么能治病？[13]但是,效用并不意味着真理,我们可以找出科学史上许多曾经行之有效、后来被认为是错误的理论。托勒玫(Ptolemaeus)的天文学体系、热质说、经典力学,以及地球收缩理论等,都对观测到的现象进行了解释并做出了成功的预测,现在却被扔进了历史的垃圾堆。无论如何,许多研究科学史、科学哲学和科学学的学者最近集中于一种经得起推究的新观点:将科学知识视为根本性的**共识**。这种视科学为共识的观点,能够帮助我们解决当前的信任危机。

实证知识*之梦

整个18世纪和19世纪早期,大多数学者把科学的权威归于"科学人"的权威。[14]科学调查的结果是否可信,在于从事这些调查的人是否可信。确认和识别在科学问题上的观点值得被寻求、信任和关注的"杰出人物",是诸如英国皇家学会及法兰西科学院这样的荣誉社团被创建的原因之一。[15]这些社团有助于找出那些工作被认为值得接受的个体。在美国,这一理想在美国国家科学院的成立中得到了体现,其在"内战"期间为林肯总统提供咨询。找出科学中的"伟人",他们能够使总统得到他所需要的可靠建议。

然而,在19世纪中期,大部分因为孔德(Auguste Comte,1798—

---

* positive knowledge译为"实证知识"已经约定俗成,但在译者看来译为"肯定性知识"或"确定性知识"似乎更为恰当。——译者

1857)的工作推动,一个实质性的思想转变发生了。他被誉为社会学的奠基者、现代形式科学哲学的奠基者,以及实证主义哲学学派的奠基者。[16]孔德的著作丰富而驳杂,业已遭受各种各样的思考和反思、批判和修正,但就我们的目的而言,最需要关注的是他念兹在兹的**实证知识**理念。孔德确信,唯一能够提供实证(即**可靠**)知识的,只有科学。尽管"实证知识"一词多数时候作为一个受到怀疑的概念,在学术讨论之外已不再常用,但其表达的思想仍然存在于我们的语言惯例中。我们仍然保留着"绝对、肯定为真"的观念。在英语中,我们可以问:"Are you positive?"(你肯定吗?)对此,你可以回答:"Yes, I'm positive."(是的,我肯定。)

在孔德看来,实证知识概念的关键要素是**方法**,他将其与宗教、迷信以及形而上学的**教条**进行了对比。他认为,宗教和形而上学的教条都是偏见和狭隘的不同形式,阻碍了智力和社会进步,而科学方法则恰恰相反。将方法应用于追求知识之中,科学有可能把人们从宗教及迷信的枷锁中解放出来。

孔德的哲学(类似19世纪的诸多思想,包括著名的马克思主义)是目的论的。他认为人类历史可以分为三个阶段:神学的或虚构的,形而上学的或抽象的,科学的或实证的。它们未必是前后相继的,它们可能在一个社会中共存,甚至可能在一个人身上共存,但总体的发展方向是从神学到科学,再加上形而上学作为必要的过渡。[17]在人类发展的"实证阶段",科学推理取代了神学和形而上学。科学推理植根于观察。

有人认为,孔德是在寻求用一种新的科学宗教来取代传统宗教,这种说法有一定道理。目的论是许多宗教的共同特征。他承认人们需要道德原则,但认为这些原则可以在真、美、善和对他人的承诺等人文主义理想中找到。他还认为人们需要仪式感,并提议用敬拜实证主义英雄取代基督教圣徒。在他自己的生活中,他留出时间来冥想和坚定他的核心价值观。[18] 不过，无论他的观点是否具有准宗教性，我们讨论的重点是，对于孔德以及有意无意地追随他的几代人来说，科学是可靠的，因为它致力于方法。这就会让人问：何为方法？

孔德对当时正在发展的各种科学学科非常敏感。他没有断言它们的实践是一致的，但他确信它们共享一种人类"实证"状态的基本特征。他写道：

> 在实证状态下，人的心灵意识到不可能获得绝对真理，于是就放弃了探求宇宙的起源和隐因，以及关于现象的终极因的知识。它现在仅仅致力于把推理和观察良好地结合起来，以寻找现象的实际规律，即它们的连续性和相似性的不变关系。如此一来，对事实的解释，就简化成了术语，只包括在不同的特殊现象和某些一般事实之间建立起来的联系，而科学的进步将使其数量越来越少。[19]

在强调经验规律的重要性时，孔德的论证类似于英国经验主义者，特别是休谟（David Hume）。[20] 孔德承认从英国经验主义中获益良多，尤其是培根（Francis Bacon）对他的影响很大。他写道："所有能干的思想家都会认同培根的观点：除了观察到的事实，不可能有真正的知识。"[21] 但孔德并不是后来一些评论家所说的"天真的实证主义者"。他是一位老练的思想家，他认识到我们的理论构建了我们的观察，正如我们的观察构建了我们的理论：

> 如果我们考虑知识的起源，可以肯定的是……[就像]每一个实证理论都必须建立在观察的基础上，另一方面，同样正确的是，为了观察，我们的头脑需要理论或者别的一些东西。如果在观察现象时，没能立即将它们与某些原理关联起来，我们不仅不能把这些孤立的观察结合在一起并从中得到好处，

而且甚至可能完全记不住这些事实,因为它们在很大程度上仍然没有被我们注意到。"

因此,我们可以理解为什么原始人类需要宗教、迷信和形而上学:这些早期概念是认识我们周围世界的一步。我们无须蔑视或贬低人类发展的早期阶段,需要的是了解并接受它,以便前进——识别支配自然的真正规律,我们的思考需要建立在观察的基础上。用他的话来说,"我们有时须从事实到原理,有时须从原理到事实",但最终我们将建立"一种逻辑论点,使所有知识必须建立在观察的基础上"。[23]

孔德是一个谬误主义者(fallibilist):他认识到我们的观点会不断发展和变化,他自己的观点也会随着时间的推移而改变。(事实上,如果他的基本概念是正确的,那么知识的进步必然会改变我们的观点。我们可能会注意到,宗教的持续存在否证了其目的论中的一个关键部分。)但是,值得赞扬的是,孔德一以贯之地坚持认为我们思想的未来变化是观察导致的。

孔德也具有反身性,他意识到观察的实践本身必须服从观察。因此,必须通过研究而非**从理论上阐明**来提高对实证方法的认识;为了理解科学,我们必须观察科学。孔德提前一个多世纪预见到了拉图尔(Bruno Latour)对实验室开展的人类学研究。他是这么说的:"如果我们不仅想知道实证方法是什么,而且想要清晰和深刻地认识它,以便能够有效地使用它时,就必须**在行动中**研究它。"[24]

孔德的主要动机是试图说明,科学之所以是可靠的,不是因为它的参与者的品格,而是因为它的实践本性。[25]我们需要通过经验研究来关注这些实践。对于那些接受了孔德式哲学纲领的人来说,关键的问题是:这些实践到底是什么?有没有科学的方法?

各式经验主义

20世纪的经验论者,我们称之为逻辑实证主义者或者逻辑经验主义者,他们对何为科学方法的回答是证实原则。[26]这一概念大体上是由一群讲德语的哲学家和科学家(即知名的"维也纳小组")发展起来的。证实主义者纲领最著名的英文表述者是来自牛津的哲学家艾耶尔(A. J. Ayer, 1910—1989)。在他1936年出版的《语言、真理和逻辑》(*Language, Truth and Logic*)一书中,艾耶尔从意义问题的角度总结了这一原则:一个陈述可以被认为是有意义的,当且仅当它可以通过观察得到证实时。换句话说,"某些可能的观察结果必须与判断[陈述的]真伪相关联"。[27]科学是形成有意义的陈述,并用观察结果来判断有意义的陈述是否正确的实践。

证实为我们评估什么是正确的、什么是不正确的真实信念提供了基础。如果一个主张能够通过观察得到证实,而且事实上已经得到证实,那么我们就有理由相信它,即有理由接受它为真。如果一个主张不能得到证实,那就没有意义,无须为其浪费时间。所以,艾耶尔一举消除了宗教、迷信、形形色色的意识形态和不可证实的理论。证实原则为区分科学和非科学提供了一种手段:科学的主张能够通过观察加以检验,而非科学的主张则不可证实。

和孔德一样,艾耶尔雄心勃勃,但并不天真。他明白,在实践中,任何观察都必然包含背景假设。但是,就像他维也纳小组的同事卡纳普(Rudolf Carnap)和诺伊拉特(Otto Neurath)一样,他坚持认为通过观察来证实是意义的关键组成部分,**证实主义**这个名号由此而来。为了检验一个陈述,必须从中推导出一个可观察的结果,并且把该推论表述为一个**陈述**;该推论必须特定于被检验的陈述,以便证实具有决定性。艾耶尔说:"如果某些观察陈述可由一陈述与其他前提一起推导出来,而不能单独从那些前提中推导出来,那么此陈述就是可证实的,从而是有意义的。"²⁸

艾耶尔和他的同事们意识到,任何强调观察的程序都必然面临归纳问题:换句话说,需要多少次观察才能得出一个陈述是正确的结论?紧随休谟,他的回答是归纳知识必定是概率性的,他建议人们根据已有相关观察的数量和质量,考虑确证的强弱形式。此类关注强化了对科学观察特征的研究,而这很快带来了各种复杂的问题,包括观察陈述的表述、术语的含义,以及精准识别一个或一组特定观察所验证的内容。

这些问题困扰了众多逻辑经验主义者的余生。亨普尔(Carl Hempel)特别关注假说在生成可检验观察陈述中的作用;卡纳普聚焦于观察陈述和表述它们的语言,并与奎因(Willard Van Orman Quine)就观察是否真的能证实或反驳某些信念展开了著名的争论。(奎因的结论是不能,这一点我们将进一步讨论。)这场争论并没有解决它带来的问题。²⁹ 就我们的目的而言,重要的一点是逻辑经验主义者支持孔德的核心思想,即科学方法的核心是通过经验、观察和实验进行确证。

对经验主义的挑战

逻辑经验主义经常被当作统治20世纪科学哲学的教条而遭受攻击,尽管从未真正做到过这一点。即使在它的全盛时期,几个重要的挑战就已经展开了。³⁰

波普尔和批判理性主义

波普尔(1902—1994)是最负盛名的逻辑经验主义批判者。他拒绝了逻辑实证主义的几个关键信条。首先,他否认归纳法是科学的方法。

其次，他认为科学与其他人类活动相区别的不是它的活动内容，而是它的态度。伟大科学家以对工作的批判态度（即怀疑和不盲从）而著称。再次，他坚持科学的目标不是证明理论——因为这是不可能的，而是反驳它们。他引入了如今著名的**可证伪性**概念，并得出结论：科学论断与非科学论断的区别，不是因为有一些观察结果可以证实它，而是因为有一些观察结果可以驳倒它。

这三个观点以如下方式联系在一起。关于归纳法，大致存在一些惯例、实践，甚至原则，但却没有理性的规则。归纳推理无法基于纯粹逻辑规则来判定其正当性，而且也无法建立在逻辑必然性的基础之上。这也就是今日所谓的黑天鹅问题。假设我观察了100只、1000只或10 000只天鹅，结果发现它们都是白色的，我的科学家同事观察到的所有天鹅也都一样。因此，我和同事（似乎有充分的理由）得出结论：所有的天鹅都是白色的。然而，某日我前往澳大利亚珀斯旅行，在那里发现了一只黑天鹅。

因此，我们知道，无论多么广泛或全面的观察，都不能证明一个理论为真。反驳可能躲在拐角里（或者事物的对立面之中）。如果科学要成为理性的事业，那么归纳就不能是它的方法。

由于单靠观察不能为归纳概括提供**逻辑**支撑，证实无法成为科学方法的基础。然而，对黑天鹅的观察确实证明了我的归纳概括是错误的，所以存在逻辑上对归纳概括的**反驳**。证实和证伪之间存在着逻辑上的不对称：证实不可避免地总是临时性的，而证伪（波普尔坚称）可以是决定性的。鉴于此，作为一名科学家，我不应该寻求证实我的理论的观察，而应该寻求可能反驳它的观察。波普尔因此得出结论，科学的方法既不是通过观察归纳概括，也不是通过观察证实确定，而是**证伪**。换句话说，科学的关键活动不是收集观察结果，而是提出猜想，并找寻能够驳斥这些猜想的具体观察结果。因此，他著名的随笔和演讲文集以

《猜想和反驳》(*Conjectures and Refutations*)来命名。

波普尔比他的逻辑实证主义同事更急切地认为,科学是理性的典范。他坚持认为批判理性既是智力探索的适当基础,也是政治和公民社会的适当基础,因为它使左派和右派都能抵抗独裁。于是,他给自己的方法贴上了"**批判理性主义**"的标签。他的方案既是认识论的,也是政治的:他寻求的认识论不仅使科学的合理性成为可能,也令以民主形式治理的政治合理性成为可能。此外,波普尔试图通过说明"科学社会主义"是一种自相矛盾的说法,来驳斥马克思主义。马克思主义理论中的问题从来没有被当作需要反驳的问题,而只是作为需要以某种方式加以解释或说明的东西。[31]

具有讽刺意味的是,波普尔的批判理性为一种他痛恨的激进怀疑主义打开了大门。波普尔把谬误性推得比他的前辈们更远,他坚持反驳不仅是科学的一个必然特征,而且是科学的目标;正是通过反驳,科学才得以进步。但是,如果我们的科学观点不仅很快就会被驳倒,而且**应该**被驳倒,那么我们为什么要相信其中任何一个呢?[32] 波普尔拓展了确证的概念以做回应:我们有充分的理由相信那些经过严格检验的理论,例如星光偏折被看成是检验广义相对论的实验。成功的经验检测强化了理论的说服力,即使它们没有证明它。此举有助于波普尔解释为什么理论在科学实践中起着如此重要的作用,但他也彻底破坏了他的工作原本的严格基调:我们现在不得不做出主观判断,以判断什么是"严格"的检验,以及我们需要多少这样的检验。

弗莱克和思想集体

从19世纪中期到20世纪中期发展起来的各种形式的实证主义都关注方法,而较少关注寻求方法的人以及他们在其中运作的体制结构。波普尔对科学家的个性略有关注,强调批判性研究态度的重要性。但是波普尔的认识论（就像他的政治理论一样）是个人主义的，他把科学的进步归功于那些大胆个体的行动，这些人敢于质疑现有观点并想方设法反驳它。波普尔不太关注科学机构，并且对集体主义的建议充满敌意。[33]

因此，认识到科学是一种集体活动，将为接受20世纪后半叶蓬勃发展的科学观这一艰巨挑战奠定基础。不管你是否读过孔德、艾耶尔或波普尔的书，你都会留下这样的印象：科学家们，就像笛卡儿（René Descartes）在房间里盯着熔化的蜡一样，独自生活、工作和思考。然而，任何按行动认识科学的人——就像孔德告诉我们的那样——或任何参与科学研究的人都知道事实并非如此。然而，不知何故，这并没有引起学术界的持续关注。

弗莱克（1896—1961）改变了这一点。作为一名微生物学家，他把科学生活的社会互动置于分析的中心，事后看来，他被认为是第一个对科学方法进行现代社会学解释的人。在他1935年的著作《科学事实的起源和发展：思想风格和思想集体理论导论》（*The Genesis and Development of a Scientific Fact: An Introduction to the Theory of Thought Style and Thought Collective*）中，弗莱克将注意力从科学家个人转移到科学家群体的活动，并提出科学事实是群体的集体成就。在此过程中，他率先分析了产生科学事实的社会互动。

弗莱克了解逻辑实证主义者的工作，他曾把自己的作品寄给了维也纳实证主义者施利克（Moritz Schlick），寻求后者助其出版。[34]他还与当时波兰的历史学家、医学哲学家和数学哲学家们有过交流。但学者们大多认为，他的作品主要受其作为研究人员的经历和他对科学发展的关注的影响，尤其是量子力学在物理学中的兴起，才导致了（弗莱克坚信的）新思维风格的出现。

弗莱克的核心论点是，科学家们在群体中工作，在那里，各种思维方式成为未来工作的共享资源,包括对观察结果的解释。他给这些群体贴上了"思想集体"(thought collectives)的标签。任意具体学科(如生物学、物理学、地质学)中的科学家组成了一个思想集体,他们共同的思维方式使他们能够一起工作,共享信息,并以有意义的方式解释信息。没有思想集体,科学就不可能存在。他写道:

> 一个真正孤立的研究人员不可能存在……思想是一种集体活动……它的产物是一幅特定的图片,只有参与这一社会活动的人才能看到,或者说一种思想只有集体中的成员才能明白。我们之所想所见,取决于我们所属的思想集体。[35]

"思想集体"一词可能会让人联想到思想警察的恐怖。弗莱克认为集体可以是保守的,甚至是反动的——他认定宗教的思想集体正是如此。但是,一个思想集体也可以是民主和进步的,这是理解科学的关键。科学(与大多数欧洲宗教不同)具有民主的特性:所有的研究人员都能够以公平的方式参与,并通过彼此间的互动,完善和改变整个集体的观念。

弗莱克对这种改变能走多远持激进观点。他强调,随着时间的推移,变化可能会如此之大,以至于术语的含义会不同,以前被视为中心的问题可能被视为无足轻重甚至是可有可无的;随着新议题的出现,旧的议题逐渐无人问津。尽管变化的增幅不明显——变化的路径更具进化性而非革命性,但最终的结果可能是思想风格发生巨大转换,以至于旧的观点基本上无法识别,甚至面目全非。

> 思想在个体间流转,每一次都略微有变,因为每个人都可能将不同的东西附加其上。严格地说,接收者永远不会准确地按推送者的意愿来理解一个思想。经过一系列这样的"邂逅",原本的内容几乎荡然无存。[36]

科学观念，就像进化本身一样，可能随着时间发生巨大的变化，但这是由小的转变和不同的解释累积而成的。

"谁的思想还在流传呢？"弗莱克问道。他的回答是："显然不是任何属于单独个体的思想，而是集体的思想。"[37] 正如朗吉诺后来在一个稍有不同的背景下说的那样："伽利略、牛顿（Newton）、达尔文（Darwin）和爱因斯坦（Einstein）毫无疑问都是具有非凡才智的人，但令他们辉煌的思想成为**知识**的是批判性接受的过程。"弗莱克会说，那是接受和流转的过程。[38] 牛顿力学并不等同于《自然哲学的数学原理》(*Principia*)的内容，进化生物学也不与《物种起源》(*Origin of Species*)重合。随着时间的推移，牛顿和达尔文的工作以多种多样的方式不断被解读、调整和改变，才形成了最终的成果。

按照这种观点，科学的进步与科学的组织机构密不可分，比如学术会议和工作坊、书籍和同行评议的期刊，以及科学社团（科学家们通过它共享数据，评估证据，应对批评并调整他们的观点）。科学研究是有组织的，是合作和互动的，它创造共同的世界观，并根据世界观的需要来解释观察结果。弗莱克认为，进步是这样形成的：群体认为要适当地对世界观修正和调整，随着时间推移，这些调整可能大到形成一种新的世界观，一种新的思维方式，甚至一种新的现实。[39] 思想集体先前认为是物质实在的东西或许不再被当作实在。弗莱克在这一点上毫不含糊地反对实在论：集体成员所谓的真理，不过是思想集体针对某一点所确定的。他同样毫不含糊地反对个人主义和反对方法论：科学进步的动力不在个人，而在群体；科学的核心不在于特定的方法，而在于群体的多种互动。

不完全决定论：皮埃尔·迪昂

弗莱克的作品在初次面世时便受到了一些关注，后来变得更加出名,因为它被认为是库恩作品的先声并对后者产生了影响。类似情形出现在迪昂(1861—1916)身上,他的工作为维也纳小组熟知,但之所以现在被视为有影响力的人物,主要是因为美国哲学家奎因(1908—2000)接续了他的思想。

对科学家来说,迪昂作为化学热动力学的创立者已广为人知,但他同时还是一位勤奋的科学史家和敏锐的科学哲学家。[40]对今天的科学史和科学哲学家而言,迪昂最闻名遐迩的著作是1906年的《物理理论的目标和结构》(The Aim and Structure of Physical Theory)。书中对判决性实验的概念进行了驳斥,并阐述了后来著名的不完全决定论(underdetermination)。[41]

迪昂的中心论点很简单:培根主义者关于判决性实验的观点是错误的,因为一个实验失败的缘由可能多种多样,所以我们未必知道哪里出了问题。相反,即使一个理论的一项实验测试取得了成功,该理论的其他结果仍然可能被证明是不正确的。对一个理论的支持原则上必须包括所有可能的检验,而对它的驳斥必须考虑到所有可能的因素,这些因素是一开始进行实验所必需的。正如物理学家德布罗意(Louis de Broglie)在1953年的英文版序言中所说:

> 按照迪昂的观点,没有真正的判决性实验,因为须与实验进行对照的是理论的集合构成的一个整体。对理论众多结果之一的实验确证,不能给理论带来判决性的证据,哪怕它是从那些最具特色的结果中精挑细选出来的,因为……没有任何东西容许我们断言:这个理论的其他结果不会被实验所推翻,或者另一个尚未发现的理论不能像前一理论那样解释所观察到的事实。[42]

简单地说,对一个假说的任何检验同时也是对深思熟虑后的特定假设和实验设置、辅助假设、背景假设的检验。一个失败的实验并不必然揭示出失败位于何处,一个成功的实验也并不排除另外的实验方案或其他辅助假设会暴露出困难。迪昂写道:"[物理学中的]任何实验检验都需要利用物理学中最多种多样的部分,并诉诸无数假说;对给定假说的检验,从来不是通过把它与其他假说隔离开来进行的。"[43]

实验证据也没有穷尽我们可能的理论选择,迪昂明确地指出,假说不是简单地从观察得来的归纳。他毫不含糊地断言,不可能"用纯粹归纳的方法来构建一个理论"。[44]理论和实验在科学中都起作用,人们错误地认为实验比理论更重要,错误地认为实验是理论的源泉,尤其是,错误地认为实验是理论的最终裁决者。

迪昂并不是在拒绝实验。相反,他认为"物理理论的唯一目的是为实验定律提供表征和分类。"[45]在起初发现这些定律,以及检验我们为解释它们而提出的综合的物理学理论之时,实验都是不可或缺的。"唯一能用来评判物理理论并断定其好坏的检验,是将该理论的结果与它所表征和归类的实验定律进行比较。"这一观点本质上是或然性的:一个实验既不能证实也不能反驳一个理论,而只是告诉我们这个理论是"被事实强化了还是削弱了"。[46]

德布罗意认为迪昂思想的关键是他对傅科(Léon Focault)著名实验的解释。傅科的这一实验证明了水中的光速小于真空中的光速,许多人将其视为验证光的波动理论(与光的微粒理论相反)的判决性实验。迪昂对此并不认同,他认为,即使傅科的实验与牛顿的微粒理论相矛盾,其他形式的微粒理论也可能与这个结果相一致。[47]

然而,迪昂并没有采纳后来与他的名字联系在一起的激进整体论。(整体论认为理论的存亡都是完整的,对其中任一成分的挑战都可能是对整个知识体系的挑战。)有时候,他似乎处于激进整体论的边缘,比如他写道"将物理学理论从检验它们的实验程序中分离出来是根本不可能的",又比如他认为"物理实验从来不会只否定一个孤立的假设,它否定的是一组完整的理论群"。[48] 但有时候,他同样说得很清楚,他相信我们的信念结构中的某些要素是如此坚实,以至于我们不太可能去怀疑它们,而且这样做是正确的。这些要素要么通过其他渠道得到了充分证实,要么与我们几乎不会怀疑其正确性的原则紧密相关。例如,基本的仪器,像温度计和压力计,以及它们相应的概念——温度和压力,是不太可能被怀疑的。事实上,他强调,在检验一个命题的准确性时,物理学家必须使用一整套他认为"无可争议"的理论。否则他会无所适从,也难以为继。(比如,可以认为质量和能量守恒定律之类的热力学基本定律存在于人们的头脑中。)同样,如果实验测试失败,它也不会告诉我们失败在哪里。它只告诉我们在系统的某个地方"至少有一个错误"。[49]

> 总而言之,物理学家只能用实验检验一组假说而绝不是一个孤立的假说;当实验与预期不一致时,他所知道的是这一组假设中至少有一个是不可接受的,应该被修正;但是这个实验并没有指明哪一个应该被修正。[50]

迪昂并没有因此认为我们应该持有一种激进的怀疑立场。相反,他主张我们应该对知识承诺采取一种合理的谦卑态度。随后,伯纳德(Claude Bernard)提醒我们要反教条,对理论可能需要修正的前景持开放态度,并保留必要的"思想自由"。[51] 一般而言,假设、理论和猜想对于促进我们的工作是必不可少的,但我们不应该对它们"过度信任"。[52] 我们不应该对自己的成就过于满意。正如当时的美国人可能会说的那样,我们不应该"自我陶醉"。[53]

面对明显的反驳,科学家如何决定与理论、仪器、实验装置和辅助假设相关联的哪个(或哪些)要素应该被修正?迪昂给出的答案并不是完全令人满意的,他援引帕斯卡的话说,这存在着"理性所不能发现的原因"。他的结论是,这些决定最终取决于判断和"良好的感觉"。[54]迪昂借历史来强调这一点:

> 我们必须切实警惕自己永远相信那些已经普遍被采用为惯例的假说是有根据的。这些假说的确定性看上去突破了实验中的矛盾,但其实只是把后者置于更可疑的假设之中。物理学的历史告诉我们,尽管那些原理在几个世纪以来被普遍认为是神圣不可侵犯的公理,但人们也一直在尝试完全推翻它们,并在新的假说上重建物理学理论。[55]

但与此同时,他同样清楚地表明了自己信念:只要我们不变得教条主义,历史就给了我们对科学研究的过程充满信心的理由。他用如下段落结尾:

> 只有科学的历史才能使[科学家]避免教条主义的野心和……怀疑主义的绝望。为他追溯每一项原理发现之前的一系列错误和犹豫,可以让他防范虚假的证据;向他回顾宇宙论流派的变迁,从它们被遗忘的藏身之地中发掘出那些显赫一时的学说,将使他意识到,最有吸引力的体系也只是暂时的表征,而不是最终的解释。另一方面,通过在他面前展开持续不断的传统,即每一个时代的科学都是由过去数个世纪的体系滋养起来的……将培育并加强他的这种信念:物理学理论不仅仅是一个今天适用、明天无用的人工系统,而是一种越来越自然的分类,越来越清晰地反映了实验方法无法直接考虑的实在。[56]

奎因及迪昂-奎因论题

主要是因为哈佛哲学家奎因、迪昂的观点在美国受众中广为人知。在这个过程中,人们逐渐认为迪昂的观点比他们所讨论的更为激进。奎因抓住了反驳的问题,并在后来以"不完全决定论"为题对其进行了重新表述。如果理论不是孤立地接受检验,而是以整体的理论群组接受检验,那么当出现问题的时候,我们怎么知道群组中的哪一部分需要修正?迪昂的回答是:我们依赖判断。奎因的回答是:我们不知道。奎因坚持认为,知识是一张信念之网。当遇到一个反驳时,我们可以做出的潜在调整多种多样,许许多多的线头能够收紧或放松,以维持或重新编织这张网。用奎因的话来说:"我们关于外部世界的陈述不是单独地面对感官经验的审判,而是作为一个整体。"[57]

迪昂可能会同意这一点,但他也认为,证据可以引导我们重新审视并适当调整这一整体的某些部分。这是他认为的实验的两个关键目的之一:加强或削弱对物理学理论中特定要素的支持。如果说明某一现象需要我们放弃一些根深蒂固的观点,比如能量守恒,那么我们就不太可能这么做。我们只会得出这样的结论:该实验在其他地方发现了问题,或者我们的仪器有问题。对迪昂来说,理论群体各个部分的地位并不平等,也非公平地参与竞争。然而,对奎因来说,它们是平等的,他有一个著名的结论:"无论情况怎样,只要我们在系统的其他地方做出足够大的调整,任何陈述都可以被认为是真的。"[58]

奎因的激进的整体论以迪昂-奎因命题著称。许多学者认为,它削弱了证据对理论的影响力,因为如果理论是由实验不完全决定的,并且在如何应对实验失败方面有很多选择,那么我们信念的基础是什么?[59]这表明似乎有必要增加一些因素来解释科学家是如何得出他们现有结论的。这成了后续诸多讨论的基础:有学者认为,不完全决定论这一概念支撑了20世纪后半叶发展起来的、对经验主义哲学的整套挑战,包括库恩的工作和**科学学**(science studies)的产生。[60]

库恩及科学学的产生

库恩的切入点是让经验主义者搬起石头砸自己的脚,他断言经验主义者对科学本身缺乏足够的经验主义。他自己的工作是建立在科学史基础上的,他早年研究哥白尼革命——这是他第一本书的主题,并且在哈佛与科南特(James Conant)一起开发了一套名为哈佛实验科学案例史的教育模块。[61] 同时,库恩也深深卷入了科学哲学的争论,通晓弗莱克、奎因及维也纳小组的作品。[62]

库恩《科学革命的结构》的一个中心要点与弗莱克相同:科学家们不是单独工作,而是在群体中工作,他们不仅分享了关于经验实在的理论,如相对论、基于自然选择的进化理论、板块构造理论,而且分享了有关科学该当如何运作的价值观和信念。这些理论、价值观、知识和方法论承诺,与堪称典范的科学成就("范例")一起,共同构成了群体运作的"范式"。这一群体属性至关重要:在弗莱克1979年的首个英译本前言中,库恩强调,在当代科学界,一个独来独往的人更有可能被视为怪人,他会被摒弃而非被接纳。[63]

大多数时候,科学家并不质疑他们的范式,而是按照范式工作、解决问题、回答框架认为相关的问题。库恩称其为"常规科学",并断言它的主要活动是一种解谜的形式。与波普尔相反,在常规科学中,科学家不会试图反驳范式。事实上,在问题产生之前,他们甚至不会质疑它。科学与实在的结合在此体现得最为明显:问题的产生是因为关乎世界的一些观察或经验——一些"技术难题"——与预期不符。[64] 库恩称这些为"反常现象"。首先,科学家们试图在范式中解释反常现象,也许会对其进行一些适度的调整。但是，如果反常变得太大、太明显，或者为适应它而做出的调整产生了新问题，就会造成危机，从而为重新考虑范式打开智力空间。危机有时会在范式内得到解决，一旦它们不能被解决，科学革命就会发生：统治范式被推翻，并由新范式取而代之。这与一场政治革命相类似，因为新范式实际上是一种新的知识统治形式，具有新的规则和章程。于是，库恩认为，科学的进步既非通过证实，亦非通过反驳，而是通过范式的转变。

许多科学家乐于接受库恩的观点，因为其描绘了一幅他们能够辨识的科学图景，或者至少比其他替代品更容易辨识。[65]然而，库恩的一项大多数科学家可能不理解、即使理解也不喜欢的主张，却让许多非科学家读者兴奋起来。这项主张（这也是库恩和弗莱克的区别）即前后相继的范式**不可通约**。就其字面来看，库恩的意思是，没有一个衡量标准可以将一个新范式与它所要取代的范式进行比较。正如弗莱克所说，新的范式就像新的思维方式一样，不仅是对特定科学问题思考的转变，也是对意义、价值观、优先事项、抱负，甚至是科学家自我认知的转变。这拓展了奎因提出的问题：根据反常现象，科学家如何决定他们信念结构的哪一部分需要加以修正？如何判断是一个小的调整就足够了，还是需要发动一场科学革命才合适？如果新范式与它要取代的范式无法比较，那么科学家是基于什么理由接受它的呢？

自此，历史学家和哲学家在这些问题上就争论不休。哲学家们被不可通约的主张所困扰，因为它似乎把范式选择简化为相对主义，甚至非理性。[66]例如，拉卡托斯（Imre Lakatos）就认为，在库恩的理论中，科学革命是"一种不受理性规则支配的神秘转变"。[67]

历史学家认可库恩坚持对真实科学进行的翔实探究，但倾向于认为不可通约性的说法有些夸大其词；并指出当库恩对诸如亚里士多德物理学和量子力学等非近似理论进行比较之时，他就犯了方法论的错误。确实,历史学家承认,亚里士多德物理学对当代的物理学家来说是不可理解的,但是在那时和现在之间存在许多中间步骤;如果不追溯这些中间步骤,试图理解物理学史的完整路径是行不通的。这就像分析一场接力赛,认为接力棒是被扔出去的,而不是被传递出去的。

在我看来,库恩更接近他在不那么著名的早期著作《哥白尼革命》(*The Copernican Revolution*)中留下的印记,他在书中把一个重大的科学变化描述为道路上的一个拐弯:

> 从拐弯处看,道路的两个部分都是可见的。但从拐弯前的某一点上看,道路似乎笔直延伸到弯道,然后便消失了……从后一段的某个点上看,道路似乎从拐弯处才开始,之后径直向前。[68]

库恩的工作本身就是考察科学之路上的一个转弯:从方法转向实践,从个体转向群体。[69]学者们普遍认为,除了将术语**范式转换**添加到通用词典,库恩工作的最大影响就是助力科学学领域的开创。

远离方法

从孔德到波普尔,哲学家们试图辨别出科学的方法,用以说明其成功;并进而证明我们视科学论断为真是正当的,故而这些论断有时被称为"有保证的真信念"。库恩并未明确断言没有方法,但他谈及的两件事使得方法丧失了中心地位。其一,在不同的范式下,方法可能会改变。其二,大多数时候,科学方法只不过是解谜——在不质疑更大结构的情况下,在范式中解决细节问题,这似乎很无趣。此外,不论方法是什么,都是由一群人一起工作而不是一个人单独工作完成的。

这为范围广泛的科学社会学打开了大门,它不仅像以前的社会学家那样研究科学的正式制度结构,或者像著名的科学社会学家默顿(Robert Merton)那样研究科学行为的规范,而且解决**认识论**问题:科学信念的基础是什么?如果科学中的智力活动处于范式转换中,如果范式是不可通约的,那么我们传统的科学进步观显然是毫无支撑的。也许科学并没有给我们有保证的真信念,也许我们**不**应该信任科学。如果科学家们能够放弃一种观点并用另一种不可通约的来取代它,那就不可能促使人们相信:科学的进程必然会为我们提供一个可靠的世界观。无论如何,都需要有人解释科学家们是基于什么理由接受他们所做出的那些论断的。

科学知识社会学与科学学的兴起

接受库恩挑战的社会学家们,呼吁人们进一步关注与科学知识相关的社会因素,也就是人们所熟知的科学知识的**社会建构**。[70]尽管他们自以为是认识论上的激进分子,但他们的工作其来有自,特别是奎因对不完全决定论的详细阐述。他们现在的问题是:科学家根据什么来决定信任什么和拒绝什么?这些决定是如何在科学共同体的框架内被阐明的?如果可以,我们应该在何种程度上尊重这一过程产生的主张?

这方面最具影响力的早期努力来自著名的爱丁堡学派学者,特别是巴恩斯(Barry Barnes)、布鲁尔(David Bloor)和夏平(Steven Shapin)。巴恩斯将"利益"作为理论选择的驱动力。这些"利益"可以是专业的,也就是说,一个受欢迎理论的成功有利于其推动者的职业生涯;可以是有利于一个特定的价值观团体;也可以是与某个人的政治、宗教或伦理观点相一致。[71](事后看来,利益理论似乎带有古怪的个人主义色彩,但那是另一回事。)布鲁尔主张,科学学的方法应该是"对称的",这意味着"同样类型的原因可以解释,比如说,正确和错误的信念"。[72]夏平特别关注了知识生产和社会秩序之间的相互关系,他与历史学家谢弗(Simon

Schaffer)令人津津乐道地论证说:"知识问题的解决方案就是社会秩序问题的解决方案。"[73]

爱丁堡学派的论点经常被认为是本体论上的反实在论,因此被许多科学家认为是荒谬的而遭到摈弃。[74]可以肯定的是,一些学者的写作方式表明,他们即使说不上完全不相信,也丝毫不在意,经验证据在形成科学知识方面的重要性。人们很容易从经验证据本身不能决定结论的说法,滑向经验证据根本不起作用的主张。但这一论点与其说是反实在论的,不如说是相对主义的:如果经验证据不能明确地决定我们应该相信什么以及我们应该拒绝什么,那么就似乎意味着,与形成我们的观点联系在一起的那些标准和重要事项,既不能从经验证据中推断出来,也不能简化为经验证据。如果社会利益和条件起着决定性的作用,那么我们的知识必然至少部分地与这些利益和条件相关。这是一个非常严峻的挑战。正如巴恩斯在20世纪70年代所解释的,爱丁堡学派的方法是

> 怀疑论的,因为它表明,没有任何论据可供建立一个特别的、终极正确的认识论或本体论;亦是相对主义的,因为它表明,信念系统不能根据其接近实在的程度或其合理性来客观地加以排名。[75]

这不等于否认我们遇到的实在对我们的信念无用(更不用说声称物质实在是不存在的了)。毋宁说,这论证了经验证据在塑造信念方面的作用,并不像大多数哲学家和科学家认为的那样具有决定性。晚近的评论人士普遍认为,爱丁堡学派强调如下观点是正确的,即仅凭证据无法说明科学家们得出的结论。[76]然而,问题在于,爱丁堡的理论家们是否认为它起的作用很小,甚至不起作用。正如巴恩斯言:"有时,现有的工作会让人觉得实在与被算作自然知识的东西**毫无关系**,它们是社

会建构或协商而成的,但我们也可以妥妥地假定,这种印象是过度热情的社会学分析的偶然副产物。"[77]

这种说法可能过于宽厚。我个人的看法是,一些与爱丁堡学派有关或受其影响的社会学家故意制造了这种印象。例如,当诺尔-塞蒂娜(Karin Knorr-Cetina)在20世纪80年代坚持认为科学知识是一种"编造",当柯林斯(Harry Collins)断言"自然界不可能限制人们信其所信",当拉图尔宣称科学是"另外一种意义上的政治"时,这些精心挑选的术语和词组,显然是为了颠覆历史学家扎米托(John Zammitto)所说的盛行于实证主义名下的"对科学的偶像崇拜"。[78]此外,爱丁堡学派的学者们说"信念体系不能被客观地加以排名",他们仿佛在暗示,客观性并没有像科学家们通常宣称的那样在科学中发挥作用,也可能压根儿不起任何作用。这些断言并非偶然,而是蓄意的挑衅。

当然,并非所有的挑衅都是不合理的,更重要的一点是,布鲁尔近来强调,如果我们觉得需要把**相对主义**和某物进行比较,那么它既不应该是客观性(客观性的对立面是主观性),也不应该是真理(真理的对立面是谬误),而应该是**绝对主义**。相对知识的对立面是绝对知识,任何认真研究知识的历史或知识的社会学的学者,都不可能赞同知识是绝对的这一观点;也不可能赞同,单凭经验证据就足以解释科学结论。太多的证据否定了这类主张。布鲁尔一直很清楚,他要在科学学中做到科学化,且科学地对待科学,就意味着要严肃对待那些关乎经验证据扮演什么角色的经验证据!而经验证据揭示了经验主义的局限性。因此,布鲁尔的观点一以贯之:当以开放的心态仔细地看待科学时,我们看到经验因素和社会因素在稳定科学知识方面均起着作用,而且我们不能先验地假定在任何特定情况下哪个因素更重要。[79]

哲学家费耶阿本德(Paul Feyerabend,1924—1994)对经验方法的概念提出了另一种批评。费耶阿本德出生在维也纳,以观察语句为研究主题获得哲学博士学位,他一生的大部分时间都在与波普尔和拉卡托斯对话,这看上去为他在职业生涯中成为逻辑经验主义的带头人奠定了基础,但他后来不仅拒绝了逻辑经验主义,而且拒绝了任何试图定义或规定科学方法的尝试。在他最著名的《反对方法》(*Against Method*,出版于1975年)一书中,他提出没有科学的方法,也不应该有。科学家们使用多种多样的方法来获得良好效果,任何对此的限制都会束缚他们的创造力,阻碍科学知识的增长。此外,证伪作为一项规则,显然是被历史事实证伪的:科学史上几乎没有任何理论能够解释所有可获得的事实。科学家们常常会忽略那些不合适或看起来不重要的事实,或者把它们扔在一边留待以后。[80](波普尔可能会说这样的科学家是糟糕的科学家,但按照这种说法,大多数科学家都是糟糕的科学家,包括某些最著名的科学家。)

就像上面提到的那些科学学研究者,费耶阿本德也采用了一种蓄意挑衅性的风格,也许是因为他把自己的立场描述为"理论上的无政府主义",他经常被引述为声称在科学中可以"为所欲为"。但这并非他的本意。确切的原文如下:

> 显而易见,关于一种固定方法或者固定合理性的观念,根植于对人及其社会环境过于天真的看法之上。有人注重历史提供的丰富材料,不会为了满足低级本能,为了满足对表现为清晰、精确、"客观"[和]"真理"的理智安全感的渴望,而有意令其贫乏。对此类人而言,只有一条原则是在任何境况以及人类发展的各个阶段都可以捍卫的。这条原则就是:怎么都行。[81]

费耶阿本德的意思是,如果你**强迫**他去定义科学的方法,他会说怎么都行,也就是说,科学不存在唯一的方法或原理。这并不是放弃区分科学和非科学的责任,像波普尔可能会争辩的那样,而是认识到方法论和知识的多样性是科学史的特征。这是一件好事:它使科学共同体更强大、更有创造力、更开放、更美好。[82] 无论是在科学、政治还是其他任何领域,绝对主义通常都是令人反感的。[83] 与波普尔(以及迪昂和孔德)一样,费耶阿本德相信进步,他只是对进步源自何处有不同的看法。他总结道:"理论上的无政府主义更人道主义,更有可能鼓励进步,而不是法律与秩序……[并且]唯一不阻碍进步的原则是:怎么都行。"[84] 当我们认真研究科学家们所做的工作时,不难发现,如果他们不具备创造性、灵活性和适应性,那就什么都不是。

费耶阿本德是一位哲学家,而不是一位社会学家,他接受科学是进步的,而他的大多数社会学同事却不这么认为。不过,他的研究确实支持了于20世纪70年代汹涌而来的社会学潮流:关注科学家们在实验室、实地和临床试验中的实践。如果我们不能先验地说明科学的方法是什么,那么唯一的办法就是通过观察来发现。

随后拉图尔为此所做的工作无出其右。他把人类学的方法转用于研究科学,并在其中着重关注科学家们用来说服其同事接受某个特定主张的做法。拉图尔在这一领域的巨大影响在于,他将民族志(ethnography)确立为科学学的一个关键方法论,并认为观察科学家的"行"比听他们的"言"更加重要。[85] 尽管他之后的工作无法轻易总结,但有一点很清楚:它证实了先前关于科学方法多样性的争论。在爱丁堡学派、费耶阿本德、拉图尔和他的同事,以及记录了科学方法随时间变化的各种历史学家的工作之后,认为存在任何单一的科学方法的观点不再可信。[86]

这并不是一个完全消极的发现,它带给我们的结论是:实证知识的梦想真的已经彻底破灭了。[87] 没有可证明的(单一的)科学方法。如果没有单一的科学方法,那么就没有办法通过使用它来实现事前信任。此外,尽管一些杰出的科学家提出了相反的主张,但科学的成就不是永恒不变的。[88] 从科学史上收集到的经验证据表明,科学真理是会消亡的。那么,我们如何分辨科学工作是好还是坏呢? 我们应该在什么基础上信任或不信任科学?

摆脱困境:社会知识论

尽管面临科学学的诸多挑战,但仍有许多挽救科学合理性的尝试。在我看来,其中最成功的是来自大多数科学家最不会怀疑的一个方向:女性主义。

自20世纪60年代以来,女性主义者一直在追问:科学在很大程度上将一半的人口排除在其从业者之外,怎么能声称自己是客观的呢? 不仅性别,还有种族、阶级和民族等社会偏见明显包含在科学的众多理论当中,它怎么能声称自己生产了公正无私的知识呢? 这些问题未必带有敌意。其中很多是由对自然或社会感兴趣的女性科学家提出来的,她们相信科学探究的力量和价值观可以解释这一切。

研究科学知识的社会学家强调,科学是一种社会的活动,许多人认为这削弱了科学的客观性(无论更好还是更糟)。"社会的"一词,在很多人看来是个人的、主观的、非理性的、武断的,甚至是被迫的代名词,其中不乏哲学家,尤以科学家为甚。如果科学家(大部分是欧洲或北美男性)的结论是社会建构的,那么与其他社会群体的结论相比,它们在真理面前不会更具价值。至少,大量科学学的研究似乎都在暗示这一点。

但是女性主义的科学哲学家,最著名的是哈丁(Sandra Harding)和朗吉诺,颠覆了这个观点,认为客观性可以被重新设想为一种社会**成就**,一种集体达成的成就。[89] 哈丁提出了**立场认识论**(standpoint epistemology)的概念,即我们如何看待问题在很大程度上取决于我们的社会地位(或者,通俗地说,"屁股决定脑袋"),以论证更大的多样性可以让科学更加"健壮"。我们的个人经历——富裕或贫穷,优势或劣势,男性或女性,异性恋或同性恋,残障或健全,必然会影响我们对世界的看法和解释。因此,**在其他条件相同的情况下**,多元化的群体在一个问题上将比不多元化的群体拥有更多的观点。[90]

在1986年出版的开创性著作《女性主义中的科学问题》(*The Science Question in Feminism*)中,哈丁认为,由于身具典型的同质性,大多数科学共同体所践行的客观性是不牢固的。过往的许多科学理论中缺乏女性、有色人种、工人阶级和其他各种人的视角,而且包含着明显的性别歧视、种族主义和阶级偏见,一旦注意到这些,后果就显而易见了。此外,在科学研究中还可能存在一些不太明显的偏见。她为自己所称的**强客观性**辩护:这种方法承认个人的信仰、价值观和生活经验必然会影响他们的工作——无论是科学的还是其他的,所以发展客观知识的最佳方式是增加求知群体中的多样性。客观性并非一个有或没有的命题:群体或多或少都是客观的。通过赋予科学共同体更多的异质性,科学的研究结果将会——至少是更加可能会——获得更多的客观性。[91]

和费耶阿本德一样,哈丁倾向于故意挑衅,就像她把牛顿的《自然哲学的数学原理》比作一本"强奸手册"一样,这使她成为右派批评人士信手拈来的靶子。[92]这也使她成了诸如格罗斯(Paul Gross)和莱维特(Norman Levitt)等科学评论家的靶子,这些人未能理解她的核心论点:科学可以通过包容而变得更强大。同样的观点,在由另一位女性主义哲学家朗吉诺提出时,就委婉圆润得多,尽管从理智的角度来看同样有力。

朗吉诺将一个关于科学的普遍假设——科学是自我修正的,转变为了一个紧迫的理智问题——科学是**如何**自我修正的?毕竟,科学自我修正的说法可能被认为是非常不可信的,是一种认知论上的魔术。朗吉诺认为,与其说**科学**在纠正**自己**,不如说是**科学家们**通过构成"转化性质询"(transformative interrogation)的社会过程来**相互纠正**。正是通过对思想的交换,即挑战、质疑、调整和修正,科学家们整合彼此的工作,提出批评,并促进得到确证的知识的增长。她写道:

> 在这种情况下,个人的客观性在于他们参与集体批判性讨论的意见交换,而不是他们可能带到观察中的某种特殊关系(比如超然、冷静)。因此,客观性取决于特定科学共同体中转化性质询发生的深度和范围。[93]

朗吉诺敦促我们接受(而不是哀叹)这样一个事实,即科学家个体总是把偏见、价值观和背景假设带入他们的工作中。进入实验室的科学家不可能如伯纳德所想的那样,把自己的个人价值观、偏好、假设和动机当成大衣一样挂起来。[94]相反,可能发生的是:在一个多样化的群体中,主观因素能够(而且很可能会)被别人质疑;而且当人们可能不适当地提供证据推理和理论选择时,同样会受到质疑。[95]

朗吉诺对转化性质询的描述,解决了下述问题:在科学家个体不客观的情况下,作为整体的科学如何能够客观:

> 如果科学研究是为了提供知识,而不是随机收集意见,那么就必须有某种方法使主观偏好的影响最小化,并控制背景假设的作用。客观性的社会解释解决了这个问题。只有在科学方法和科学知识的个人主义概念的背景下,背景假设在证据推理中的作用才会是肆无忌惮的相对主义的理由……当客观性[出现]是作为一种群体实践的功能,而不是作为个体研究者的一种态度之时,价值观和客观性并非不相容。[96]

这一观点强化了哈丁的观点,即客观性不是非此即彼的问题,而是程度的问题。一个群体的多样性和开放性越大,支持自由和公开辩论的协议越强,它能够达到的客观性程度就越高,因为个人偏见和背景假设被群体"暴露"了。换言之,当群体中有公认的、强有力的批评途径(比如,同行评议)时,当群体是开放的、非保守的并对批评做出反应时,当群体足够多样化,可以发展、听取和适当考虑广泛的观点时,客观性有可能达到最大限度。按照这种观点,毫无疑问的是,当科学家几乎全是白人男性时,他们提出的关于女性和非裔美国人的理论充其量是不完整的,有时甚至是有害的,它们现在已经被抛弃了。同样毫无疑问的是,正是女性和有色人种指出了这些先前理论的许多逻辑和经验缺陷。[97](这一点将在《误入歧途的科学》中进一步讨论。)

这里的关键是,通常"假设并不会如此被察觉到"。[98]它们太根深蒂固了,以至于不被认为是假设,而这最可能发生在同质群体中。朗吉诺继续说:

> 例如,当背景假设被群体的所有成员共享时,它们就会变得不可见,从而无法受到批评。只有当不认同此假设的个体,能够在没有它的情况下提供对现象的替代性解释时,它们才变得可见。就好比,爱因斯坦能给迈克尔逊-莫雷干涉实验提供替代性解释,[因为他不认同光速可变的假设]……从所有这些内容中可以再次得出结论,与其他情况相比,一个特定群体中包含的不同观点越多,其科学实践越有可能是客观的……[而且]它将使得对自然进程的描述和解释更可靠。[99]

背景假设在特定的情景中是合适的、有帮助的,还是失当的、无用的,转化性质询可以辅助我们的判断。这最可能发生在一个多样化的群体中,原因很简单,多样化的群体会有多种多样的背景假设。多样性并不能治愈所有的认知弊病,但**在同等条件下**,一个包容批评的多样化群体比一个同质化和自我满足的群体,更有可能发现和纠正错误。[100]

女性主义认识论有力地驳斥了科学的社会属性使其具有主观性的

说法。相反,我们现在可以看到,那些被科学研究中的社会转向所冒犯的科学家,以及那些认为可以通过揭露科学的社会属性来拆穿科学的科学学研究者,都是错的。因为找出了偏见的来源和补救办法,女性主义者对科学社会属性的描述,比之前的描述更有力地证明科学知识的客观性。想想看:在20世纪90年代那本令人不快的论战作品《高级迷信:学术左派及其与科学的争吵》(*Higher Superstitions: The Academic Left and Its Quarrels with Science*)中,科学家格罗斯和莱维特指责女性主义者是反科学的。但哈丁和朗吉诺都不是反科学的,两人都想方设法加强和改进它。[101]格罗斯和莱维特本来可以用女性主义的科学哲学来为科学辩护,但他们却一直忙于攻击。

多样性的知识论力量

女性主义的科学哲学从科学的社会属性使其具有主观性的主张中拯救了科学,但它确实留下了一种让一些人感到不舒服的科学观:科学基本上是**共识性**的。朗吉诺总结道:"说一个理论或假设是基于客观方法被接受的,并不意味着我们有资格说它是真实的,而是说它反映了科学共同体批判性达成的共识。[而且]现在还不清楚我们是否应该抱有任何更好的希望。"[102]我同意。但我们又该怎么办呢?

概括来说:不存在(单一的)科学方法,科学实践由群体组成,根据经验和社会两个方面的理由进行判断,使用多种多样的方法,以上在研究科学的历史学家、哲学家、社会学家和人类学家中间具有广泛共识。于是乎问题便是:如果科学家只是在工作的人,就像水管工、护士或电工,如果科学理论会出错,会不断变化,那么信任科学的基础是什么?

我认为答案应该是双重的:(1)它与世界的持续接触;(2)它的社会属性。

第一点至关重要,但容易被忽视:自然科学家研究自然世界,社会科学家研究社会世界。这就是他们的工作。考虑一个相关的问题:为什么要信任水管工、电工、牙医或护士?一个答案是,我们之所以信任水管工来为我们安装管道,是因为他受过培训,有安装管道的执照。我们**不会**信任水管工给我们做护理,也不会信任护士给我们装管道。当然,水管工也会犯错误,所以我们听从朋友的建议,以确保所选水管工有良好的记录。有不良记录的水管工可能会失业。我们信任专家,让他们做他们而非我们受过培训的工作,这就是专业知识的本质。没有这种对专家的信任,社会将陷入停滞。科学家是我们指定的研究世界的专家。[103]因此,从这种意义上来说,我们应该信任那个向我们说明这个世界的人,我们应该信任科学家。

这和信仰不一样:我们会(或应该)检查水管工的背景资料,对待科学家也是一样。如果科学家有错误、低估或夸大的记录,我们有理由带着怀疑的眼光去看待他或她的主张(或者,至少在脑中会带着这一信息来判断他们的结果)。如果一个科学家直接或间接地接受了来自利益相关方的资金支持,我们有理由采取比其他情况所需级别更高的审查措施。(例如,编辑可能会把论文送去做额外的审查,或者评审人可能会特别注意研究设计,其中潜意识的偏见可能会溜进来。)[104]

毫无疑问,科学家个体,就像水管工个体一样,可能是愚蠢的、贪赃枉法的、腐败的或者无能的。但请考虑一下:管道**行业**之所以存在,是因为一般来说,管道工做的是我们需要他们做的工作,而且做得很成功。当我们评估科学的历史记录时,我们在解释、预测,以及为富有成效的行动和创新提供基础上,发现了大量的成功记录。我们拥有一个由医学、技术和从科学中获得的概念理解组成的世界,它使人们能够做其所想。(如前所述,这种成功并不证明所涉及的理论必然正确,但它确实表明科学家们正在做一些正确的事情。)以下可能是我与之讨论过的众多学者都同意的一点:因为科学在文化上和认识论上均取得了成功,哲学家、历史学家、社会学家和人类学家都对它感兴趣。本次讲座的问题之所以有吸引力,至少部分是因为,作为稳定的知识权威的源头,科学的成功业已受到了质疑;作为一项文化事业,它未来的成功似乎至少在某种程度上也受到了质疑。

科学家是我们社会中研究世界的专家,这一思考对科学家来说是一个提醒:在工作中突显经验属性相当重要。因为他们的工作是与自然和社会打交道,并为自己的结论提供经验基础。正如我在其他地方强调的那样,科学家需要解释的不仅是他们所知道的,而且是他们如何知道的。[105] 专业知识作为一个概念还附带了专门化的含义,因而是有局限性的。这告诉我们,为什么科学家对他们缺乏专业知识的学科保持克制是很重要的。

然而,仅仅依靠经验证据不足以理解科学结论的基础,因此也不足以建立对科学的信任。我们还必须牢记并解释科学的社会属性,以及它在审查权利主张中所扮演的角色。在此值得重申一下我的观点:被科学学中的"社会"转向所冒犯的科学家们错了。我们所认定的"科学"大部分是社会实践和裁决程序,它们旨在确保审查和纠正过程足够强有力(至少是提高其概率),从而产出经验上可靠的结果。[106] 亦如朗吉诺所言:"社会化认知不是理性的堕落或失位,而是理性运行的载体。"[107]

同行评议是这种实践的一个例子。正是通过同行评议,科学主张才会受到批判性的质询。(这就是为什么在我自己的工作中,我强调要经由分析已完成同行评议的文献而不是大众媒体或社交媒体来评估科学共识的重要性,以及为什么本书的这些章节要接受同行评议。)它不仅包括论文提交给学术期刊时所经过的正式评议;也包括科学家在会议和研讨会上讨论其初步结论,以及在提交发表之前征求同事意见时,对研究成果进行的非正式判断和评价过程;此外,还包括其他同道试图利用和以它为基础,对已出版成果的持续不断的评估过程。[108]

终身教职是另一个例子。我们评估学者的工作,以判断他们是否配得上加入所在领域的学者群体,也就是看他们是否能被认证为专家。终身教职实际上是学术版的许可证。这些实践的关键因素是它们的社会和制度特征,它们努力确保没有一个人的判断和意见占主导地位,因此也没有一个人的价值倾向和偏见占控制地位。当然,在任何群体中都会有占统治地位的群体和个人,但是集体质询的社会过程为那些不占统治地位的人提供了一种被倾听的方式,因此,在最大程度上,使所得结论是无党派的、非特殊性的。[109]科学的社会属性构成了它通往客观性的基础,因此也构成了我们可以相信科学的依据。

近年来,这一见解已暗中融入科学实践中,特别是在那些科学主张可能被视为有争议的领域。美国国家科学院努力确保其评议小组成员的多样性,并代表一系列观点。学者们称这种方法为"平衡偏见"(balancing of bias)。[110]政府间气候变化专门委员会是目前世界上最大的科学家团体之一,它特别强调在其章节撰写团队中寻求地域、国家、种族和性别的多样性。虽然包容的动机可能在一定程度上是政治的,但包容实践的广泛性表明,许多科学共同体现在认可多样性为认知目标服务。

注意事项

我的讨论需要一些注意事项。最重要的是,无法保证通过多样性和批判性的质询,客观性的理想总能达成,因此也不能保证科学家在任何特定情况下都是正确的。更确切地说,我的论点是,鉴于这些程序存在,并假设它们得到遵循,于是就有一种机制,通过它可以识别和纠正错误、偏见和不完整性。从某种意义上说,这一论点是概率性的,如果科学家遵循这些实践和程序,科学不出岔子的可能性就会增加。此外,局外人对科学主张的判断,一定程度上会通过考虑所涉群体对待批评的多样性和开放性如何来进行。如果有证据表明一个群体是不开放的,或者是由一个小集团甚至是几个好斗的个体控制的,或者如果我们有证据(而不仅仅是指控)表明一些声音被压制了,都可能是值得怀疑的理由。在这方面,具体事例需要具体分析。

最近一个有趣的例子是"扩展进化综合"(extended evolutionary synthesis,简称EES)概念,该概念挑战了遗传中遗传控制的首要地位,并呼吁增加对发育可塑性、生物对环境的改变(包括生态位构建)、表观遗传学和社会性学习的关注。[111]进化生物学群体中的"传统主义者"认为,现有的进化综合理论是足够的,无须扩展,故而,一些主张EES的人因遇到来自前者的阻力而备受困扰。[112]随之而来的争论有时充满敌意和人身攻击。[113]对于一个熟悉过往科学共同体主要争论的历史学家来说,他并不会为此而感到惊奇。因为威胁到既有科学成就的稳定性以及其追随者的社会地位,新观念通常会受到抵制,而且这种抵制有时会非常激烈。[114]当人们的毕生工作受到质疑时,他们会变得暴躁。没有人喜欢别人告诉他们错了。这里的重要问题是,EES的倡导者是否能够在权威期刊上发表他们的观点,并获得研究资助。答案是肯定的。尽管大家脾气火暴,但进化生物学群体作为一个整体,已经被证明对新观点的引入和对旧观点的批判性质疑持开放态度。

第二个要注意的是,我的论点绝不是呼吁盲目或笼统的信任,更不是在非科学问题上屈从科学家的建议。我呼吁的是,对科学共同体的共识而非科学家个体的观点或意见给予**知情的**信任,特别是当科学家偏离他们的专业领域时。事实上,专业以外的科学家的过往记录令人不敢恭维。我们只需要想想物理学家兼数学家的冯·诺伊曼(John von Neumann)在20世纪50年代宣称的,核能将在几十年内实现就像"不按计量收费的空气"一样免费;或者物理学家肖克利(William Shockley)坚持认为的,非裔美国人在基因上劣于白人,应该花钱接受"自愿"绝育。[115] 冯·布劳恩(Werner von Braun)认为,到2000年,月球上的第一个孩子将会诞生。[116]物理学家,尤其是美国物理学家,往往是技术狂热者,他们夸大新技术的发展速度和它们改善我们生活的程度。无论是物理学家还是生命科学家都有对社会和伦理关切不敏感的不愉快记录,正如20世纪早期生物学家对优生学项目的广泛支持所证明的那样。事后来看,优生学项目在科学上是错误的,在道德上是有害的(详见《误入歧途的科学》)。在他们的专业领域之外,科学家可能并不比普通人更了解情况。事实上,他们可能了解更少,因为他们在一个领域的高强度训练可能导致他们在其他领域所受的教育不足。[117]

此外,声称科学家在特定领域拥有专门知识的说法,并不是坚持这种专门知识是排他的。许多外行——农民、渔夫、妇女、病人、助产士——都在各自的特定领域拥有专业知识。[118]病人可能对他们的疾病进展或药物的不良反应有相当多的了解;助产士或许能够识别孕期存在的问题,甚至比一些产科医生做得更好。在英国人来到印度之前,印度有广泛的科学知识,特别是那些英国人称之为"博物学的"知识(但当地人可能不这样称呼)。[119]

我们有大量关于原住民专业知识的文献:外行和专家都可能拥有关于植物、动物、地理、气候,以及他们周围环境和群体的其他方面的知识。近几十年来,我们对在惯称为"西方科学"之外发展起来的经验知识体系,已经有了较为充分的理解,人类学家古纳提拉克(Susantha Goonatilake)称它们为"文明知识"。这些系统可能涉及高度发达的专业知识,并且在它们的领域可能相当有效。[120]例如,中医、针灸和阿育吠陀医学可以有效地治疗某些西医无法治疗的疾病。[121]文明知识传统在其起源地凭借以往的成功记录而具有权威性,某些时候,它们(如针灸)也在这些地区之外的地方,证明了其效力。而且,对文明知识的研究还突显了西方科学中所蕴含的那些往往实践者未承认乃至否认的价值。[122]

值得一提的还有基于与世界持续的经验性和分析性接触的世俗知识传统。举例来说,狩猎采集社会代表性的特色是对植物分布和动物迁移有详细的经验知识。人类学家斯科特(Colin Scott)证明了克里人的狩猎传统是高度经验性的,因此认为它们应该恰当地被视为是科学的。[123]尽管世俗知识与科学知识有重叠之处,但人们不应认为后者一定优于前者。[124]例如,我们知道,至少在18世纪末库克时代以前,波利尼西亚的航海家在往来太平洋方面要比欧洲同行更有效率得多。[125]

这里有一个重要的区别:尊重已经证明了的具有经验充分性或临床疗效的本土、世俗和"东方"知识,与接受无知、错误或者代表着目的明确的谣言的流行主张是截然不同的。一位女演员声称疫苗会导致自闭症,一位石油企业的高管声称最近观察到气候变化是由太阳黑子引起的,这两个主张并非来自既定的知识传统,宣扬它们的人都没有可靠的专业知识。女演员不是免疫学家,石油企业的CEO也不是气候科学家。在这些特定的案例中,我们有大量的经验证据证明他们的说法是不真实的。气候变化是由太阳黑子引起的说法在科学的法庭上气数已尽:证据显示它是不正确的。[126]接种疫苗的儿童患有自闭症的比例,并不比未接种疫苗的更多。[127]尊重另类知识传统并不意味着我们搁置对这些传统或我们自己的传统的判断。

区分当代社会讨论的科学问题和规范问题也很重要。可以肯定的是,各种科学与围绕和嵌入它们的政治、经济和道德之间的相互关系往往是复杂的,是相互交织的,是不容易理清的,有学者甚至认为它们是无法理清的。[128]我相信,虽然不尽完美,但我们能够区分许多问题的科学方面和规范方面,而且仍需要继续这样做。人为造成的气候变化是否正在发生,与我们应该如何应对这个问题完全是两码事;我或许有拒绝接种疫苗的理由,但这与所谓的接种疫苗与自闭症有关毫无瓜葛。[129] 这些区别很重要,因为如果我了解到一些同胞出于宗教原因拒绝接种疫苗,我可能会尊重他们的意见,但不会屈服于疫苗导致自闭症的谬论;根据我自己的宗教观点,我可能加入或不加入他们。同样,我可以尊重许多人都有对药物的不良反应这一事实,并且知道医源性疾病是真实存在的,但我不会接受"齐多夫定而非病毒导致艾滋病"的指控。[130] 教皇方济各(Pope Francis)拒绝接受转基因生物,认为这是对上帝领域的不当冒犯;如果我是天主教徒,我可能会选择遵照他的观点,而不会顾及关于这些产品是否安全可食用的科学证据。[131] 科学和社会之间的区别很重要,因为它们直接影响我们的选择;也因为它们有助于我们区分可能对我们的听众有说服力的论点,以及没有解决他们根本关心的问题而注定要失败的论点。

孔德很久以前就认为,科学成功的基础是经验和观察。我们现在知道,这只是故事的一部分,虽然是很重要的一部分。不过,我们可以利用这个论点来记住,我们信任科学的基础实际上是经验和观察——不是关于经验实在的,而是关于**科学本身**的。孔德很早之前就说,我们只能通过观察自然世界来理解自然世界;同样,我们也只能通过观察社会世界来理解社会世界。当我们观察科学家时,我们发现他们已经发展出了各种各样的检验知识的实践,在其中发现理论和实验中的问题并试图改正它们。虽然这些实践会出错,但我们有实质性的经验证据表明,它们确实能发现错误和不足。它们促使科学家重新考虑他们的观点,并在有证据支持的情况下加以改进。这就是构成科学进步的要素。

结论:为什么不是石油业?

现在,我们可以回答本章开头提出的关于事先信任的问题。为什么气候科学家关于气候变化的结论要比来自石油业的结论,或者烟草业关于癌症和心脏病的主张,以及可口可乐公司发布的糖尿病和肥胖症信息,被认为具有更大的权威性?[132]

答案很简单:利益冲突。石油业的存在是为了勘探、发现、开发和出售石油资源,并借此为股东创造利润和价值回报。它严重依赖科学和工程来实现这一目标。公司的科研人员和高管在沉积地质学、地球物理学、石油和化学工程、销售和市场营销领域拥有相当的专业知识。但是,近来的科学发现,关于人为气候变化的现实和严重性,以及化石燃料燃烧产生的温室气体在驱动气候变化中的作用,不仅威胁到该行业的盈利,甚至还威胁到它的生存。正如我们所知,化石燃料工业正在为生存而战。该行业中的某些人不接受变革的必要性,反而曲解证明变革必要性的科学证据。[133]埃克森美孚在石油和天然气开采方面可能是一个可靠的信息来源,但在气候变化方面不太可能是一个可靠的信息来源,因为前者是它的业务,而后者对它构成了威胁。[134]

对于烟草业,我们也可以这么说。几十年来,烟草业拒绝接受科学证据,即烟草制品会导致癌症、心脏病、支气管炎、肺气肿,以及包括婴儿猝死综合征在内的一系列严重和致命疾病。它致力于挑战、诋毁和压制已知信息,并资助科学家从事其他方面合法的研究,但目的(从行业立场来看)是分散人们对烟草使用所造成的不良影响的注意力。化工业在杀虫剂和内分泌干扰物方面也做了同样的事情;近年来,我们发现食品业的一些成员也采取了同样的战略和策略。[135]在讨论影响其产品的安全性、有效性或健康性的科学结果时,烟草业、食品业和化工业面临着根本性的利益冲突。他们没有在公开的、批判性的和公共的证据审查中坚守诚信,而这些证据对确定科学主张的可靠性是至关重要的。这就是为什么我们有理由事先不信任它们。

这并不是说,单凭一个科学家或一个科学家团队在(或为)一个有潜在利益冲突的行业工作,或者从这个行业获得了资助,就一定会被怀疑。行业内的科学家可以通过做研究并将成果发表在同行评议的期刊上来参与科学事业,这方面有很多很好的例子,尤其是在20世纪早期,许多公司经营着大型的工业研究实验室。(充分披露:我自己的博士工作,部分由我读博前服务的矿业公司资助,这一点在我的相关出版物中已经公布过了。)

由行业资助的科学家参加会议并在同行评议的期刊上发表文章时,他们作为科学共同体的一部分行动,要遵守这一群体的规范,并让自己和他们的工作接受批判性的审查。只要批判性质询的规范在运转,利益冲突被坦率地公开并在必要时加以解决,这些科学家很可能做出不错的贡献。[136]

但是,盈利的目标与对知识观点进行严格审查的目标相冲突,这几乎不是什么秘密。行业研究可以是高质量的,这有史为证,但我们也知道,它存在并服从于行业赞助商自由决定的外部审查。卓越的研究在美国的商业和工业领域时有出现,同样,虚假信息、误导性陈述和蛊惑人心的消息也是如此。在行业内所做的科学研究获得过诺贝尔奖,但也受到过压制和扭曲。此外,正如普罗克托(Robert Proctor)、勃兰特(Allan Brandt)、罗斯纳(David Rosner)、马科维茨(Gerald Markowitz)、耐斯特(Miriam Nestle)、康韦和我所记录的那样,大量的行业研究是出于把水搅浑的**目的**。[137]经验事实告诉我们,当石油业发布关于气候科学的主张,或汽水行业提供营养学方面的研究时,我们的质疑是正当的;正如当烟草业宣称幸运牌(Luckies)香烟对我们有好处和骆驼牌

(Camels)香烟有助于我们的消化时一样。[138]

旨在扰乱、迷惑和/或误导的美国行业科学研究的曲折历史,也有助于我们解决工业界一个更邪恶的策略——散布怀疑:他们声称当他们装模作样提出怀疑时,正在实例化科学探究的精神,而**科学家们**才是教条主义者。这是一个智力上有害的举动,因为它利用了科学的力量并将其变成了一个弱点,然后错误地将科学的动机嫁祸为打算破坏科学的活动。此外,当科学家受到不公平的攻击时,他们可能会变得具有保守性,因此对应有的合理批评就不那么开放了。在这方面,散布怀疑具有双重破坏性:它破坏了公众对科学的信任,并有可能破坏科学本身。

批判性质询的过程依赖于一个善意的假设:参与者有志于学习并对真理有共同的兴趣。同时,它假设参与者不存在需要在理智上做出妥协的利益冲突。当这些假设被违背时,也就是当人们用怀疑主义来破坏和诋毁科学而不是修改和加强它,以及迷惑受众而不是提醒他们时,整个过程就被破坏了。[139]它会导致科学家想要拒绝而不是接受批评。毕竟,面对不诚实,要保持一种开放的精神是很有挑战性的。科学的批评者并不像他们有时宣称的那样在加强科学的力量,而是在破坏它。

鉴于此及其余众多原因,科学审查的方法会按照预期的方式运转就无法得到保证。在《误入歧途的科学》中,我将回顾一些历史上的例子,事后来看,我们可以说其中的科学家们误入歧途了。我们或许能从这些例子中领会出什么时候有理由不信任科学。但是,就目前的论证而言,关键在于:我们对信任科学调查的过程有了总体的基础,它建立在科学探究的社会属性和对知识主张的集体批判性评估之上。这就是为什么,在事先,我们很有必要将接受科学家的科学分析结果视为正当的。

误入歧途的科学

如果你用谷歌搜索引擎搜索"地球有多老?"你得到的第一个答案是45.43亿年。这是基于对小行星和月球物质的放射性年代测定,得出的可被接受的科学结论。如果你访问美国国家航空航天局、美国地质调查局或大英百科全书的网页,你会发现这个数据已得到肯定。它或多或少已经存在了半个世纪,大多数受过教育的美国人已把它当作事实。它是任何主流地球科学教授或教师都会教授的,并且能在任何大学地球科学教科书中找到。然而,如果你向下滚屏,你还会发现别的信息。

地球有多老?国际创世传道会根据圣经释义给出的答案是大约6000年。若要根据其起源的古老程度来判断知识主张,我们不得不说,这个主张比公认的科学主张更稳固,因为它从17世纪中期就已经存在了。同样地,如果我们将权威定义为驱逐竞争性主张的能力,那么科学结论的权威显然非常有限。不仅仅是地球的年龄这个例子如此。如果我们寻找有关气候变化,疫苗接种的安全性,板块构造是不是全球构造学的准确且充分的理论,以及饮用氟化水是否可以预防龋齿的答案,我们都会发现大量竞相想引起我们关注的主张。

其中一些说法根本不科学,也就是说没有经过审查的证据;而另一些则被证据证明是错误的。但它们依然存在。实际上,对于科学和社会事实的这一脆弱状态，人们有着广泛共识，以至于《牛津英语词典》宣布2016年的年度词汇为"后真相"（post-truth）。[1] 喜剧演员科尔伯特（Stephen Colbert）抱怨说，这是对他先前创造的新词"貌似真相"（truthiness）的剽窃。[2]

某些宗教信徒有着不信任科学结果的倾向，这既不新鲜，也不缺乏研究。出于宗教原因对从达尔文到道金斯（Dawkins）的进化论的怨怼，学者们已经进行了充分描述并试图给出解释。不过，拒绝科学主张并不局限于对神学关切的重视，这方面的理由五花八门。显然，科学主张确立为科学并不意味着这些主张被科学共同体之外的人接受。相反，在"后真相"世界，科学探究的基本假设——包括它生产客观、可信知识的能力，已经饱受质疑。

一些学者，尤其是拉图尔和贾萨诺夫（Sheila Jasanoff），认为科学知识是科学家和社会共同生产的，在这种情况下，所谓的真实性可以被视为事件的一种规范状态。[3] 在他们看来，一个共同生产的论断是科学家和社会已经趋同的观点，正是这种趋同（而不是经验实在，甚至是经验的支持）赋予了论断的稳定性。在这种科学和社会的趋同发生之前，关于价值观以及事实的争论都是不可避免的。作为一项经验事实，这一点显而易见。但是，共同生产的概念回避了以下问题：一个主张是科学的意味着什么？事实性主张是否应该被公平地理解为不同于其他类型的主张？它还回避了这样一个问题：当其他社会成员提出异议时，我们是否有理由拒绝（或至少不去评判）科学家们认为已是定论的某一主张。概言之，共同生产的理论回避了科学专家提出的科学主张是否值得信任的问题。[4]

拉图尔认为，科学主张是关于自然世界的演绎，而科学家已经成功地"演绎了我们生活的世界"。[5] 他（大概）的意思是，科学家已经取得了实质性的社会权威，并被广泛接受为我们在"事实问题"上首屈一指的社会专家。⁶（他们表演，我们鼓掌。）他还（略微伤感地）示意，自然科学家"演绎我们所生活的世界比[社会科学家]解构它更有能力"。⁷考虑到对当代科学的许多重要主张持怀疑态度的美国人数量非常可观，他可能高估了自然科学的成功（表演或其他）。（此处我仅限论及美国，不过类似的说法对其他国家也适用，比如在将非洲的部分地区与艾滋病关联在一起这类问题上。）

如果我们用文化权威来定义成功，那么科学的成功显然不仅是有局限的，而且在目前看来还是相当不稳定的。我们的许多同胞，包括美国总统特朗普和副总统彭斯，对有关疫苗、进化、气候变化，甚至烟草危害的科学结论表示怀疑，且在某些情况下还向它们积极提出挑战。这些挑战不能被视为"科学文盲"而予以忽略。研究表明，在美国民主党和独立选民中，较高的教育程度与较高的科学主张接受度相关；但在美国共和党人中，情况恰恰相反：受教育程度越高的人，越有可能怀疑或拒绝人为气候变化的科学主张。这表明不是知识的缺乏，而是意识形态动机、自身利益诠释，以及相互竞争的信念力量带来的影响。⁸

而且，正如我们在本篇《为什么信任科学：科学史和科学哲学的视角》一章中看到的，还有一个更深层次的问题，它超越了我们特定的政治时刻和不同的文化条件。即使我们接受当代科学论断为真或可能为真，但历史证明，转化性质询的过程有时会颠覆享有盛誉的论断。詹姆斯（William James）在一个多世纪前就论证说，经验有一种"沸腾的方式，它会让我们纠正目前的模式"。⁹他敏锐地指出，我们所谓的"'绝对'真实，即不会因任何进一步的经验而改变的东西，是一个理想的灭点*（vanishing point），我们想象所有暂时的真理有一天会朝着它汇集……与此同时，今天我们用当下能获得的真理生活，并准备好明天把它称为

---

* 两条平行线在视线尽头似乎交汇为一点，即为灭点，此处引申为可望而不可即。——译者

谎言"。¹⁰ 这也是波普尔的观点,他认为所有的科学知识都是临时性的。

颠覆论断不是任意的,这与经验和观察有关。但是,如果我们知道当代的任何主张在未来都可能被推翻,那我们为什么还要接受它呢?人们可能会指出,不完整的甚至不准确的知识对于某些目的来说仍然是有用的和可靠的:托勒玫的天文学体系被用来精确地预测月食,而在航空工程师有准确的升力理论之前飞机已经在飞行了。¹¹科学知识可能是片面的、不完整的,旧理论也可能被新理论所取代,这实际上不是对整个科学的驳斥。相反,它可以被解读为科学进步的证明,特别是当我们事后回顾旧理论,了解它们是如何及为何起作用时。(比如当所考虑的物体运动速度不是很快时,牛顿力学仍然有效。)但是,如果我们的知识被彻底推翻,即它事后被认为是完全错误的,那么在我们需要做出决策时,我们是否可以信任现有的科学知识就值得怀疑了。¹²

气候怀疑论者有时会提出这类问题。在有关气候科学的公开演讲中,有人问我:"科学家总是把它搞错,那我们为什么要相信他们关于气候变化的看法呢?"很少有关于所谓的科学家们总是搞错的"它"的具体说明,当我问对话者他提到的"它"指的是什么时,往往得不到明确的答案。如果有的话,最常见的就是,营养学家不断变化的且看似矛盾的建议。为什么营养信息近年来一直是一个活靶子?为什么营养学似乎是一门令人沮丧的科学?原因有很多,其中包括:大众媒体在宣传新颖但未经证实的发现方面的作用;缺乏训练的科学家滥用统计数据;小样本量问题和对人们的饮食习惯进行对照研究的困难(见本书中克罗斯尼克的相关论述);以及食品业在资助关于糖和脂肪相对危害的可转移公众注意力的研究的影响。¹³(在其他地方,我论述过当期望的结果是明确的和有偏见的时候,行业资助对科学的潜在不利影响。¹⁴)然而,即使营养科学是非典型的,或者即使它是典型的但其混乱的来源可以被确定和解决,怀疑论的挑战在认识论上也是合法的。如果科学家有时会犯错误——他们当然会,那么我们怎么知道他们现在没有错呢?我们能相信目前的知识吗?

在本章,我将腐败、媒体失实报道和统计培训不足等问题放在一边,着眼于另一个在我看来更令人烦恼、更具认识论挑战性的问题,即科学自身误入歧途的问题。在科学史上,科学家得出的结论后来被推翻的例子不在少数,其中的许多剧情与宗教承诺、公开的政治压力或商业腐败无关。[15]当我们知道科学的真理主张在未来可能被推翻时,我们该如何评价它们?这一问题一直是我研究生涯的核心问题。

在其他地方,我把这个问题称为科学真理的不稳定性。[16]20世纪80年代,哲学家劳丹(Larry Laudan)将其称为科学史的悲观主义元归纳。[17]他(和其他许多人一样)观察到,科学史上有很多科学"真理"在后来变成了错误的案例。与此相反,先前被拒绝的思想有时会从认识论的垃圾箱中被拯救出来,洗涮擦亮之后,纳入众人尊崇的科学殿堂。我第一本书的主题——大陆漂移理论的复兴及其与板块构造的结合,就是一个极佳的例子。[18]正如我在1999年讨论此问题时所写的那样:"历史遍布着昔日被抛弃的信念,而今则满是知识的复活。"考虑到过去科学知识的易逝性,我们如何评估当代科学主张的合法性甚至持久性的愿望?[19]即使某些科学真理能被证明是永恒的,我们也没有办法知道会是哪些。我们根本不知道现在的真理,哪些会留哪些会走。[20]因此,我们如何能够合理依靠现有的知识来做决定,特别是当涉及的问题攸关社会或政治敏锐性、经济影响或深切个人意义时?[21]

在本章,我将列举一些科学家明显误入歧途的例子。这些例子要么来自我自己之前的研究,要么来自我学生的研究,要么来自我在30年的教学中熟知的历史事例。我们能从这些例子中学到什么吗?它们有什么共同点吗?它们是否有助于我们回答事前信任的问题,帮助我们识别在哪些情况下应该持适当怀疑、保留意见,或者有充分的理由提出更多的研究?

我并不是说这些例子有代表性,只是说它们很有趣且蕴含丰富信息。它们都发生在19世纪晚期之后,因为根据我的经验,许多科学家认为任何更古老的东西都不重要,理由是我们现在更聪明,有更好的工具,能让我们的主张接受更广泛的同行评议。[22] 当然,没有两个历史案例是完全相同的。我将给出的每一个例子都很复杂,对于科学家是如何以及为何采取各自的立场,都有不止一种可能的解释。这些情况没有定义一个"集合",但它们确实有一个关键的共同点:它们每一个都包含了当时就很明显的危险信号。

案例一:有限能量理论

1873年,美国医生、哈佛大学医学院教授克拉克(Edward H. Clarke, 1820—1877)反对女性接受高等教育,理由是这会对她们的生育能力产生不利影响。[23] 具体来说,他认为高等教育的需求会导致她们的卵巢和子宫萎缩。用维多利亚时代学者伊莱恩(Elaine)和肖沃尔特(English Showalter)的话说,克拉克相信,"由于在生理发育的关键时期过度工作,高等教育正在破坏美国女性的生殖功能"。[24]

克拉克认为他的观点是热力学理论的假说-演绎结果,特别是热力学第一定律:能量守恒。热力学第一定律是在19世纪50年代发展起来的,其中尤以克劳修斯(Rudolf Clausius)出力良多,它指出,能量可以转化或转移,但不能创生或消失。因此,任何封闭系统中可用的总能量是恒定的。克拉克认为,毫无疑问,将能量导向一个器官或生理系统(如大脑或神经系统)的活动,必然会导致能量从另一个器官或生理系统(如子宫或内分泌系统)转移出去。这就是所谓的"有限能量理论"。[25]

科学家们受到启发,开始思考热力学在不同领域的意义,而克拉克的头衔可能表明,他正在将能量守恒应用于一系列生物或医学问题。[26] 但事实并非如此。对于克拉克来说,有限能量问题特指女性,也就是女性的生育能力。在他1873年的著作《教育中的性别:女孩的公平机会》(*Sex in Education; or, a Fair Chance for Girls*)中,克拉克运用热力学第一定律论证了人体所含的能量是有限的,因此"一个器官消耗的能量必须从另一个器官拿回来"。[27]但是他的理论并不是生物学的一般理论,而是关于生殖的特殊理论。他(和其他人)相信,生殖是独一无二的,是一项需要"快速消耗力量"的"非凡的任务"。[28]于是乎,关键之处在于,消耗在研究上的能量会损害妇女的生育能力。"一个女孩每天的学习时间不能超过4个小时,偶尔也不能超过5个小时",否则就有可能受到伤害。而且,每隔4周,她就应该有一次完全的休息,不去学习任何东西。[29]有人可能会据此推论说,花太多的时间或精力在任何活动上,包括家务或养育孩子,都会给女性的生育能力带来同等影响。然而,克拉克博士并没有深究这个问题,他只担心艰苦的高等教育的潜在后果。

在1873年,热力学是一门相对较新的科学,克拉克将他的工作视为一项激动人心的应用,敬献给了这一重要的新领域。他的书被广泛阅读,《教育中的性别:女孩的公平机会》共有19个版本,在出版后的30年间,印数超过12 000本。历史学家认为,在当时,它在削弱公众支持妇女受教育及拥有就业机会上发挥了重要作用;一位同时代的评论家预言,这本书将"把男女同校扼杀在萌芽之中"。[30]

克拉克的论点主要是针对男女同校,即女性无法承受为男性设计的严格的高等教育体系,但它也被用于抵制对女性进行任何形式的严格智力训练,特别是在那一时段成立的女子学院中,这一点被概念化了,例如史密斯学院(创建于1871年)、韦尔斯利学院(创建于1875年)、拉德克利夫学院(创建于1879年)和布林莫尔学院(创建于1885年)。克拉克和他的追随者认为,女性的高等教育是有问题的,除非它是针对女性"有限能量"专门设计的。³¹ 布林莫尔学院的第一任教务长兼第二任院长托马斯（M. Carey Thomas）回忆说，在学院成立之初，"我们并不知道女性健康是否能承受教育的压力"。早期倡导女性接受高等教育的人"饱受困扰"，她回忆道，"因为克拉克博士的《教育中的性别：女孩的公平机会》，宛如阴郁小幽灵叮当作响的锁链"。³²

克拉克的理论也与新兴的优生学论点有关（对其我们稍后会详细说明）。像19世纪末20世纪初的许多精英白人男性一样，克拉克担心，女性放弃家庭责任和本土白人女性出生率下降的结合，将对现有的社会秩序造成灾难性的影响。当他惊恐地预言"种族将由劣等阶层繁衍"，并劝勉读者让妇女待在家里，不受教育，抚养孩子，"确保适者生存和繁衍"时，他代表了许多人的观点。³³ 也许由于这个原因，他的研究受到了许多男性医学同事的欢迎，他们也经常有同样的担忧。其中之一是哈佛医学院院长，未来最高法院法官的父亲，霍姆斯（Oliver Wendell Holmes）博士，他后来在臭名昭著的"巴克诉贝尔案"中为生殖绝育的合法性进行了辩护。³⁴ 霍姆斯公开表示，他"衷心赞同克拉克博士的观点"。³⁵

克拉克提供了7位年轻女性的案例，她们追求传统的男性教育或工作环境，并经历了从月经疼痛、头痛到精神疾病等各种障碍。他给这些女性，也是给所有女性，开出的药方是，避免精神和身体上的劳累，尤其是在月经期间和月经后几天。克拉克没有试图测量或量化能量在人体的器官间的传递，也没有从理论上阐明能量被选择性地分配到身体某些部位而不是其他部位的机制。³⁶ 相反，他断言他的结论是"利用辅助假设，从一般科学原理[即热力学第一定律]推导而出"。在这个意义上，他的方法类似于同时代的其他人的，比如社会达尔文主义者试图将生物学领域发展起来的理论应用于社会问题。

以事后的眼光看，不难发现克拉克是如何将流行的性别偏见和种族焦虑嵌入他的理论的。但这种观点冒着历史马后炮的风险。如果我们关心的是在当下该如何识别有问题的科学,不是事后诸葛亮式地发现科学的问题,那么我们就必须问这样一个问题:在那个时代,有人反对它吗?答案是肯定的。19世纪晚期的女性主义者认为克拉克的议题意图明显,而且抨击了其非经验主义的方法论。医学界对他的主要批评来自哥伦比亚大学医学教授雅可比(Mary Putnam Jacobi)博士,她写过100多篇医学论文。

雅可比点明了克拉克理论中的性别政治,并认为他的作品之所以受欢迎,可以归因于"除了科学真理之外的诸多嗜好。公众很少关心科学,除非科学的结论可以用来干预某种道德、宗教或社会争议"。[37]她还指出,由于报告只以7位女性的案例为基础,因此经验性不充分。正如我们在《为什么信任科学:科学史和科学哲学的视角》这章中看到的,从理论中得出演绎结果是公认的科学方法论的一部分,但也仅仅只是一部分:演绎结果还必须通过经验证据来检验。雅可比指出,克拉克对此下的功夫不够。

1877年,她发表了自己的一项研究——《女性经期休息的问题》(*The Question of Rest for Women during Menstruation*),其中对"健康状况、教育程度和职业地位各不相同"的268名女性进行了抽样调查。(她还让这些女性自己报告身体状况,而克拉克则负责对她们的症状做出解释。)雅可比将她的数据整理在34个表中,以检验多个变量之间的关系,如休息、锻炼和教育。[38]她发现不会因月经而感到不适,或仅轻度不适,或偶尔不适的女性总计占比59%。从生理上讲,她指出,"月经本质上并不意味着休息的必要性,甚至是可取性",尤其是在女性饮食正常的情况下。她对月经和营养方面的文献进行了深入梳理,同时设计实验研究营养和月经周期之间的关联,以支持上述结论。[39]她的研究获得了哈佛大学博伊尔斯顿医学奖。但这对克拉克和他的男性同事几乎没有影响。1907年,霍尔(G. Stanley Hall)博士在其广为人知的《青春期》(*Adolescence*)一书中写道:"至少,女性接受高等教育不会损害她们的健康,这一点仍未得到证明。"[40]克拉克的理论被认为是充分成立的,足以将举证责任推给那些声称女性接受高等教育是好的人。[41]

案例二:拒斥大陆漂移学说

在20世纪二三十年代,美国地球科学家拒绝了一个40年后被接受为事实的说法。[42]这一说法认为大陆不是固定的,而是在地球表面水平移动;这些运动解释了地质历史的许多问题;大陆运动的相互作用则解释了一些重要的地质特征,比如火山和地震的分布。这种主张后来被称为大陆漂移学说。这一理论的提出者,是杰出的、受人尊敬的地球物理学家魏格纳(Alfred Wegener),他从已有的地质学文献中收集了大量的经验证据。

虽然大陆漂移学说在当时不被接受,但人们普遍认为已有的理论是不充分的,需要一种对地质历史事实的替代解释。20世纪60年代,部分基于这些事实(以及新发现的事实),漂移着的大陆这一实际情形被认可。此时,一些科学家尴尬地意识到,他们的团体在不久之前还拒绝接受大陆漂移理论。作为回应,一些人认为大陆漂移理论在20世纪20年代被拒绝是因为缺乏解释它的机制。这是一个貌似合理的见解,被许多教科书奉为圭臬,甚至被一些科学史家和科学哲学家再三重复。[43]但事实并非如此。科学家们当时已经提出了几个可靠的机制,它们都不是完美无缺的——新引入的理论很少是完美无缺的。不过,当时的科学家们对此展开了激烈的讨论,并且一些人认为机制问题已经解决了。例如,美国地质学家朗威尔(Chester Longwell)写道,涉及地幔对流的模型(20世纪60年代,这一思想成为板块构造学的一部分)是一

个"美丽的理论",它将是"划时代的"。⁴⁴

如果地质学家有大致合理的机制来解释大陆漂移,包括那些后来被接受的,那么他们为什么拒绝这个理论呢?一个缘由是,美国地质学家比他们的欧洲或英国同行对这个理论抱有更强的敌意。许多欧洲大陆人认为,地壳的碎片已经移动了相当长的水平距离,这一点在瑞士阿尔卑斯山脉身上有着明显体现。一些英国地质学家也很谨慎地接受这一理论,在20世纪五六十年代,许多英国学校的孩子在O级和A级*地质学课程中学习大陆漂移学说。然而,美国的情况与此大相径庭:美国地质学家不仅拒绝它,而且还指责魏格纳的科学是**坏科学**。这提供了一个难得的机会来探索科学家如何决定什么是好科学,什么是坏科学。

在围绕该学说的争论中,许多美国地质学家明确提出了方法论上的反对意见。他们尤其反对魏格纳以假设-演绎的形式提出他的理论,认为这是偏见的一种形式。他们认为,好科学应该采用的是归纳法,观察要先于理论,而不是反过来。约翰斯·霍普金斯大学的古生物学家贝里(Edward Berry)这样写道:

> 我反对魏格纳假说的主要理由是作者的方法。在我看来,这是不科学的,而是熟悉的套路:一个初步的想法,选择性地通过文献搜索证据,忽略大多数相反的事实,并在极度自我陶醉中结束——在那儿主观的想法被认定为一个客观事实。

斯坦福大学地质系主任、美国地震学会主席威利斯(Bailey Willis)认为,

---

* O级,英文全称Singapore-Cambridge General Certificate of Education Ordinary Level,是由新加坡教育部和英国剑桥大学考试局共同主办的统一考试,考试成绩为英联邦各个国家承认和接受。A级,英文全称General Certificate of Education Advanced Level,英国高中课程,是英国全民课程体系,也是英国学生大学入学考试课程,其成绩在世界名校中接受度很高。——译者

这些书是"由一个鼓吹者而不是一个公正的调查者写的"。约翰斯·霍普金斯大学的地质学教授辛格瓦尔德(Joseph Singewald)声称,魏格纳"着手证明这个理论……而不是审查它"。⁴⁵现代地震学创始人里德(Harry Fielding Reid)认为,(所有)科学的正确方法都是归纳。1922年,他为魏格纳的《大陆与海洋的起源》(*Origin of Continents and Oceans*)英译本写了一个评论,其中他将大陆漂移描述为基于假设-演绎推理的一种失败假说。

> 有很多人试图从某个假说中推断地球的特征,但是都失败了……[大陆漂移]是相同的类型的另一个版本……科学的发展是通过对观察结果的仔细比较和严密归纳,通过向其原因后退一小步,而不是通过先猜测原因然后推断现象。⁴⁶

有时有人认为,诸如此类的评论反映了美国人对理论的普遍排斥。不过,美国地质学家并不拒绝理论本身,他们中的许多人都积极参与其他领域的理论发展。当然,他们确实对应该如何发展和捍卫科学理论有自己的见解。他们认为,科学理论应该归纳地发展,审慎地辩护。

美国地质学家对声称具有普遍适用性的理论体系以及阐述这些理论的个人持怀疑态度。其中一个例子是"水成论者"学派,这是由维纳(Abraham Werner)在18世纪发展起来的,他认为地质地层可以被理解为逐渐退去的环球海洋的不断演化的沉积物。⁴⁷对许多美国地质学家来说,水成论是在一个威权领导下运作的浮夸主义的缩影,而美国人在整个欧洲科学界都能发现这种现象。在一次前往欧洲的旅途中,威利斯遇到了以**大褶皱**理论而闻名的法国制图局局长特米尔(Pierre Termier)。大褶皱理论认为,大部分欧洲阿尔卑斯山脉都可以被理解为巨型褶皱,是部分大陆地壳在巨大的横向距离上发生位移而形成的。威利斯遗憾地说,特米尔是一个"权威",法国的年轻地质学家"无法拒绝接受"他的理论。[48]

威利斯论及特米尔时的语气解释了在本例中原本可能令人困惑的事情:科学家本应是权威,但需要警惕的是,这可能会令人滑向傲慢和教条主义。它将导致智力上的**威权主义**,而特米尔的权威地位会让其他人很难质疑他的理论。如此一来,批判性探究的精神将受到压制,科学的进步将受到阻碍,因为人们将会失去挑战或改进它的自由。

因此,美国人对归纳法的偏爱被其倡导者与多元主义、平等主义、开放思想和民主的美式政治理想联系在一起。他们认为,特米尔的方法是**典型的**欧洲式的——欧洲的科学,就像欧洲的文化一样,倾向于反民主。故而,美国地质学家明确地把他们的归纳方法与美国的民主和文化联系起来,认为归纳方法是适合美国的方法,因为它拒绝给予任何理论,并且也拒绝给予任何理论家特权地位。演绎与欧洲专制的思维和行为方式是一致的,归纳与美国民主的思维和行为方式是一致的。他们对方法论的偏好植根于他们的政治理想。

提出"多重工作假说方法"(method of multiple working hypotheses)的科学家们为这种反专制的态度奠定了基础。该方法由芝加哥大学地质学家钱伯林(Thomas Chrwder Chamberlin)推广,它是一种明确的地质田野调查方法学惯例。根据该理论,地质学家不应该到野外去检验假设,而应该先观察,然后开始通过"可折射出多种解释的概念接受性的棱镜"构想解释。[49]这意味着发展一套"工作假设",并在工作进展中记住所有这些假设。钱伯林把其比作一个好父母,他们不应该独宠任何一个孩子。一名好的科学家对他所有的工作假设都是公平、公正的,就像一个好父亲爱他所有的儿子一样。(钱伯林没有谈到女儿。)

该方法也提醒我们,在复杂的地质问题中,单一原因的想法往往是错误的:许多地质现象是不同过程共同作用的结果。这不是非此即彼的问题,而是需二者兼顾的问题;多重工作假设的方法帮助地质学家牢记这一点。钱伯林认为,19世纪地质学上之所以出现许多激烈的争论,是因为一方咬定一个原因,另一方则咬定另一个,殊不知正确的答案可能需要二者兼而有之。[50]科学家应该是研究人员,而不是吹鼓手。钱伯林在论文《调查与宣传》(Investigation vs. Propagandism)中概述了这一观点。[51]

在芝加哥大学,钱伯林专门设计了地质学的研究生课程,以训练学生能够"独特且独立,而不是[仅仅]遵循以预定结果结尾的先前思路"——他对欧洲方法的注解。他还对英国的经验主义体系提出了警告,他认为这种体系"不是对理论成果的适当控制和利用,而是对理论的压制"。[52](在这里,钱伯林指的是赖尔对高深理论的谴责。)多重工作假说方法是理论教条主义和经验极端主义之间的桥梁,在未来它有助于避免分裂性的战斗和派别主义的出现。

有人可能会怀疑,这是否只是说说而已,但那一时期的地质学家的野外和课堂记录都表明,多重工作假说方法得到了实践。观察和解释是分开的,地质学家经常列出他们能想到的各种可能的解释。哈佛大学的地质学家戴利(Reginald Daly)就是一个例子,他是大陆漂移理论的早期倡导者。他的实地笔记显示了他是如何实施钱伯林的"处方"的:在这些笔记中,左页写着他的观察记录,右页则列出对这些观察的各种可能解释。阅读戴利的实地笔记,你会想起霍夫施塔特(Richard Hofstadter)的著名论断:在美国,"对勤奋工作的偏爱(被认为)比投身于广泛而分裂的抽象概念更好、更实际"。[53]美国科学家并不反对抽象,而是在寻求一种不引起分歧的解决办法。20世纪40年代,哈佛大学教授比林斯(Marland Billings)讲授全球构造学时,他给他的学生们讲述了不下19种不同的造山理论,而且没有在课堂上表明他偏向哪一种。[54]在这样的背景下,我们就可以理解为什么美国地质学家对魏格纳的工作反应消极:他把大陆漂移作为一个宏大的、统一的理论,并用现有的证据来证明。对美国人而言,这是一种糟糕的科学方法。它是演绎的,是威权的,违反了多重假说的原则。这恰恰是他们对一个想要成为权威的欧洲人的预期。[55]

然而,美国人在反教条主义中已经变得教条。出于方法论的缘故,他们拒绝接受魏格纳的理论,但也因此拒绝了**大量在其他情况下他们会认为是正确的证据**。魏格纳的许多最苛刻的批评者都承认这一点,正如耶鲁大学地质学家舒彻特(Charles Schuchert)认为冈瓦纳超级大陆是一个他"不得不摆脱"的"事实"。[56](舒彻特的解决方案是专门提出的"陆桥"理论,用它来解释古生物学的证据,但它无法解释其他人严肃对待的地层学的对应关系。)后来,地质学家承认魏格纳整理的证据在实质上是正确的。

案例三:优生学

优生学的历史远比刚才的两个案例复杂,部分原因是它涉及的参与者范围很广,其中许多人不是科学家,比如美国总统罗斯福(Teddy Roosevelt),而且促成优生学的价值观和动机也极为多样。也许正是由于这个原因,一些历史学家不愿从中得出结论。几乎所有人都会同意,优生学的历史是科学史上令人不安的一个篇章。然而,否认气候变化的人明确地用它来宣称,既然科学家们曾经在优生学上犯过错误,难保他们现在对气候变化的看法不会出错。[57]因此,我认为这一主题不能被忽视,而且由于它的复杂性,相比上述两个案例,我会在这个问题上着墨更多。

众所周知,20世纪早期的许多科学家认为,基因控制着一系列的表型性状,包括一长串不良的或可疑的行为及痛苦,像卖淫、酗酒、失业、精神疾病、"智障"、懒惰、犯罪倾向,甚至加入美国海军或商船队的偏好所展现出的**嗜海性**。这种观点是**优生学**社会运动的基础。它是旨在提高美国人(或英国人、德国人、斯堪的纳维亚人,以及新西兰人)素质的各种社会实践,我们大多数人事后都以沮丧、愤怒,甚至恐惧的态度看待这些实践。这些实践要么在"种族改良"和"进步"的正面议题下讨论,要么在防止"种族退化"和"种族自杀"的负面议题下讨论。⁵⁸这些观点在纳粹德国的最终表现人尽皆知。鲜为人知的是,在美国也存在优生学实践,其中导致成千上万的美国公民(主要对象是残疾人)被强制绝育的做法,在"巴克诉贝尔案"的裁决中得到支持,最高法院法官小霍姆斯(Oliver Wendell Holmes, Jr.)认定,国家有"保护"自己免受"堕落的原生质"侵害的权利。⁵⁹

"巴克诉贝尔案"的原告是一名年轻女子,名叫巴克(Carrie Buck),她在遭到强奸并生下孩子之后被绝育。弗吉尼亚的专家证实说,巴克、她的母亲和孩子都是"智障",这样做能保证她不会怀孕,进而确保其不再生育后代。霍姆斯大法官在他值得铭记的结论中言简意赅地道出:"有三代低能儿就够了。"⁶⁰美国的优生绝育法案促使纳粹德国制定了类似的法律,用于给精神病人和其他被认为对德国血统构成威胁的人绝育;第二次世界大战后,优生学由于与纳粹意识形态和实践的关系而饱受质疑。⁶¹

我们可能会把优生学斥为政治对科学的滥用,因为一定程度上推广和应用它的要么是非科学家,比如罗斯福总统或希特勒(Adolf Hitler);要么是在优生学领域工作但没有受过遗传学培训的人,比如优生学记录办公室副主任劳克林(Harry Laughlin),他是美国国会在基于优生学的移民限制方面的代表。⁶²但也就仅此而已,毕竟优生学更多的是由生物学家和后来被称为"优生学家"的研究人员发展和推广的。而且,就像克拉克的有限能量理论一样,优生学是由公认的理论推导出来的,这里公认的理论指的是达尔文进化论的自然选择学说。若如达尔文所言，性状是由父母传给后代的，而适应性是通过差异繁殖和适应性个体的生存而提高的，那么人类的种族可以通过有意识的选择而得到改善，这就是顺理成章的。达尔文发展他的自然选择理论，部分是通过观察鸽友的选择性育种：有意识地选择具有理想性状的个体进行繁殖，并淘汰那些不理想性状的个体。如果育种者通过选择改良他们的鸽子、狗、牛和羊，那么同样的事情也应该发生在人类身上，这难道不是显而易见的事吗？难道我们不应该至少像重视绵羊一样，重视我们人类后代的品质吗？因此，社会应该采取措施鼓励"适者"生育，阻止"不适者"生育，这难道不是同样明显吗？后一个问题是马尔萨斯（Thomas Malthus）在18世纪提出的，他反对可能鼓励穷人生育更多孩子的慈善形式，并通过他那无情的关于繁殖的数学论证启发了达尔文。[63]

"科学"优生学的创始人通常被认为是达尔文的表弟高尔顿（Francis Galton，1822—1911）。达尔文著作中的许多地方似乎都支持这样一种观点，即在自然界中起作用的选择法则必定也在人类中起作用。例如，在《人类的起源》（*The Descent of Man*，1871）一书中，达尔文明确表示，他相信自然选择适用于动物和人类，他认为某些人类社会实践，如长子继承制，是不适应的。将达尔文解读为建议人类法律和社会实践应根据自然法进行调整，这并不牵强附会。

高尔顿认为，对人类来说，最重要的特征是智力，因此高尔顿对智力和遗传进行了研究。许多身体特征，如身高、头发、皮肤和眼睛的颜色，乃至整体外貌，似乎在很大程度上得自遗传，但智力呢？1892年，高尔顿出版了《天赋的遗传》（*Hereditary Genius*）一书，书名就是答案。通过分析欧洲"杰出人物"的家谱，他发现其中来自富有或其他名门望族的人数并不成比例。虽然他承认"杰出"和"智力"是不一样的，但高尔顿仍把它当作一个替代物。他发现所有类型（政治、经济、艺术）的杰出者均"成串"出现，于是推断与身体特征一样，性格特征也在家庭中遗传。[64]

然而,高尔顿注意到了一个至关重要的困难,他称之为**平庸回归法则**:杰出父母的后代往往倾向于平庸,也就是说,孩子比他们的父母更普通。他以身高为例:平均来说,高个子夫妇生的孩子都没有他们那么高。在我们现在所谓群体遗传学的早期洞见中,高尔顿推断,孩子们不仅从他们的父母那里,也从他们的祖父母和曾祖父母那里,即整个家族谱系那里,继承了遗传特征。包括智力在内的任何特征均不例外。

因此,高尔顿关于人类整体改善的前景是悲观的,因为如果后代的遗传特征来自他们的整个家族谱系,那么改善将需要许多代人才能实现。鸽子爱好者和狗饲养者并不会在(鸽子或狗)一代的时间内达到目的,而需要经年累月地耐心选择,这对人类育种来说是不现实的。高尔顿确实含糊其词地建议,应该采取相应"步骤"鼓励"最好的"多生育,"最差的"少生育,以"提高后代的种族素质",避免"种族退化"。[65]这种非强制性的鼓励后来被称为"积极优生学"。但高尔顿对优生学计划能否顺利或合理地实现并不乐观。平庸回归法则似乎削弱了这种抱负。然而,另一些人则坚持认为,人类不仅可以通过育种实现改良,而且需要这样做。

今天,"种族退化"的观点与纳粹紧密联系在一起,但在20世纪早期,人们强烈地感受到了种族退化的威胁,至少许多白人男性认为它是真实存在的,而医生、科学家、知识分子和政治领导人也接受了优生学思想。在美国,除了罗斯福,另一位杰出的优生学家是自然资源保护主义者格兰特(Madison Grant),他是拯救红杉联盟的创始人、美国自然历史博物馆理事,并著有畅销书《伟大种族的消逝》(*The Passing of the Great Race*,1916)。[66]格兰特认为,日耳曼"种族",也就是我们现在所说的白种盎格鲁-撒克逊人,正在遭受犹太人、南欧人和黑人等懦弱"种族"的威胁。他认为,后者应该被隔离在贫民区,并被禁止与北欧血统的男女通婚。格兰特的观点在1924年的《约翰逊-里德移民限制法案》(Johnson-Reed Immigration Restriction Act)中发挥了作用。该法案限制来自南欧和东欧的移民数量不能超过美国人口数量的2%(以1890年人口普查的数据为基准),并完全禁止了亚洲移民。[67]古尔德(Stephen Jay Gould)称《伟大种族的消逝》为在美国出版的最具影响力的科学上的种族主义书籍;历史学家斯皮罗(Jonathan Spiro)则指出它在纳粹德国大受追捧,包括希特勒在内,他写信给格兰特说,"大作乃吾之圣经"。[68]

优生学作为一项社会运动在1910—1920年迅猛发展,有关种族与适应性的书籍和文章如雨后春笋,它们几乎所有都被定义为生物科学的应用。正如格兰特明确指出的那样:"自然法则要求消灭不适者。"[69] 1900年,德弗里斯(Hugo de Vries)和他的同事们重新发现了孟德尔(Gregor Mendel)的研究成果,它似乎对性状的硬遗传* 给予了支持(事实上,在某些人看来这些支持就是证据)。这对人们对优生学的态度影响很大,使其支持人数激增,因为孟德尔的发现似乎排除了拉马克(Lamarckian)后天获得的改善性特征可遗传的观点。[70]

在美国,负责科学优生学事务的是优生学记录办公室,它成立于1910年,位于长岛的冷泉港,后来并入华盛顿卡内基研究所实验进化中心。[71]其主任是达文波特(Charles Davenport),芝加哥大学生物学教授,生物统计学先驱。在优生学记录办公室创建时,达文波特用霍姆斯会附和的语言宣称:"社会需要保护自己,正如它声称有权剥夺杀人犯的生命,所以它也有权消灭这可怕的毫无指望的堕落原生质。"[72]

---

* 硬遗传(hard inheritance),又可称为刚性遗传,是一种明确排除任何获得性特征的遗传模型,即生物体后代的特征(通过DNA传递)不会受到亲代生物体在其一生中所采取的行为的影响。比如,铁匠用右臂打铁,导致其右臂强壮,但他儿子的右臂不会比左臂强壮,铁匠的行为不会改变他的遗传密码。——译者

人们不能像孟德尔在豌豆上做实验那样也在人体上做实验,但人们可以收集数据,于是达文波特启动了一项关于"遗传与优生学的关系"的重大研究。[73]目的是通过研究家族史来建立人类遗传的科学基础,该研究的方法是雇用实地工作人员去采访家庭,了解其历史。(在这方面,优生学记录办公室的活动与相邻实验中心生物学家的工作有很大不同。)训练有素的实地工作者对受访者问询各种问题:行为方面,诸如酗酒、卖淫、赌博、滥交和犯罪;身体"缺陷"方面,包括两性畸形、腭裂和多指;疾病方面,诸如血友病和肺结核;精神"缺陷"方面,诸如"智障"、精神分裂症及其他形式的精神疾病;另外,还有关于社会技能和社会成就的方面的一般性分类。

1911—1924年,250名实地工作人员(其中大部分是女性)接受了优生学记录办公室的培训,并被派出去收集上述问题的数据。调查结果被记录在索引卡片上。实地工作人员发现,这些特征通常会在家族中遗传。达文波特因此得出结论,社会需要补救措施以阻止携带"不良"特性的父母生殖。因此,他成为"隔离主义"的鼓吹者,建议把精神和身体有疾患的人禁锢在家里或收容所内,不得婚配并实施绝育,以确保受控和未受控的不适者都无法繁衍后代。

他的副手劳克林利用优生学记录办公室的调查结果,颁布了《绝育示范法》(Model Sterilization Laws),并在国会上郑重说明限制南欧和中欧移民的好处。他声称,优生学记录办公室的数据表明,移民比土生土长的美国人更有可能犯罪,而且这种犯罪倾向是遗传的。1924年,美国国会通过了《约翰逊-里德法案》,按照优生学路线严格限制移民。[74]

在20世纪30年代,美国的32个州通过了《绝育法》(Sterilization Laws),至少有3万名美国公民被实施绝育。其中大部分绝育措施未经当事人知情同意,有些人甚至对此一无所知。[75]

对很多纳粹分子而言,劳克林是一名英雄。1936年,他凭借在"种族净化的科学"方面的工作,获得了海德堡大学的荣誉学位。有人认为,纳粹的绝育法建立在劳克林在优生学记录办公室制定的《绝育示范法》的基础之上。[76]在纽伦堡,一条辩护意见认为,纳粹的法律基于美国人鼓吹的那些东西。

正如我已经指出的,优生学是复杂的。历史学家凯夫利斯(Daniel Kevles)认为,优生学有几个主要组成部分,并以各种方式相互混合:[77]

- **社会控制生育**:要么通过控制婚姻,要么在收容所、监狱和其他机构中实施隔离;
- **生育激励**:在"适者"(通常被认为是富裕的白人)中鼓励大家庭,在"不适者"(其他所有人)中阻止生育;
- **马尔萨斯主义**:抵制社会福利计划,包括普及教育、最低工资法案和旨在降低婴儿死亡率的公共卫生措施,理由是它们违反了淘汰不适者的自然法则。优生学家也不鼓励节育,他们认为应该节育的人不会节育,不应该节育的人会却会节育;
- **遗传决定论及反环境论**:拒绝环境的作用,将社会地位和行为特征的原因完全或几乎完全归因于物理遗传;
- **种族焦虑**:担心养育不适者,再加上移民,会污染或稀释该国的种族认同,导致"民族"或"种族"的退化,这两个术语和概念往往可以互换使用。

这一列表尚可增加一条:

- **性别焦虑**:反对女性加入劳动力大军,以及提倡将女性的作用限定在以家及家人为中心的范围之内,这两个论调常常在优生学观点中叠加在一起。[78]

这些元素中的大部分——种族焦虑、性别焦虑、生育激励,都不是科学的价值观,由此产生的问题是:科学和科学家在优生学运动究竟扮演了什么样的角色?

有人声称,科学共识是支持优生学的,因此我们有理由不相信或反对当代有科学共识的问题。例如,小说家克赖顿(Michael Crichton)就用这一论点来诋毁气候科学,并将当代人们采取行动防止人为气候变化的呼吁,比作之前关于防止种族自杀的呼吁。[79]他认为,两者都是伪装成科学的政治。

科学家们曾经在某些重大问题上犯错,这一事实并不能告诉我们,今天他们在一些与之前风马牛不相及的重大问题上是对还是错,不过,克赖顿的确提醒我们,科学家们并不总是站在天使的一边。优生学和有限能量理论一样,作为科学理论的逻辑推论而被概念化和论证,我们不能简单地把它解释为科学的"滥用"或"误用"。那么在优生学上有科学共识吗?答案是否定的。[80]很多杰出的社会科学家和遗传学家反对优生学主张。正如历史学家艾伦(Garland Allen)所言,"20世纪早期几乎每个人都接受优生学的结论并非事实"。[81]

在对过往的检讨中,社会科学家们指出了一个显著的问题,在今天有关先天与后天的争论中经常被引用:实地调查人员记录的许多疾病可以解释为因营养不良、教育糟糕、语言技能有缺和(或)运气不好所致。那些不良后果可以通过基因加以解释,但也可以通过其他很多因素去解释。对不良结果的观察并不能为遗传理论中的因果关系提供证据。

20世纪一二十年代的许多贫穷白人是移民,他们面临许多障碍,包括在就业方面的公开歧视和缺乏适当的医疗保健。改革者们指出,许多移民儿童在教育和其他社会项目的帮助下已"提高了自己",证明如果认真推行社会改革是可以改善结果的。尤其是德国犹太移民、人类学家博厄斯(Franz Boas)认为,实验室和育种研究中有科学证据表明,像头发和眼睛的颜色这样的特征可能完全是遗传的,但其他的重要问题却很难做出这样的推定。一个很好的例子是身高,这也是高尔顿喜欢研究的主题之一。博厄斯说,一个人的身材部分来自遗传,但"成长阶段或多或少的有利条件也有重大影响"。[82]决定发育结果的物理因素和社会因素间的相互作用,科学研究得尚不充分;而对这种相互作用的了解不足时,就假设任何复杂的性状都是由基因控制的便是错误的,假设完全是由基因控制的那就更是错误的了。

博厄斯特别反对关于智力遗传性状的主张。智商测试并没有显示测出任何有意义的东西,也没有证据表明黑人、移民或任何其他群体具有种族特异性的遗传心理或行为特征。[83]我们可以观察到不同的结果,但我们没有独立的证据证明这些结果的原因是遗传。相反,有社会原因的证据:博厄斯的学生米德(Margaret Mead)在她1924年的硕士论文中已经证明,因家庭的社会地位、在美国的时长,以及在家里是否说英语的情况不同,意大利移民孩子的智商测试分数亦不同。[84]

米德关于意大利移民的讨论揭示了很重要的一点:虽然优生学的语言是"种族退化",但美国的优生学既涉及种族问题(正如我们今天所理解的那样),也涉及欧洲种族的等级,这两者都与阶级有关。[85]这一威胁被认为是对"日耳曼种族"(即来自欧洲和非欧洲的北欧血统的民族)的威胁,因此优生学研究的主要焦点和优生实践的目标是贫穷的白人。在美国,这主要意味着移民,但在英国,这意味着工人阶级。基于这一原因,反对优生学的另一群科学家是社会主义者,也许就不足为奇了,其中包括英国遗传学家霍尔丹(J. B. S. Haldane)、伯纳尔(J. D. Bernal)、赫胥黎(Julian Huxley),以及美国生物学家、社会主义者马勒(Herman Muller)。[86]

伦敦大学学院遗传学和生物计量学教授霍尔丹,是牛津大学著名生理学家约翰·斯科特·霍尔丹(John Scott Haldane)之子,约翰·斯科特·霍尔丹是一名社会主义者、职业危害研究的先驱,并首创了将金丝雀带入煤矿监测空气质量的做法。[87]霍尔丹最初对优生学的某些方面持支持态度,大学期间他加入了牛津优生学协会,但很快他就被其明显的社会政治偏见,特别是阶级偏见所冒犯。

鉴于遗传机制,特别是复杂性状的遗传机制,才刚刚成为科学关注的焦点,霍尔丹强调优生学主张的经验基础薄弱。人们对遗传知之甚少,无法证明任何优生学项目是合理的,而且"在美国,用科学来为许多以优生学名义进行的行为背书,正如用福音书来为宗教法庭的行动背书"。他反对所有绝育项目,包括自愿绝育,理由是:"如果不打算将一项法律一视同仁地应用于所有社会阶层[实际上也没有一项法律被一视同仁地在所有社会阶层中实施(这是另一回事)],那这项法律很可能会不公正地实施到穷人身上。"他还捍卫工人阶级的价值和尊严:"一个可以养猪或做任何其他稳定工作的人,对社会而言都是有价值的……我们没有任何权利阻止他繁衍后代。"[88]

霍尔丹并不认为"种族绝对平等"的理论必然正确,但他认为任何实际的差异——不管类型还是程度,都很难客观地建立起来。最好的方法可能是建立种群间的差异——就像高尔顿所做的那样,但这并不能告诉你任何关于个体特征的有意义的东西,更不用说社会价值了。也许他想起了自己认识的伟大的美国演员兼歌手罗布森(Paul Robeson),他强调:"可以肯定的是,有些黑人在智力上比大多数英国人优越。"[89]

马勒也反对优生学,他因证明X射线可以诱导果蝇遗传基因改变而获得诺贝尔奖。马勒是一个复杂的例子,因为他不怀疑人种在原则上可以通过优生实践得到改善,也不怀疑理想情况下应该如此做,但他同样坚信,在资本主义制度下,进步永远不会公平地发生。

1939年《遗传学家宣言》(*Geneticists' Manifesto*)出版,马勒是其主要

作者,该宣言由22名美国和英国科学家(李约瑟身兼科学史家)签署,以回应科学新闻社提出的问询:"怎样才能最有效地通过基因改善世界人口?"[90]马勒和他的同事们否定了这一问询的前提,即它可以由生物学来回答。他们一开始就强调,这个问询"提出了比纯粹的生物学问题更广泛的问题,一旦生物学家试图把自己的专业领域的原理付诸实践,就会不可避免地碰到此类问题"。[91]换句话说,这不仅是一个生物学问题,甚至主要不是一个生物学问题:

> 因为人类有效的遗传改良取决于社会条件的重大变化,以及相关的人类态度的变化。首先,如果没有为社会所有成员提供大致平等的机会的经济和社会条件,而是将他们按出身划分为享有广泛不同特权的阶层,那就不可能有恰当的依据来评价和比较不同个人的内在价值。[92]

这些人并没有一味反对在人类中进行基因改良。即使在纳粹暴行被揭露之后,马勒仍继续支持蓄意改良人类的观点,他在1954年辩称,"之前所谓的优生学是如此错误……将此作为反对优生学的一个普遍理由,大体上类似于将古希腊民主的失败作为反对民主的一个有效论据"。[93](这看上去像是对克赖顿的有趣回应。)但马勒和他的同事们拒绝了很多(如果不是全部的话)被援引来支持优生学主张的证据,因为那些流行的说辞假设了一个明显不存在的公平的社会环境。

当时的研究假设:观察到的差异是遗传的。实际上,他们把想要证明的事情作为了前提。《遗传学家宣言》的作者们承认,智力、行为、社会成就等既有遗传因素,又受环境影响。事实上,今天大多数科学家都承认这一点。但当时的研究未能确定社会和遗传因素各自对人类特征的相对贡献。

> 总体而言,在人们或者代表他们的国家能够采取合理的

政策来指导他们的生育之前,必须有……生物学知识的更广泛传播,并认识到环境和遗传都是人类福祉的主要和不可避免的互补因素。"[94]

他们认为,如果不"消除种族偏见和不科学的教条,即好的或坏的基因是特定民族或具有某种特征的人的专利",那就不可能取得真正的进步;而要达成上述目标,只能"[通过]基于人民的共同利益把全世界联合在一起,消除造成战争和经济剥削的条件"。资本主义社会显然没有提供"几乎人人平等的机会"。因而,优生学在资本主义制度下是行不通的:下层阶级永远会被针对。

此外,公平的竞争环境仅是一个开始,因为人们不能想当然地期望任何父母都会为子孙后代操心,除非他们先"在生儿育女方面得到足够的经济、医疗、教育和其他帮助"。同样,不能想当然地期望聪明的女性会为了提高整个人口的素质,而放弃自己的个人利益和抱负。因此,科学家们建议,有必要制定社会政策,以确保女性的"生育责任不会过多地妨碍她参与整个社会的生活和工作的机会"。这意味着工作场所需要"适应父母,尤其是母亲的需求",城镇和社区服务需要"以孩子的福祉为主要目标之一"进行重塑。这也意味着女性需要获得安全有效的避孕措施,"一种……有效的遗传改良的先决条件是:让更有效的节育手段合法化、普及化,并通过科学研究进一步改进……这可以在生育过程的所有阶段实施",包括自愿绝育和堕胎。[95]

最后,这些遗传学家指出,要通过选择来改善世界,就得在什么是改善上达成一致意见,而这绝非易事,特别是如果选择的目标是社会性的话。在他们看来,健康、"智慧"、"有利于同情心和社交行为的气质",才是那些人们意图培养的最重要的遗传特征,"而非在当前人们通常理解的成功的意义上,那些(今天备受重视的)有助于个人'成功'的遗传特征"。[96]因此,尽管他们原则上表示支持优生学理念,但实际上却反对将之付诸实践。提高世界人口素质的先决条件是改善世界的社会条件。[97]

社会主义遗传学家对优生学的反对植根于他们的政治,但人们不必是社会主义者(或社会科学家),就能认识到优生学研究的缺陷。特别是,许多遗传学家已经指出了把基因和后果混为一谈的错误。艾伦业已指出,英国统计学家皮尔逊(Karl Pearson)是优生学家,他强烈地批评了优生学记录办公室的工作,称其"规划和执行都漫不经心、马虎草率,毫无规范严谨的科学作风"。[98]

詹宁斯(Herbert Spencer Jennings)是美国约翰斯·霍普金斯大学的遗传学家,1930年出版了《人性的生物学基础》(The Biological Basis of Human Nature)一书。[99]虽然书名有暗含基因决定论之嫌,但这本书提出了基因与环境相互作用的科学案例。对基因决定论者,詹宁斯驳斥道:

> 一个特定的文明,是人口当前的遗传结构与环境(包括知识、发明、传统)相互作用的产物。通过后者的变化,文化体系在过去产生了巨大的差异……没有任何一种文化体系仅仅是遗传结构的产物。[100]

对环境决定论者,他则批评道:

> [环境决定论者认为]只要服从于充分多样化的环境、多样化的培训和教导,[群体中的]任何一个人都可以成为……"医生、律师、商人、领袖"……生物学对这一断言没有适当的异议。但一个明智的生物学观点应该补充的是:……尽管只要及早给予适当的指导,任何正常的个体都可以成为医生,但要达到这个目的,还得因材施教。[101]

优生学家犯了许多逻辑和方法上的错误,包括受隐含假设的过度影响("潜在的……但从未阐明"),无视不支持他们立场的证据,以及"发现错误之后"坚决不改。[102]詹宁斯对所谓的"非实验性判断谬误"尤其持批评态度。他指出,正是因为几乎每个人都对遗传和进化有自己的看法,所以"必须抛开先入为主之见,在实验证据的基础上建立自己的观点"。但这恰恰是大多数优生学家没能做到的,他们对先入为主之见亦步亦趋,对不利证据毫不在意。[103]詹宁斯还指出,人们广泛使用了今天我们称之为排中律谬误的方法,即若一些特征被证明是遗传的,则认定所有的特征都是遗传的,对于环境亦然。用钱伯林令人回味的话来说:"乃将多因归于一因之缪"。[104]

对詹宁斯来说,先天与后天之争的答案显然是两者兼有。通过与物体类比,他在1924年的一篇文章中提出了这一观点:

> 任何物体——一块钢、一块冰、一台机器、一个有机体——发生了什么,一方面取决于组成它的材料,另一方面取决于它处于什么样的条件下。同样的条件,不同材料的物体表现不同;不同的条件,同一材料的物体表现也不同……单从物质的构成,或是外部条件出发,都不能解释任一事件;需要将二者结合起来考虑。

对生物来说也是如此。"个体是由基因和环境条件相互作用产生的;因此,同一组基因在不同的环境下可能产生不同的性状。"优生学注定要失败,因为"行为必然与环境相关,无法单纯依靠基因加以处理。一组特定的基因在一种环境中可能导致犯罪,但在另一种中则可能开启一个良好公民的职业生涯"。[105]

詹宁斯只是一个例子,如果篇幅允许的话,我们能够很容易地增加他的评论。诺贝尔奖得主摩根(T. H. Morgan)以研究果蝇的遗传而闻名,他在20世纪20年代强调,优生学家提出需要改善的问题,通过社会改革可能会比通过选择性育种更快地得到补救。[106] 许多非科学家也提出了方法论和道德上的反对意见。[107]（此处我并未关注其他国家出现的对优生学的反对。）[108] 这里的重点是，优生学作为一种政治运动，在许多重要方面与科学理解相冲突，而且认为在优生学上存在科学共识是完全错误的。[109]

现在让我们考虑一个有共识的例子，但它无视或至少忽略了重要的、有意义的证据。

案例四：激素避孕和抑郁

许多女性都有过服用避孕药后变得抑郁或忧郁的经历，许多医生都了解患者的体验，大量科学研究也证实了这种联系。事实上，20世纪50年代晚期，一些关于避孕药的早期研究就指出，避孕药的不良反应包括"哭闹"和"易怒"；如今随附的说明书显示，其已知的不良反应之一是"精神抑郁"。

最近，一项新的研究表明，避孕药会导致抑郁症，引来媒体纷纷关注。[110] 医生称赞了这项研究，媒体也将其作为一项新的发现。[111] 然而，我女儿在这则新闻充斥媒体的那天就问我：这算什么**新闻**？她知道避孕药会导致抑郁，因为我告诉过她。

我没有抑郁症史，既没有家族抑郁症史，也没有任何类型的精神疾病。但在我25岁左右的时候，我经历了一次突然的、毫无来由的极度忧郁发作。我没有精力完成日常任务，对工作也提不起兴趣，并在之后的大约6周里，起床很困难。然而，在其他方面，我的生活一帆风顺。我在研究生院读二年级，第一年成绩很好，正在做一个资金充裕、令人兴奋的项目，遇到了一个很好的男人，他很快就会成为我的丈夫（现在，我和他结婚已经30多年了）。

幸运的是,我去了校园健康中心做心理咨询。女医师直接问我:你在服用避孕药吗?答案是肯定的。我告诉她说,我最近刚从澳大利亚回来,在那儿我有医疗保险,可以免费开出药品,包括处方药,所以在离开之前我买了一年的药。但是,我在澳大利亚开的那种药,成分比较特殊,在美国是买不到的,所以一年后我不得不换成另一种。两个月前,我开始服用新药,刚服用后不久,抑郁症就发作了。这位治疗师告诉我,人们都知道,我现在服用的那种复方药比其他药物更容易导致抑郁症。我马上停了药,身体也几乎立刻随之康复。感谢这位治疗师。几周后我恢复了正常,然后继续成功的学术生涯和生活。

我的经历可以被当作"一件轶事"而不予理会,但我更愿意将其视为临床研究一分子。更重要的一点是,许多女性都有这样的经历,并向她们的医生和治疗师报告。Healthline.com 网站被称为"增长最快的消费者健康信息网站",它指出,"抑郁症是女性停止服用避孕药的最常见原因。"[112] 此外,和我一样,许多女性在停止服用避孕药或改用其他配方后,就满血复活到正常状态了。这些案例激发了大量的科学研究。正如一位医生最近所写的那样,"数十年来,有关激素药物导致情绪变化的报道引发了多项研究"。所以,我女儿才有理由说:这算什么新研究的新闻?

执业医学博士、公共卫生硕士特略(Monique Tello)提供了一个答案。他在《哈佛学报》(*Harvard Gazette*)上撰文称:"这项研究对100多万名14岁以上的丹麦女性进行了研究,使用了诊断代码和处方记录等确凿数据,结果强烈表明,所有类型的激素避孕药都会增加罹患抑郁症的风险。"相比之下,之前的研究全都"质量很差,依赖于自我报告、回忆及受试者数量不足等可疑的方法"。这项新研究的作者总结说,之前"对这一主题的研究,不可能得出任何确切的结论"。[113]

一项样本数量超过100多万女性的研究很难被反驳。同样,在丹麦进行的任何研究都很难被反驳,因为那儿有一个包含每个公民的国家卫生保健数据库,研究人员可以纠正抽样偏差和其他混杂效应。多亏了丹麦,我们才可以满怀信心地说,根据现行公共卫生建议,完全接种疫苗的儿童患自闭症的概率不会高于未接种疫苗的儿童。[114]那么,为丹麦欢呼三声吧。同样,我们也要为这个令人信服的大型新研究欢呼三声。但请注意,为什么花了这么长时间才走到这一步?我们被告知,理由是缺乏"诊断代码和处方记录等确凿数据",以前的研究依赖于"自我报告、回忆及受试者数量不足等可疑的方法"。[115]

"确凿数据"一词应该是一个危险信号,因为科学史和科学社会学表明,没有确凿数据。事实通过说服和使用而变得"坚不可摧"。另外,此类评论带来一个问题:为什么某些形式的数据被认为是确凿的,而另一些则不是。看看这里被认为是确凿数据的东西:诊断代码和处方记录。很多人会说确凿数据是定量数据,但这两种数据都不构成测量:它们是从业者的主观判断,以及他们根据这些判断开的药。[116]而且,关于医学误诊,以及制药业广告和营销对处方实践的扭曲作用,有着海量文献。[117]鉴于我们对医疗实践及其历史的了解,诊断代码和处方记录应该被视为确凿事实的想法几乎是讽刺的。

但更糟糕的是:研究者接受了医生的报告,也就是把他们的诊断代码和处方记录作为事实;而女性患者的报告被认为是不可靠的,用特略的话来说是"可疑的"。无论是对女性,还是对患者这都是极为明显的偏见。但关键在于:丹麦研究的结论与所有女性患者**可疑的**自我报告是**一样**的。如果这项新研究是正确的,那么那些所谓可疑的自我报告一直都是正确的。

这些自我报告也涉及数百万名女性。自20世纪60年代早期,避孕药就在美国和欧洲上市了。根据疾病控制和预防中心的数据,在2006—2010年,超过1000万名美国妇女服用了避孕药。[118]根据世界卫生组织的数据,目前全世界有超过1亿人正在服用它。[119]要准确定量评估激素避孕引起的抑郁风险,自我报告并不足以为凭,但它确实提供了重要的定性证据。所有在服用避孕药期间报告情绪变化的女性,都只是困惑或说谎,这似乎是极不可能的。

事实上,避孕药甫一上市,激素避孕和抑郁症之间的关联就已经广为所知。1969年,女性主义记者西曼(Barbara Seaman)的《反对避孕药:来自医生的案例》(*The Doctor's Case against the Pill*)一书出版,助力了女性健康运动的兴起。全国各地的女性和医生都因该书意识到,避孕药当时的配方存在严重的健康风险。国会为此举行听证会,结果是药品说明书中首次出现了与处方药相关的风险警示。该书第15章名为"抑郁和避孕药",其开篇写道:

> 精神病医生是最早说服自己妻子停用避孕药的医生之一。他们对情绪反馈非常敏感,没过多久就注意到妻子和女儿、病人和朋友的某些不良反应。最明显的影响包括自杀乃至谋杀倾向,易怒和哭泣增加……一小部分使用避孕药的人变得充满敌意、多疑并产生幻觉,她们认真地想过谋杀自己的丈夫和孩子(或者实际上已经实施);另外一些则企图自杀,有些人已达到了目的。[120]

在避孕药上市的几年内,对心理健康的不良影响被广泛报道。1968年英国的一项研究观察了797名服用口服避孕药的女性,许多人报告了情绪上的不良反应,两人自杀。[121]1969年,英国研究人员发现三分之一的服药者经历了性格变化,被调查的50人中3人有自杀倾向。北卡罗来纳大学医学院的研究人员在美国进行的一项研究发现,34%原本健康的年轻女性在服用避孕药后报告出现抑郁症。这些研究不包括对照组,但瑞典的一项研究比较了两组产后妇女,她们的社会背景、既往抑郁史和其他因素都很相似。研究发现,生育后服用避孕药的妇女,出现精神症状的概率,明显高于使用其他避孕措施的妇女。

我们不能从西曼的叙述中判断这些研究有多好,她指出的是,在科学家们研究这个问题的范围内,他们发现了支持女性叙述的证据,这些叙述构成了西曼的故事的情感中心。她讲述了一些变得焦躁不安、缺乏条理的女性,在电影院经历过惊恐发作的女性,"意外"纵火的女性,发现自己毫无理由、无法控制地哭泣的女性,觉得自己处于崩溃边缘的女性。有些女性抑郁也许另有根源,但西曼用精神科医生的证词支持了避孕药与抑郁相关联的说法。女性的故事构成了这本书的情感中心,而医生的故事则提供了知识中心。反对避孕药的不是**病人的**论据,而是**医生的**论据。

发现避孕药在心理健康方面的后果,精神病医生是关键。女性在服用避孕药后感到抑郁会向他们求助,或者他们会注意到妻子、朋友,以及问诊过一段时间并且很了解的患者身上发生的变化。西曼引用了曼哈顿一位精神病医生的描述,他最初遭到了其他医生的抵制:

> 我和妇科医生的斗争始于1963年[在第一种口服避孕药Enovid被批准三年后]。¹²² 两年来,我每周给一位病人看病两次……她非常坚强……她父亲是个酒鬼。她以时装模特的身份奋斗到了顶峰……她是我见过的最通情达理的病人之一。掠夺性?*是的。神经质?有一点。沮丧?从不。这位病人在服用避孕药8天后,如约前来问诊,整个疗程都在哭泣。同样的事情一次次重演……她说要"放弃"和"结束这一切"。我建议她停止服药,看看接下来会发生什么。她做到了。我再次见到她时,她已风采如昔。但随后,我开始接到她

---

* 指掠夺性人格,心理学人格分类的一种,又称剥削性人格。——译者

的妇科医生打来的一系列电话。他的要点是:"无论如何,你拆你的网,我织**我的**布。节育不是精神科医生的分内事。"[123]

(最终,这位挑剔的妇科医生接受了这一范例;他被这位精神病医生说服了,并开始给他介绍一些由避孕药引起的抑郁患者。)

其他精神病医生也讲述了类似的故事。他们认识多年的病人陡然间性格大变,或者病人因为突如其来的可怕变化而被家人送医。亚特兰大医生麦凯恩(John R. McCain)在新英格兰妇产科学会发表了一篇论文,警告称,避孕药对心理健康的影响是"似乎具有最严重潜在危险的并发症之一"。[124]许多医生指出,好消息是,当妇女停用避孕药时,症状减轻的速度和发病的速度一样快。当然,这进一步证明了口服避孕药是导致她们身体出状况的一个因素。

在许多这样的故事中,女性注意到她们的情绪波动和抑郁与她们怀孕或产后的经历相似,但医生却很少怀疑激素与此有关!在书中讲述的各种故事中,我个人最感兴趣的是这个:"当我服用避孕药的时候,"一位精神病医生的妻子说,"我几乎没有离开过沙发,除了去扇一个孩子耳光。"[125]

之后,科学家和医生们对避孕药对心理健康的影响进行了研究。但考虑到有那么多女性服用过避孕药,这个研究总数实在是寒碜。2016年,在医学数据库 PubMed 上快速检索关键词:激素节育与抑郁症/情绪或心理障碍/性欲变化,结果得到相关论文27篇。实际研究数可能比这个多,用其他关键词或短语或许会搜到更多的结果,而且另外一些主题研究也可能涉及情绪反常。但不妨将此与我研究的另一个问题——气候变化,比较一番:2004年我在研究气候科学时,用来评估科学家们对此问题的观点的样本将近有1000篇,[126]而那个样本仅是研究论文的一部分,后者总数估计已超过1万篇。从那之后,至少又有这么多的论文发表。[127]想想看,现在有超过1亿的女性在服用避孕药,且50多年前它就被认为有潜在严重问题,然而对此的研究却如此之少,这难道不令人担忧吗?

诚然,情绪变化是一件很难研究的事情,而且几乎不可能量化。从定义上看,情绪是主观的,抑郁不能像胆固醇或高血压那样被测量。但考虑下面的例子:2016年,一项针对320名男性的激素避孕药注射临床试验被**终止**,因为参与试验的男性报告称,这导致了包括性欲变化和情绪障碍在内的不良反应发生率的增加。事实上,超过20%的人报告称自己有情绪障碍。一名男子患上了严重的抑郁症,另一人试图自杀。由于不良反应,即使妊娠抑制率超过98%,试验也被终止。研究人员说:

> 该研究方案抑制精子的产生几乎是完全的,也是可逆的。
> 与其他可供男性使用的可逆避孕方法相比,该方法的避孕效果较好。轻中度情绪障碍发生率较高。[128]

结果显示,男性激素避孕注射剂和女性服用的避孕药一样有效,但由于情绪障碍急剧增多等不良反应,此临床试验被叫停。[129] 如果你想知道研究人员是如何测量这一点的,答案是:自我报告。

这一结果是可以预测的,不仅因为类似的效果在女性身上被观察到,而且因为有一种机制可以解释为什么激素避孕药会有这种效果。它与生殖激素和血清素相关联。

> 血清素是大脑中的一种神经递质。低水平的血清素与抑郁有关。高水平的雌激素,如第一代口服避孕药,以及高水平的黄体酮,如某些只含黄体酮的避孕药,已经被证明能够通过增加可降低血清素的脑酶浓度来降低大脑血清素水平。[130]

反之亦然:众所周知,以血清素摄取为目标的抗抑郁药物,如百优解(Prozac)和左洛复(Zoloft),会对性欲产生不良影响。[131] 它们也能引起勃起功能障碍和性高潮障碍。20世纪90年代的一项研究表明,45%

服用选择性5-羟色胺选择性重摄取抑制剂(SSRIs)的女性患者出现了药物诱发的性功能障碍，某些研究得出的结论这个比例还要高。[132] 这是因为刺激血清素摄取的药物会干扰与性欲和生殖有关的激素(如多巴胺)的摄取。[133] 换句话说，这个问题有利有弊：与性有关的药物或目标激素会导致抑郁，治疗抑郁症的药物会影响与性有关的激素。

50年前，我们就知道避孕药会导致女性情绪紊乱。我们还知道治疗情绪障碍的药物可以影响与性欲有关的激素，且科学家们至少知道其中的一种发生机制。最近的一项研究因为激素避孕药导致男性受试者情绪紊乱而被停止。因此，一个理性的人可能会问：这还不够吗？或者就像我女儿说的，为什么避孕药导致女性抑郁的发现会被视为**新闻**？

让我们回到丹麦的研究。它并没有认定，之前的口服避孕药研究表明了激素避孕药**不会**引起情绪变化。相反，它给出的结论是："研究方法的不同和统一评估的缺失，[使得]很难做出……使用者有可能产生不良情绪的强有力结论。"[134] 换句话说，它的意思是，到目前为止，我们所知的还不足以得出一个明确的结论。

这些研究人员采用了传统的方法，即假设没有影响，需要统计证据达到了特定显著性水平，才能说发现了影响，也就是可以**明确**存在影响。这是一种常规的统计操作，之前的各种研究均是如此，并不值得大惊小怪。事实上，这意味着，如果证据不符合标准，我们只能推断说我们的结论是不确定的，或者通俗地说，我们还不知道。

这种方法存在两个问题。第一个问题具有普遍性，即否定的结果通常被认为是"没有影响"，而事实上，这只意味着研究人员无法探测及发现到这种影响，至少这些结果还达不到具有统计学意义的水平。(许多否定研究其实观察到了影响，但没有达到95%的统计学显著性水平。)[135] 这是典型地将证据不足与没有证据混为一谈，它可能导致错误的否定结果。然而，如果做了足够多的(或是一个真正的具有强大的统计检验能力的大样本)研究,但始终未能发现影响,我们可能会公平地得出结论,这种影响真的不存在。

但是,如果有非统计来源的证据,比如病人的自我报告,表明可能会有影响呢？如果有一个理论上的理由(如本例中)认为这种影响实际上**可能**发生呢？在这种情况下,我们为什么要假设没有影响呢？为什么研究人员要装聋作哑？如果我们知道或有理由怀疑某件事是有风险的,那么就有必要快速改变空值*,将"影响"作为默认假设,而不是"没有影响",或者接受较低水平的统计显著性。(已经有人这样做了,当美国国家环境保护局接受某些关于二手烟影响的研究时,置信度为90%而不是95%,理由是一手烟中已知的致癌物同样存在于二手烟中。)[136]经年累月的病例报告,并有一种机制可解释为什么如此,研究人员就应当接受避孕药可能导致抑郁症的零假设,并寻求统计证据来推翻这一假设。

第二个问题与我们如何理解因果关系有关。"相关性不是因果关系"的经典论点具有误导性。我们应该说的是,相关性**未必**是因果关系。许多事物是相互关联的,但不是因果关联的。但是,如果我们观测到两种现象之间的相关性,并觉得有一种机制可以解释其中一种是如何由另一种引起的,且如果这种机制已被发现,那么理所当然的结论就是,观测到的相关性**是**由已知的机制引起的。在这种条件下,相关性就是因果关系,或者至少很可能是。

一个经典的例子是鲨鱼袭击与冰激凌销售之间的相关性。统计学家喜欢用这个例子来证明相关性是如何具有误导性的。两者都与暖和的天气有关,因为天气暖和的时候人们会在海里游泳和吃冰激凌。但两者之间没有因果关系。不过,如果我们有独立的证据证明冰激凌的

---

* 在数据库中,空值用以标记某数据项缺乏有效数据或数据未知。——译者

味道吸引了鲨鱼呢？那么，二者就有可能存在因果关系。现在假设相关性没有达到95%的统计显著性标准，我们可以得出冰激凌和袭击之间没有关系的结论吗？按照目前普遍的规范，我们会的。但我们错了。我们应该把注意力放在机制上。[137]

来看另一个例子。当美国州际公路的限速下调到每小时55英里（约88.5千米）之后，交通事故死亡人数急剧降低。调整限速的动机是为了节省燃料，而不是为了挽救生命，所以一开始人们可能会认为这种关联只是巧合。事实上，以较低的速度驾驶会降低发生事故的概率，以及发生致命事故的可能性。因为我们理解了这一点，所以我们可以正确地得出结论：降低限速导致了交通事故死亡人数的减少。

当我们没有理由怀疑现象之间存在联系，或者没有肯定的理由认为现象之间没有联系时，装聋作哑是有道理的。如果我们对激素和心理健康一无所知，我们可能会恰当地说，我们需要更多的证据来得出避孕药可能会导致抑郁症的结论。但我们知道激素会影响大脑化学物质。这就是为什么制造商要努力降低口服避孕药中的雌激素水平的原因之一。

女性都知道，我们有时会在月经前变得喜怒无常和抑郁。事实上，**因为**这个理由，流行的传说让女性——作为科学家、政治领导人、首席执行官，变得不可靠。刻板印象通常让他们从证据中得出错误的结论，但这本身并不是对证据的反驳。无论男女，激素都会影响我们的情绪。

过去的30年，没有警告病人这种风险的医生一直对证据视若无睹。在本例中，30多年来收集的无数证据被大打折扣，仅仅由于它不符合特定的方法偏好，公共卫生官员因此低估了风险，这对女性造成了严重的伤害。从认识论的角度来看，如果医生和公共卫生专业人士更多地关注"可疑的"病例报告，而不是轻视它们，他们本可以得出更好的结论。对于这种在其他方面让人称心如意的药物，只要忽视其真实而令人不安的不良反应,他们其实能够更出色地完成他们的工作,更出色地为病人服务。考虑到避孕药与自杀意念有关,他们甚至能够挽救生命。

案例五:牙线

我的最后一个案例涉及一个非常严重的公共健康问题:牙线。

很多人最近都听说过用牙线清洁牙齿没有任何好处。2016年8月,媒体一窝蜂地报道此事。《纽约时报》(New York Times)发问,"因为没有使用牙线而感到内疚? 也许没有必要"。[138]《洛杉矶时报》(Los Angeles Times)再三向读者保证,如果他们不用牙线清洁牙齿,无须感到不安,因为这可能根本不管用。[139]《琼斯母亲》(Mother Jones)也跟风报道,标题是"不用内疚了:牙线没用"。[140]《新闻周刊》(Newsweek)则问:"牙线的神话破灭了吗?"[141]

这些不同的报道都基于美联社的一篇文章,该文声称"几乎没有证据表明使用牙线有效"。美联社援引美国国立卫生研究院牙医亚福拉(Tim Lafolla)的话说,"如果回顾过去10年牙线应用的最高科学标准,'那么就应该放弃牙线指南'。"[142]《芝加哥论坛报》(Chicago Tribune)将这一最新的科学命运的逆转,与之前(所谓的)盐和脂肪的逆转联系在一起。[143]显然,我们可以把牙线列入科学家们"搞砸了"的问题清单。

引起记者注意的不仅仅是所谓的证据缺乏,还有不称职甚至渎职的迹象。《纽约时报》指出,联邦政府可能违反了规定联邦膳食指南必须以科学证据为基础的法律。美联社附和道:"联邦政府从1979年开始就建议使用牙线,先是在卫生局局长的报告中,后是在每5年发布一次的美国膳食指南中。根据法律,这些指导方针须以科学证据为基础。"[144]《一周》(The Week)杂志刊登了一篇文章,标题是"关于牙线,你所相信的一切都是谎言"。[145]《底特律新闻》(Detroit News)把牙线的捍卫者称为

"牙线工业联合体"。[146]有个网站干脆说其为"庞大的牙线骗局"。[147]

许多报道都包含着幸灾乐祸的成分：一些记者似乎为超越了科学家而沾沾自喜。[148]WRVO是美国国家公共电台位于纽约奥斯威戈的分支机构，其以"且看记者如何揭穿一个长达几十年的健康秘法的真相"为题，发表了一篇报道。[149]该报道称，这个故事始于美联社记者唐（Jeff Donn）从他儿子的牙齿矫正医生那儿得知："……事实上，没有充分的证据表明牙线有助于预防蛀牙和牙龈疾病。"[150]Poynter.org网站给这一新闻打上了"一名记者如何将牙线拉下神坛"的标签。[151]一个提倡集体意识和自然生活的网站以"牙齿保健行业的骗局"为题进行了报道，称"牙线就其所谓的益处而言几乎毫无用处"，并建议"你的口腔健康主要取决于你的饮食与营养"。[152]

从表面上看，这显然是科学家们"搞砸了"的一个例子。现在，我们被告知，牙医、公共卫生官员，以及政府主管部门的官员，一直教导我们的事情，情况并非如此。我们在一些无用的事情上浪费了时间和金钱。这直接关系到信任问题，因为几十年来，若科学家们关于牙线（或许还有脂肪和糖）的看法是错误的，那么别的问题呢？他们接下来会告诉我们吸烟没问题吗？或者气候变化是一个骗局？科学家们可能被诱导回应说，关于使用牙线的争执只是科学在自我纠偏，因为一项主要的科学研究揭示了之前工作的不足之处。然而，事情**不是**这样。实际上，这根本不是科学家搞砸了，而是记者搞砸了，却让科学家来背锅。

这个"科学"发现根本不是科学发现，仅仅只是美联社一名记者调查的结果。[153]媒体报道的来源是媒体自己。根据他们以"特大新闻"发送的这则报道，美联社"查看了过去10年中进行的最严谨的研究，集中于其中的25项，它们总体上对单独使用牙刷以及既使用牙刷又使用牙线的人群的牙齿状况进行了对比。发现了什么？去年进行的一项研究称，使用牙线的证据'很弱，非常不可靠'，'质量很差'，而且带有'中度到严重的潜在偏差',"现有的大多数研究都未能证明使用牙线在去除牙菌斑方面总体上是有效的"。另一篇完成于2015年的学术评论则称,使用牙线的证据'不一致/不充分',而且'缺乏有效性'"。[154]

《纽约时报》似乎紧盯事实,提示读者:"科克伦系统评论数据库（Cochrane Database of Systematic Reviews）2011年发表的一篇对12个随机对照试验的综述发现,只有'非常不可靠'的证据表明,使用牙线可能在1个月和3个月后减少牙菌斑。研究人员没有发现任何关于牙线剔牙和刷牙联合运用,在预防龋齿方面的效果的研究。"（我们稍后会讨论牙龈健康和预防龋齿之间的区别。）但正如《纽约时报》正确指出的那样,这项研究是在2011年进行的,那么它是如何以及为什么会在2016年成为新闻呢？

按美联社的报道,他们之所以对此事展开调查,起因是美国政府决定将牙线从联邦膳食指南中删除（而不是因为唐与他儿子的牙医的对话,这引发了对整个事件的进一步质疑）。这把他们引向这样一个问题:"这些指导方针的确立最初是基于什么？"[155]然而,后来披露,指南之所以发生变化是因为政府决定将指南的重点放在饮食（即食物）上,而不是其他的健康实践上。于是,真相大白。[156]"发现"牙线不起作用的新闻铺天盖地。至于唐,他在随后的一次采访中说:"我认为最好的科学表明是,[牙线]于我的健康毫无益处。"[157]

让我们先从媒体的报道中退一步,去问问:有什么科学证据可以支持或反驳牙线的价值？唐既不是科学家也不是牙医,而且事实上他的说法是错的。现有的科学并**没有**表明使用牙线对我们的健康"毫无益处"。

科克伦集团是生物医学领域内最知名、最受尊敬的信息来源,一家号称"代表了高质量、可信信息的国际金标准"的非营利性合作组织。该组织声称,来自130多个国家的3.7万名参与者"共同合作,提供可信、可获取的健康信息，不受商业赞助和其他利益冲突的影响"。[158]正如《纽约时报》报道的那样，2011年，该合作组织发表了一份来自其口腔健康小组的报告，对现有检验定期使用牙线益处的临床试验进行了回顾。[159]

该报告回顾了12项试验，其中582名受试者在使用牙线的同时刷牙，501名受试者仅刷牙。报告摘要内容如下：

> 来自12项研究的一些证据表明，与单独刷牙相比，牙线加刷牙可以减少牙龈炎。来自10项研究的微弱、非常不可靠的证据表明，使用牙线加刷牙可能与1和3个月内牙菌斑的少量减少有关。没有研究报告表明牙线加上刷牙对预防龋齿[蛀牙]的效果。[160]

众多媒体都全部或部分报道了摘要的这部分内容。但报告还说：

> 在研究的3个时间点，与刷牙相比，使用牙线加刷牙在减少牙龈炎方面显示出统计学上的显著优势[尽管效应量很小]。[161]

> 1个月的评估结果表明牙龈炎在0—3分的量表上减少了0.13分，3个月和6个月的结果表明在相同的量表上减少了0.20和0.09分。[162]

这些额外的信息驳斥了许多媒体的陈述。新闻报道的关键是，许多现有的研究是薄弱的，涉及的人数少，时间很短。这些都是事实，但它们并不等于证明了使用牙线没有好处。相反，如果上述综述是正确的，那它则表明在研究期间，边刷牙边使用牙线的患者，牙龈炎发生率降低的程度虽小但有统计学意义。

科克伦评论还考虑了牙线可能有助于减少牙菌斑的证据，而牙菌斑与蛀牙和其他问题有关。对此，他们的结论是：

总的来说，微弱的、非常不可靠的证据表明，使用牙线加上刷牙可能与1或3个月内牙菌斑的少量减少有关。所纳入的试验均未报告龋齿、牙石、临床附着丧失或生活质量的结果数据。

在这里，我们可以找出一个困难的来源和潜在的误解：许多不同的问题被混为一谈，包括牙线是否改善了你的生活。正如科克伦和新闻媒体报道的，我们把注意力集中在两个主要问题：牙菌斑和牙龈炎。牙菌斑之所以重要，是因为它会导致龋齿；而牙龈炎之所以重要，是因为它是牙周病的第一阶段，会导致日后牙齿脱落。超过70%的65岁以上的美国人患有某种形式的牙周炎，而在它之前**总会**伴随牙龈炎。[163] 如果使用牙线可以减少牙龈炎，那么很可能有助于减少牙周病。牙周病与严重疾病有关，包括癌症风险的增加和阿尔茨海默病。[164]

牙线的捍卫者提出了这一点。科克伦的结论并不是说用牙线清洁牙齿没用，而是说我们需要有足够充分的研究来证明它确实有用，这些研究的质量要足够高，持续时间要足够长。美国牙周病学会（American Academy of Periodontology）指出：“目前的证据不足，因为研究人员未能纳入足够多'长时间检查牙龈健康'的参与者。”考虑到人们普遍相信牙线确实有用，但是"我们没有……随机临床试验表明[用牙线清洁牙齿]是有效的"，西雅图华盛顿大学口腔健康科学教授胡乔尔（Philippe Hujoel）说，这一点"令人非常惊讶"。[165]

不过，它果真如此令人惊讶？也许不见得。我们在2016年了解到，按照现行医学标准，我们没有证明使用牙线是有益的所需的长期随机临床试验。在一个充斥着癌症、心脏病、阿片类药物滥用，以及烟草制品持续使用的世界里，为什么还没有进行这样的研究，并不难理解。研究人员把注意力集中于似乎更严重的问题上也说不上过分。真正过分的是，由于缺乏符合"金标准"的随机临床试验证据，人们便得出根本没有证据的结论。这既是错误的也是不合逻辑的。[166]

进一步说,临床试验的"金标准"不仅仅是**随机**试验,而且是随机**双盲**试验,可是对牙线做双盲试验是不可能的。(这个难题也困扰着营养、运动、瑜伽、冥想、针灸、外科,以及其他任何研究对象都肯定会意识到的干预方法。)任何关于牙线使用的研究都需要自我报告,如我们所见,它们受到轻视。此外,如果你相信长期使用牙线可以防止老年牙齿脱落,那么要求对照组成员不使用牙线是不道德的,毕竟它关乎能否让他们生活中的一部分变得更好。要说服那些信奉"金标准"的人,满足那种标准的研究既是不可行的,也可以说是不道德的。[167]

唐对他的发现是这么理解的:现有的研究表明,即使正确使用牙线也不会有长期的好处。我们又一次看到了将证据不足等同于没有证据的谬论。[168]这些研究都没有足够长的时间来证明长期的益处。唐转述时就变成了"没有充分证据"。这一说法是否正确取决于你对"充分"的定义,但显然有证据表明使用牙线是有益的。

在负面的媒体报道之后,支持用牙线的牙医呼吁临床经验。有几篇文章引用了牙医、牙科教授和牙科学院院长的话,用以肯定临床实践表明的"使用牙线的人比不使用牙线的人拥有更健康的牙齿和牙龈"。有些牙医甚至表示,他们可以仅凭观察牙床的状况,就能判断哪些病人在使用牙线的习惯上撒了谎。(这提醒我们为什么一个好的临床试验很难开展的又一原因:人们在使用牙线的问题上撒谎。一项研究认为,声称经常使用牙线的美国人中,有四分之一是在说假话。)[169]再一个就是,患者的经验,事实上也就是我们所有人的经验。很多人都注意到,定期用牙线清洁牙床时,牙龈不会出血,而出血可能是牙周病的早期征兆。底特律大学牙科学院院长利用临床和患者的经验,说明了为什么从未进行过高质量的试验:"常识无须研究"。[170]

我们如何将牙医和患者的经验与缺乏高质量、长期的流行病学证据相协调？我们可以将这些观察结果视为相关而非因果关系而不予考虑，但我们也可以将牙医和患者的经验视为一种观察形式，以证实使用牙线有助于预防牙龈疾病的假说。换句话说，就像避孕药的情况一样，我们可以接受患者和临床医生的经验作为证据，即使对这些证据的解释并不完全清楚。或者，我们可以拒绝将这种证据斥为"只是"道听途说，并坚持认为这些都是**病例报告**，且它们的数量远远大于1。再者，就像避孕药一样，我们可以考虑机制。[171]事实上，有充分的理由认为牙线可能是有益的，即这些相关性实际上是有因果关系的，因为它可以清除牙菌斑和牙垢，二者都会引起日积月累之下导致牙齿脱落的牙龈疾病。正如有一种已知的机制将雌激素与血清素和情绪控制联系在一起，也有一种已知的机制把使用牙线与预防牙齿脱落关联起来。

布法罗大学牙周病学系主任钱乔（Sebastian G. Ciancio）博士对此做出了解释："牙龈炎会发展为牙周炎，也就是骨质流失，所以从逻辑上说，如果我们能减少牙龈炎，也就能减少持续的骨质流失。"但是严重的牙周病可能需要5—20年的发展时间，所以这种效果不能在仅持续几周或几个月的临床试验中得到证实。美国牙周病学会主席奥尔德雷奇（Wayne Aldredge）则表示："这是一种悄然发生的、发展缓慢的、骨质流失的疾病……你不知道自己是否会患上牙周病，而当你发现时就已经太晚了。"[172]简而言之，随机临床试验的"金标准"并不能揭示牙周病专家预期的好处。已经进行的临床试验并非解决这个问题的恰当方法。

"金标准"这个词告诉我们，还有（或者说至少应该有）银标准和铜标准。正如卡特赖特（Nancy Cartwright）和哈迪（Jeremy Hardie）所辩称的那样，统一"金标准"的理想具有误导性：没有人会把黄金用于家中的下水道，这太贵了；也没有人用黄金来做菜刀，它太软了。[173]最称手的工具因工作需要而定，这不仅适用于工业生产和家务活，而且同样适用于脑力劳动。

研究牙线的合适方法是什么？可能是一种不同类型的临床试验。美国牙科协会认为，未达预期的结果可能是使用牙线不当的结果，他们指出，这是一种"技术敏感性干预"。[174]《纽约时报》总结道："也许完美的牙线清洁是有效的。但科学家们很难找到任何人来验证这一理论。"[175] 恕我直言，这一评论孤陋寡闻，因为科学家们**已经**验证了那个理论。科克伦回顾的临床试验并没有检验牙线使用技术的影响，但是一个有关6项试验的综述表明，近两年来，专业人员在上学期间用牙线清洁儿童的牙齿，发现**蛀牙的风险降低了40%**。[176]

这是一个巨大的影响。所以，让我们来看看另一个标题："新的就职机会：科学表明社会亟需专业牙线技师"。想象一下随之而来的社会变革和创造的就业机会。在上班的路上，我们不会在皮爷咖啡或星巴克停下来喝杯拿铁，或者在 Drybar 理发店里吹个发型，取而代之的是，我们可以在一间用牙线清洁牙齿的护理店停下来做5分钟的专业牙线清洁护理。

如何生产可靠的知识？

科学家可能在很多时候达不到他们自己的标准，也有很多时候他们制订的标准是毫无帮助的、不完整的、不充分的或不适合于特定情况的。尽管如此，我相信我们可以从这些不同的案例中收集到一些主题。它们是：(1)共识，(2)方法，(3)证据，(4)价值观和(5)谦逊。

共识

在《为什么信任科学：科学史和科学哲学的视角》一章中，我们知道，因为没有独立的衡量标准来判断科学知识是什么，历史学家、哲学家和社会学家已经开始关注科学的共识问题。我们没有任何独特的方法能将科学识别出来。断定某些观点是否科学只能基于其来源,也就是说,基于它们建立的方式和由谁来建立。科学事实是科学家们已经达成一致的观点。

　　一些持怀疑态度的人试图利用这一论点诋毁当代科学,声称在支持优生学和反对大陆漂移学说上存在共识。[177] 他们认为,这一点证明了科学共识不足以获得我们的信任,它是错误决策的错误根源。但这些说法是错误的:科学家们对优生学或大陆漂移并**没有**达成共识。社会科学家、社会主义遗传学家和一些主流遗传学家都对优生学进行了批判;抵制大陆漂移显然是美国的内部事务。(欧洲人在很大程度上持观望态度,这是另一回事。)有限能量理论、避孕药或牙线问题上也不存在共识。妇科医生喜欢避孕药是因为它的功效,精神病学家则担心它对患者心理健康造成不良反应;短期流行病学研究没能为牙线的有利影响提供强有力证据,但几乎所有临床医生都观察到了它的好处;而著名女医生指出了有限能量理论的明显缺陷。

　　通过探究这些事例的历史,有一个关键的发现,即在所有这些例子中,**科学共同体内部**都存着显著的、重大的、**基于经验的分歧**。当看到科学共同体内部展开跨越地域、学科及其他鸿沟的争论时,其理应引起我们的注意。争论可能会发生在不同类型但有共同研究对象的专家之间(比如,精神病学家和妇科医生),或者不同类型的科学家之间(比如,男博士和女博士),或者在同一领域但背景假设和价值观不同的科学家之间。争论之所以会发生,原因在于,不同的科学家群体强调不同种类的证据,强调证据的不同方面,或者在解释证据时引入不同的价值观和背景假设。

　　科学共识很难达成,这一点尚未被充分关注。因此,对任何争论,至关重要的是,我们必须评估是否有一项专家共识占据主导地位。2004年,我写了一篇论文探询:在人为气候变化问题上是否存在科学共识？我发现没有人在分析科学文献时考虑到这个问题，在我看来，任何对未决问题的讨论都应该从此类分析开始。

在最近一期的《刺猬评论》(*Hedgehog Review*)杂志上，编辑们写道："几乎在任何话题（气候变化、饮食、疫苗接种）中，我们都会听到相互矛盾的科学声明……由此不难理解为什么科学，特别是科学权威，已经在激烈的争吵和论辩中成了靶子。"[178] 这种说法有两点是错误的。第一，因果倒置。这些问题之所以存在争议，是因为各种团体——烟草和化石燃料行业、放松管制的鼓吹者、备感无助的自闭症儿童家长、一些福音派基督教徒，对科学权威心怀不满。他们中的一些人**希望**科学贬值。

因为科学挑战了他们的利益或信仰，所以他们挑战科学。争论是权威冲突的结果。第二，这些并不是相互矛盾的**科学**声明。美国文化中最受争议的大多数科学问题，诸如进化、疫苗安全、气候变化，都存在科学共识。争论的根源，是那些按自己的方式挑战科学的群体缺乏文化接受能力，而不是科学共同体的矛盾立场。政治和文化争论绝非不合法，但是政治争论伪装成科学是不诚实的。它导致了《刺猬评论》的编辑们和其他许多人所表现出的那种困惑。

分析同行评议文献是否有共识（正如我所做的那样）是确定科学家是否达成一致意见的手段。如果他们达成了一致，那么下一步我们就可以确定谁在质疑他们的发现，以及为什么质疑。在《贩卖怀疑的商人》一书中，康韦和我业已证明，气候科学正受到化石燃料行业、自由意志主义智库（Libertarian think tank）和保守派科学家的质疑，前者的经济利益受到了威胁，而后两者的政治信念受到了挑战。他们非但不承认这一点，反而把挑战科学作为一种保护他们经济利益和政治承诺的手段。

如果科学共同体内部存在知情的异议，那么很可能需要更多的（科学）研究。然而，如果异议不是来自科学共同体的相关专家，那么我们面临的就是一个完全不同的问题。在后一种情况下,更多的科学研究也不太可能解决问题,因为非科学的反对意见不是由科学的考虑驱动的,因此难以用更多的科学信息来解决。

这并不是说非科学的反对是无效的,而是说它们不应该与"科学声明"相混淆。即使基础科学是合法的,基于科学的社会项目也可能存在重要的道德反对。而且,正如避孕药的例子所说明的那样,相关的信息可以从专家群体之外涌现。我介绍避孕药的目的不是说病人一定是正确的,而是说他们有相关的信息,不应该简单地因为这些信息是自我报告的形式而被贬低。

我们如何判断非专家是否拥有相关的、有用和准确的信息?这不是一个容易回答的问题。我们有明确的科学培训和专业知识标志:高等教育、科学和学术团体成员、出版记录和研究资助、H指数*、奖项和奖励,等等。科学家们知道他们的科学同事是谁,他们的学术记录如何;(大部分)也知道哪些期刊有严格的同行评议,哪些没有。

然而,判断专家世界之外的信息却是另一回事,它更加棘手。

学者们已经确定了几个值得注意的类别。第一类是拥有相关信息的其他专业人士,如护士和助产士,他们与病人有直接接触,在诸如疼痛护理方面可能与医生会有不同。[179]第二类人可能没有接受过专业培训,但其日常经历可能使他们获得相关知识和理解,如农民和渔民。[180]可以说这些人每天都有"接地气"的经历,因而能够看到科学家(无论出于何种原因)忽略了的一些东西。(地球科学家将之称为"地面实况",指的是地面上的地质学家看到并因此知道的东西,与来自卫星遥感的证据相区别。)正如温(Brian Wynne)所强调的,非专家的世界并不是"认识论上的真空"。[181]

---

*用于评估研究人员的学术产出数量与学术产出水平的一个量化指标。——译者

第三类是加伯（Marjore Garber）所说的"业余专业人士"。[182] 这类人是自学成才于某一特定学科的人，他们可能是独立的学者，也可能是来自其他领域的学者。在传统的资格认证途径之外发展专业技能当然是可能的（尽管学者从一个行当进军另一个行当，可以通过出版来获得资格证书）。第四类是公民科学家，也就是以其他方式谋生，但出于热爱或兴趣参与科学的人。在某些领域，如天文学、昆虫学、鸟类学和寻找地外生命等，专业人员没有时间、经费或人力来追踪记录，但公民科学家对它们的观察就大有作为。

上述这些人在某个特定科学问题上具有相关的知识。他们与研究对象之间的关系众所周知，并具备在相关研究的科学对话中占据一席之地的基础。当他们的经验和专业知识与科学专业知识相互交叠时，我们应当留意而不是直接忽略他们的观点，也不应该假定他们的主张必然与科学专家的观点相冲突。[183] 专家和非专业人士的观点往往可以相互调和或互为补充。但是，再一次借用温的观点，认可这些知识类别，不应被误解为他们在智力上具有优越性或对等性。[184] 正是因为某人接近一个问题并不意味着他或她了解该问题，所以传统客观性的概念据此预设了距离。* 自闭症儿童的父母对孩子的状况有详细的了解，但这并不表明他们有能力判断导致它的原因。[185]

尊重专业知识的多样性和外行的专业知识，与关注某些所谓的"异议"，是完全不同的两件事。做出那些"异议"的人在专业知识方面毫无信誉，如各种名流、K街说客**，以及《华尔街日报》（*Wall Street Journal*）或《纽约时报》的专栏作家。当没有相关专业知识的人批评科学时，我们应该考虑其中可能存在的猫腻。如果人们攻击科学，那说明肯定出

---

* 也就是说，观察者与观察对象需要保持距离才不会受到主观偏见的影响，才能保证观察结果的客观性。——译者

** K街是华盛顿游说团体所在地。——译者

了什么大问题,但未必是科学有问题。说真的,极不可能是科学问题。

关于形形色色的各类团体,如何试图凭空捏造科学不可靠和充满争议的印象,借此阻止与他们的政治、经济和意识形态利益相冲突的公共政策,有着不计其数的文献记录。[186]但是,这些并不是人们攻击科学、咬定没有共识,以及鼓吹另类理论的唯一理由。人们攻击科学是为了引人注意,推销替代疗法,或者是由于他们无法解决影响他们的问题而感到沮丧。[187]但是,区分科学争论和其他东西是一件相对简单的事情:科学争论发生在科学殿堂里,出现在学术期刊上,其他事情发生在其他地方。政治辩论出现在报纸的专栏上。抱怨随处皆可,人们需要宣泄他们的悲伤、孤独和沮丧。但是,如果像《刺猬评论》的编辑们那样,我们把政治辩论、行业托词和社会不满误以为是科学争论,那么我们纠正这种情况的努力几乎肯定会失败。

方法

在我们之前讨论过的几个案例中,问题的产生,皆因科学家不相信那些不符合他们方法偏好的证据。20世纪早期,地质学家拒绝接受大陆漂移学说,因为它不符合他们归纳方法的标准。达文波特之所以被优生学所吸引,部分原因是他想通过定量研究使生物学变得更加严谨。在牙线和药片的案例中,科学家们不相信临床证据,因为它们缺乏扎实的流行病学数据。最后一点特别重要,因为在当今世界,我们已经在一定程度上依赖于统计分析,这导致许多人忽视了重要的证据,包括激素对情绪的影响和使用牙线会减少牙龈出血这类日常经验。这并不意味着日常经验优于统计数据,这当然不可能。好的统计研究是现代科学的基本组成部分。这只是意味着,统计分析就像工具一样,并不是在所有情况和条件下都能发挥好的作用;而且同工具一样,它可以用得很好,也可以用得很烂。(参见本书克罗斯尼克的评论。)

把一种方法置于所有其他方法之上,是一种偶像崇拜。这些案例表明,一些"误入歧途的科学"的历史案例来自我所称的**方法论拜物教**。在这些情况下,调查人员会对某一种特定的方法赋予特权,而贬低或忽略通过其他方法获得的证据;如果他们注意到这些方法,可能会改变想法。

经验和观察来源多种多样。大量的证据是不完美的,但这并不是忽视它的理由。仅仅因为证据杂乱无章就不相信它们是愚蠢的,尤其是当首选的方法标准难以达到或不适合手头的问题时。当随机双盲试验可以实施时,无疑是强有力的;但当它们不能实施时,我们不应该放弃努力并表示我们一无所知。如果不问,就没办法知道毒品给使用者带来的感受。在牙线和或营养方面,没办法进行双盲试验。不完善的信息仍然是信息。

有时候,我们会有关于原因和机制的独立信息,比如知道使用牙线会减少牙龈炎,激素避孕会影响5-羟色胺受体(反之亦然:以5-羟色胺摄取为目标的抗抑郁药物会影响激素分泌),以及改变温室气体会改变地球的辐射平衡,等等。当统计信息嘈杂、不充分或不完整时,这些独立信息对我们评估各种主张具有举足轻重的帮助。机制非常重要,如果我们对相关机制有所了解,就没有理由装聋作哑了。[188]

证据

科学理论应该建立在证据的基础上,这似乎是显而易见的。然而,在这里的两个案例中,我们看到科学家们在几乎没有或很少证据的基础上,就做出了肯定的主张。克拉克博士以7名患者为研究对象,建立了一个关于女性能力的,雄心勃勃且具有社会影响的理论。当时的批评人士不仅注意到他的数据库不足,而且还注意到他的偏见:他的病人都是年轻女性,她们都饱受焦虑、背痛、头痛和贫血折磨,并被他形容为以"男人的方式"追求教育或职业目标。[189]（其中包括一名女演员和一名会计；真正的学生只有一个，在女子学院上学。）

事后来看，很明显，他描述的症状，头痛、背痛、焦虑，能够被众多原因引发。它们同样经常折磨男性，但克拉克没有提供任何证据证明，它们在女性身上更常见，或者受过教育的女性比没有受过教育的女性更常出现这些症状。他在假设-演绎主义的框架下提出了他的理论，然而他却没能进行必要的下一步：确定他的演绎是否正确。最显而易见的是，他没有提供任何证据表明这些女性的生殖系统衰弱或生育能力下降了。当女医生和女教育工作者指出这些缺陷时，克拉克无视了它们。他的理论是优雅的，但只能通过无视手中的证据来维持。

价值观

价值观在科学中的作用是一个很有争议的问题，这里讲述的故事表明，盛行的社会偏见是多么容易被实例化为科学理论。科学家们并不总是站在天使一边。任何重视科学的人都必须承认这一点。

科学家的惯常反应是说，在优生学这样的案例中，科学被价值观"扭曲"了。但是，科学史家，尤其但不只是女性主义者，已经注意到价值观广泛地浸润着科学生活，而且并不总是以相反的方式。毫无疑问，优生思想中充斥着种族和民族偏见，而克拉克作品中的性别歧视也一望可知。然而，价值观在对这些理论的批判中也功不可没。社会主义价值观是一些遗传学家批判优生思想的关键；女性主义价值观使雅可比认识到，有限能量理论在理论和经验上的欠缺。虽然西曼是一名记者，而不是科学家，但她的女性主义价值观促使她去跟进她听到的"轶事"，去寻找能够证实这些故事内容的医生，并充分重视某些医生并不相信的信息。

在我看来，这似乎是总体上支持科学多样性，以及支持智力生活多样性的最重要论据。一个同质群体将很难意识到哪些假设是有证据支持的，哪些不是。毕竟，就像你很难听出自己的口音一样，你也很难分辨出你和其他人共有的偏见。一个有着不同价值观的群体更有可能识别并挑战嵌入或伪装成科学理论的有害信念。

科学多样化的批评者有时断言，科学中唯一有意义的标准是"卓越"。[190] 他们坚称，科学是一个精英团体，人口分布的考量在其中完全不合时宜。这些批评者似乎认为，呼吁多样性**仅仅**是政治上的，创建多元化群体没有任何智力价值。本书讲述的故事驳斥了这种论调。它们说明，通过培育批判性质询，揭露根深蒂固的社会偏见，多样性有助于产生更严谨的智力成果。

应当承认，这种说法无法被证明，因为在科学中，我们没有独立的标准来判断认知的成功。我们不能脱离我们的真理主张，独立地判断它们是否真实；我们也不能比较程度不一的多元群体的"真理产量"。但在一个有衡量成功标准的领域——也就是商业中，严谨研究已经证明，无论是从创造性等定性价值还是销售额等定量结果来看，多元化团队都有更好的产出。如果我们知道多样性在商业工作场所是有益的，为什么我们不假定它在智力工作场所也是有益的呢？此外，我们在《为什么信任科学：科学史和科学哲学的视角》一章中看到，多样性确实有利于科学的假设，是有认识论基础的。本章中的例子支持了这一观点。因此，我们可以得出这样的结论："政治正确"的科学共同体——在认真对待多元价值观的意义上，更有可能产生科学上正确的研究成果。

考虑价值的作用也有助于解释所谓的**理论误用**和**应用不对称性**。事后看，克拉克的工作存在一个明显的理论缺陷：虽然它是作为热力学的一个应用提出来的，但实际上却是对热力学理论的误用，因为能量守恒适用于封闭系统。人体不是一个封闭系统，它靠营养来维持和支撑。生命之所以可能，正是**因为**生物体不是封闭系统，所以克拉克对热力学的运用在逻辑上是错误的。它也是不对称的,因为出于某种莫名的原因,它只适用于女性。诚然,克拉克对此有一个解释:他认为女性对生殖的贡献是独一无二的,他也承认过度劳累可能对男孩和男人都有害。然而,在强调如果一个女人接受教育,她的子宫就会收缩这一观点时,他显然从未停下来问一问:如果男人接受教育,他们身体的哪个部分会收缩?

优生学家同样不对称地应用他们的理论。正如马勒和霍尔丹所强调的那样,他们的目标对准的是工人阶级。富人中也有酒鬼、赌徒和游手好闲的人,但很少有优生学家主张让表现不佳的富有白人男性绝育。

谦逊

科学史之于我们的教益是谦逊。聪明、勤奋、善良的科学家在过去得出的结论,我们现在认为是错的。他们任由粗制滥造的社会偏见影响他们的科学思想,并对现成的证据置之不理、不管不顾。他们已经成为方法的偶像崇拜者。而且,他们成功地说服了同事,让他们采取如今看来已然不正确或不道德的立场,或者既不正确又不道德的立场。

这些故事中的许多科学家都是被一种做善事的真实愿望所驱使:例如,推广一种有效的避孕手段,或者保护妇女远离其笃定的会给她们带来伤害的东西。但是他们的失败提醒我们,任何从事科学工作的人都应该努力培养一种健康的自我怀疑意识。克拉克是一个极度自信的人,达文波特如是,许多避孕药的早期倡导者亦如是。魏格纳的批评者们指责他"自我陶醉",我敢说我们都遇到过过分迷恋自己的科学家。在我看来,科学家个人如果关心真相,就应该注意这个问题,而不是在同事面前一意孤行。

当然,如果科学的社会观点是正确的,那么,个别人极度自恋也无关紧要。科学领域不可避免地会有一些傲慢的人,但只要这个群体是多样化的并有不同的观点，只要这个群体作为一个整体找到了让所有成员都能被听到的方法，事情就很可能会向好的方向发展。尽管如此，总体而言，科学家们仍然应该牢记，无论他们得出什么结论，无论他们是如何得出结论的——即使有最好的做法和最好的意图，也总有出错的可能性，有时错误甚至是极度严重的。

结论：科学是帕斯卡赌注的一种形式

在评估一个具有社会、政治或个人影响的科学主张时，还有一个需要考虑的问题：在任何一个方向上都是错误的风险有多大？接受一个被证明是错误的主张的风险，与拒绝一个被证明是正确的主张的风险，二者相较若何？

如果一名健康女性，知道避孕药有引发抑郁的风险，但仍决定服用，那么她可以在风险露出苗头的时候立即停止服用。由于药物引起的抑郁通常会很快消失，所以对很多女性来说，这种风险是适度的，可以承受。同样，牙线也很便宜，并且每天使用只需要几分钟。即便最终没得到什么好处，也没有什么损失。但有些问题解决起来并不那么轻而易举。

想想人为的气候变化。尽管持续的科学工作进行了50年，发表的经同行评议的科学论文数以万计、政府和非政府组织报告数以百计，但许多美国人仍然对气候变化的现实以及人类在其中所扮演的角色持怀疑态度。总统对此表示怀疑，国会议员、商界领袖和《华尔街日报》社论版也不落人后。其他人拒绝接受几个世纪以来关于海平面上升和极端天气事件加剧等问题的既定物理理论和大量经验证据，认为虽然人为气候变化可能是真实存在的，但它无关紧要，甚至可能有益。[191]

作为一名科学史学家，回想起有限能量理论、优生学，以及激素避孕的历史,回想起评估牙线的困难,尤其是回想起地质学家在评估大陆漂移时带有的政治理想,我从未**假设**过对科学的信任总是或甚至通常是有保证的。我一直觉得应该这样问:任何科学论断的依据是什么?我们**应该**信任科学家吗?

我们不能消除信任在科学中的作用,但科学家们不应该指望我们只凭信任就接受他们的主张。科学家必须准备好解释他们主张的依据,并对他们可能错误地忽略或低估证据的可能性持开放态度。如果有人——无论是科学家、业余专业人士、记者,还是知情人士——有可信的证据被打了折扣或被不对称地评估,这就应该引起我们的关注。科学家们需要对他们可能犯错或漏掉一些重要的东西保持开放态度。[192]关键的一点是,我们信任的基础不在于科学家是明智的或正直的个体,而在于科学是一个社会过程,其主张经过严格审查。

这并不意味着科学家必须花费时间和精力继续反复证明那些已经确立并排除了合理怀疑的结论,反驳那些已经被驳倒的主张。正如库恩半个多世纪前所言,科学可以说是进步的,因为科学家们有达成共识的机制,然后**继续前进**。也许有关大陆漂移争论得最激烈的方面是,当新一代科学家发现新的相关证据的时候,它浴火重生了。[193]

我们可以用帕斯卡的赌注来重新定义这个问题。无论科学知识有多完善,也无论专家的共识达到什么程度,总会有残余的不确定性。因此,如果我们的科学知识受到挑战(无论出于何种原因),我们可以借鉴帕斯卡的观点,问一问:忽视正确的科学论断与根据错误的论断采取行动的相对风险是什么?[194]不使用牙线的风险是实实在在的,但并不过分;而不根据气候变化的科学证据采取行动的风险则是超乎想象的。[195]

毫无疑问,优生社会政策的鼓吹者会辩称,不实施优生社会政策的风险极高。当然,这只是他们对科学证据的解释。但正如我们所见,对**证据**的解释并无共识。因此,我们又回到了共识的重要性上来。如果我们能证明相关专家之间没有达成共识,那么很明显,我们的公共政策基础就不牢固。这就是烟草业长期以来一直试图声称,关于烟草危害的科学研究尚未形成定论的原因。若果真如此,那么他们坚持认为烟草控制还为时过早就可能是正确的。[196] 同样,如果对人为气候变化没有科学共识,那么矿物燃料业和自由意志主义智库要求更多的研究也可能是正确的。这就是为什么共识研究是有意义和重要的:共识是存在的,但它并不告诉我们该如何应对气候变化等问题,它告诉我们的是,我们几乎肯定有麻烦。[197]

如果确定了相关专家之间具有共识,那又如何?我们能有信心接受他们的结论并用来做决定吗?我的回答是完全肯定的。是的,**如果群体按照理想方式工作的话**——这是一个重要的限定条件。按照温的说法,如果我们要尊重和信任科学,那么"为什么它的组织、控制和社会关系等制度形式的质量不仅是公共生活中可有可无的科学装饰,还是批判性社会和文化评价的一个重要组成部分,就变得很明显了。"[198]

科学史表明,不能保证加入转化性质询的、开放的、多样化群体的理想能够实现,而且通常情况下是不会实现的(尽管达不到这个理想的后果可能并不总是深远的,甚至说不上是重大的)。历史学家斯塔克(Laura Stark)指出,国家生物伦理咨询委员会建议,审查人体试验研究的委员会中,四分之一的成员不应隶属于正在进行研究的机构,但这一目标绝少实现。[199]

我们如何确定一个科学共同体是否足够多样化,能够自我批评,并对各种选择持开放态度,特别是在研究的初期,还不宜早早关门锁户的时候?我们如何评估其制度形式的质量?我们必须逐一审查每个案例。许多科学家对大陆漂移的看法是错误的,但这并不意味着现今其他科学家在气候变化的问题上是错的。他们可能错了,也可能没错。我们不能先验地占据任何一种立场。

如果我们能够确定合格的专家群体之间存在共识，那么可能还想知道：

- 群体中的个人是否带来了不同的观点？他们是否代表了思想、理论承诺、方法偏好和个人价值观方面的一系列不同视角？
- 是否采用了不同的方法，并考虑了不同的证据线路？
- 是否有充分的机会倾听、考虑和权衡不同的意见？
- 共同体是否对新信息开放并且能够自我批评？
- 这个群体在人口分布上是否多样化，如在年龄、性别、种族、民族、性取向、原籍国等方面？

还有一点需要进一步说明。科学训练的目的是消除个人偏见，但所有被掌握的证据都表明，它没有，也很可能办不到。多样性是纠正不可避免的个人偏见的一种手段。但是**人口分布**多样性的依据是什么呢？需要的不就是**视角**多样性吗？

这个问题最好的答案是，人口分布多样性是视角多样性的代理，更恰当的说法是，人口分布多样性是达到视角多样性这一目的的手段。一群白人中年异性恋男性，可能在许多问题上有不同的观点，但他们也可能有盲点，例如，在性别或性取向方面。在这个群体中加入女性或同性恋者个体，是引入更多视角的一种方式，否则就会错过它们。

这是认识论立场的基本观点，尤为哲学家哈丁力推（参见《为什么信任科学：科学史和科学哲学的视角》）。我们的观点在很大程度上取决于我们的生活经验，因此一个全由男人组成的群体，或者一个全由女人组成的群体，其经验范围和视野可能比一个男女混合群体都要更窄。来自商界的证据支持这一点。对职场性别多样性的研究表明，增加女性担任领导职务能在一定程度上提高公司的盈利能力，最大幅度在

60%左右。如果一家公司的领导层全部或几乎全部是女性,那么"多样性红利"就会开始下降。事实上,只要这里的论点无误,理当如此。[200]

对上述问题给出肯定的回答并不总是那么容易,但其中任何一个问题的答案如果是否定的,则往往一目了然。此外,我们可能(而且很可能!)辨别出群体中的那些傲慢、保守和自负的个体,但从认识论的社会观点来看,任何特定个人的行为并不重要。重要的是,作为一个整体,这个团队应包含足够的多样性,并保持足够的渠道进行公开讨论,使新证据和新观点有公平的机会得到公正的听证。

哲学家道格拉斯(Heather Douglas)曾说过,当科学结论的后果是非认知上的,即当它们是道德上的、伦理上的、政治上的或经济上的时候,我们的价值观几乎不可避免地会渗透到我们对证据的判断。[201](例如,自由主义者可能更快地接受气候变化的科学证据,因为他们对政府干预市场所隐含的后果更为满意。)因此,研究的问题越具有社会敏感性,研究它的群体就越需要开放和多样化。

有时一个问题看似纯粹是认识上的,其实不然;有时科学家们可能会声称,他们完全基于认识上的理由评估一个问题,其实也不然。[202]这表明,无论主题是什么,科学共同体都有必要关注其队伍的多样性和开放性,并对新观点保持开放态度,特别是当它们得到经验证据或新颖理论概念的支持时。这意味着,在诸如考虑资助提案或同行评议的论文中的异见时,宽容可能比批评更好。许多科学家认为,假如不在实际中严厉的话,那在智力上严厉就极其重要。但有时严厉会产生意料之外的作用,把同事们拒之门外,特别是其中那些年轻、害羞或缺乏经验的人。严厉固然重要,但**开放**可能更重要。

在《为什么信任科学:科学史和科学哲学的视角》一章中,我已表明了扩展进化综合理论的提倡者正在接受一个彻底的听证,尽管过程并非总那么彬彬有礼。类似的事情也发生在魏格纳身上。他并不是一个被忽视的天才：他的论文发表在同行评议的期刊上，他的研究也被倾听，尽管并非总那么温文尔雅。同样，反对优生学的社会主义者也在《自然》(Nature)杂志上发表了他们的宣言。[203]这些异见者没有一个被他们那个时代的科学等级制度"封杀"。

跳转到当前。许多艾滋病研究人员痛惜加州大学的分子生物学家迪斯贝格(Peter H. Duesberg)拒不承认艾滋病是由病毒引起的。根据他自己的说法，他"在诸如《癌症研究》(Cancer Research)、《柳叶刀》(Lancet)、《美国科学院院刊》(Proceedings of the National Academy of Science)、《科学》、《自然》、《艾滋病杂志》(Journal of AIDs)、《艾滋病研究》(AIDs Forschung)、《生物医学和药物治疗学》(Biomedicine and Pharmotherapeutics)、《新英格兰医学和免疫学研究杂志》(New England Journal of Medicine and Research in Immunology)等期刊上挑战了病毒-艾滋病假说"。[204]无论他是对是错，是被容忍还是被唾弃，事实是他的观点在美国和国际科学界的最高水平上有机会被听取。他的同事们并没有把他拒之门外，他们发表了他的研究成果，并深思熟虑了他的观点。但他们仍然没有被说服。[205]在辩论中被压制和输掉是有区别的。有时候，一个"怀疑论者"只是一个输不起的人。

余论:
科学中的价值观

有些人担心,盲目信任科学发现或科学家的观点,会导致糟糕的公共政策。[1]以牺牲社会、道德或经济方面的考量为代价,片面强调技术方面的考量,会导致错误的决策。我赞同这一点。[2]但这与所涉及的科学是对是错无关。如果科学问题已经解决,并且解决它的科学共同体开放而多样,那么我们就有理由接受,然后决定由此可以做些什么(如果可以的话)。

之前已经提及,至少我认识的几乎所有科学家都不会对此持有异议。它实现了经典的事实/价值的二分:我们可以识别事实,然后(独立的)根据我们的价值观决定对它们做什么。但作为一个经验问题,这种策略已经不再奏效(如果它曾经奏过效的话),因为大多数人不会把科学与其含义分开。[3]例如,许多人拒绝接受气候科学,不是因为这门科学本身有什么问题,而是因为它与他们的价值观、宗教观点、政治意识形态和/或经济利益相冲突,或被视为相冲突。[4]人们否定或批评科学发现的原因多种多样,但通常皆因它们与其价值观相悖或对其生活方式带来威胁。

20世纪60年代,许多左翼政治人士批评科学是因为它在战争中的应用。[5]如今,许多右派人士批评科学是因为它暴露了当代资本主义和美国生活方式中的缺陷。[6]1992年在里约热内卢举行的地球峰会之前,在一次关于人为气候变化的讨论中，美国总统布什（George H. W. Bush）坚称："美国的生活方式不容谈判。多说无益！"[7]总统签署了《联合国气候变化框架公约》（UN Framework Convention on Climate Change）——里约会议达成的国际条约，并承诺采取行动。然而，与此同时，他也察觉了环境科学成果的含义与美式高消费的生活方式之间的冲突。至少一些环保主义者将环境问题归咎于这种生活方式，并希望改变这种状况。这种绵绵不绝的情形，有助于解释为什么共和党人比民主党人更怀疑气候科学。[8]而且，这也是解释为什么一些保守派坚持认为应对气候变化的提案是反民主、反美和/或反自由的唯一原因。[9]

如果我们问科学家："为什么福音派基督徒拒绝进化生物学？"许多人会回答，这是因为他们逐字阅读并按字面意思理解圣经，坚持认为上帝在6天内创造了地球和地球上的一切。但正如天主教进化生物学家肯尼斯·米勒（Kenneth Miller）指出的那样，福音派反进化论的观点极少涉及对圣经的字面解释。事实上，他们几乎不涉及圣经的注释。[10]相反，他们诉诸领会到的这一理论的道德（或非道德的）含义，即人类是偶然产生的，是一个无目的、随机过程的结果。例如，前宾夕法尼亚州参议员、两届总统候选人桑托勒姆解释说，他拒绝接受通过自然选择的方式进化的概念，因为它使得人类犯下"天性的错误"，从而会摧毁道德的根基。[11]其他反进化论者认为，如果进化论是真的，那么生命将毫无意义。

科学家们试图通过退回到价值中立来逃避这些非科学的考量，他们坚持认为，虽然科学可能具有政治、社会、经济或道德含义，但科学本身与价值无涉。[12]因此，价值观不是拒绝它的正当理由。引力不关心你是共和党人还是民主党人，酸雨同时洒落在有机农场和高尔夫球场，今天大气中的辐射传输与上次选举前一样都在照常起作用。

这个论点是正确的，但不够充分。因为，不管他们是否应该，听众们都会将科学与它的含意联系在一起。福音派基督徒抵制进化论,在于他们认为它与自己的宗教信仰相矛盾。福音派自由市场主义者拒绝气候科学,在于它暴露了他们经济世界观中的矛盾。因为这些矛盾,他们不信任对这些问题负责的**科学家**。这一点非常棘手,特别是我们业已意识到,没有单一的科学方法保证科学结论的真实性,科学仅仅是有关专家经过深思熟虑后就某一问题达成的共识。

把科学知识视为专家共识的观点不可避免地给我们带来这样的问题:科学家是谁,他们值得信任的基础是什么。科学家通常认为这些问题是人身攻击,因此是不合法的。但是,如果我们果真认为科学是一种寻求共识的社会过程,那么谁是科学家就很重要了。[13]

关于信任是如何建立和维持的,社会科学家的研究超出了本书的讨论范围。不过,众所周知的是,相较于没有共同价值观的人群,在共享价值观的人之间建立信任更容易。[14]然而,总的来说,价值观恰恰是科学家们不愿谈及的问题。就像科学家是谁这个问题一样,科学家除科学本身外还相信什么,也被认为是讨论的禁区。正如社会学家默顿几十年前所指出的那样,当他们的客观性或完整性受到质疑时,科学家们会典型地退缩,进入"纯科学执念",坚持认为他们唯一的动机是追求知识。[15]无论科学发现意味着什么,他们坚信科学事业本身是价值中立的。

默顿相信,公众对科学的信任直接来自对科学独立于外部利益的感知——他称之为"科学之外的考量"。这就是科学家们捍卫"纯科学理想"的原因。[16]

    科学家甫一接受训练,耳濡目染的一种观点就是关于科学的纯洁性。[从这个观点来看]科学决不能屈尊为神学、经济或国家的侍女。这种观点的作用是维护科学的自主权。因为,如果科学价值的非科学标准被采纳,科学需与宗教教义、经济效用或政治得体相协调,那么科学只有在迎合这些标准的情况下才会被接受。换句话说,随着"纯科学观"被消除,科学将匍匐在其他机构的直接控制之下,它在社会中的地位也将变得越来越不确定……因此,纯科学执念被看成是对规范入侵的一种防御,这些规范限制了潜在的发展方向,并威胁到科学研究作为一种宝贵社会活动的稳定性和持续性。[17]

对默顿来说,价值中立作为一种规范性的理想,不仅有助于科学家在其研究实践中保持客观性,而且有助于维系公众对他们的观感——公平、客观和致力于追求真理(而不是追求权力、金钱、地位或其他任何东西)。在这一意义上,如果人们认为科学家在追求科学以外的目标,可能会而且大概率会不信任他们。因此,默顿认为,科学家捍卫纯科学理想是正确的。对当代科学领袖将经济效用作为研究的主要理由,大学积极寻求私营部门支持"基础"研究,以及科学家个人也将私人利益作为创建生物技术初创企业和其他创业活动的动机,他可能会感到失望。

但默顿是一位社会学家,而不是历史学家,他对纯科学理想的全力维护与历史事实存在张力。科学家的资助人有着自己目的,而且极少为了知识本身而追求知识。从这个角度来看,科学是一种价值中立的活动的想法是一个神话。[18]长期以来,从财政和文化认同的角度来看,效用——无论经济上的还是其他方面,一直是支持科学的理由。历史学家海尔布伦(John Heilbron)证明,天主教会在中世纪支持天文学,因为它需要天文数据来确定复活节的日期。[19]默顿本人以一个论点而闻名,即近代科学之所以在17世纪的英国蓬勃发展,并获得了当代的形式,是因为它对效用的强调与占据支配地位的清教价值观产生了共鸣。[20]我自己的研究,则已经说明了美国海军在冷战时期是如何支持海洋学基础研究的,因为它在反潜战和水下监测方面有价值。[21]

由于在医学和公共卫生方面的价值,生物学长期受政府和慈善家的支持;类似地,地质学寻找有用的资源(并加深我们对上帝的感激之情*),物理学应用于技术领域,气候科学与天气预报紧密相连,等等。[22] 如果认为效用在科学的动力中毫无地位可言,那就是无视几个世纪的历史。效用不可避免地与价值联系在一起,如健康、繁荣、社会稳定等。说某物有用等于说我们珍视它,或者说它保留、保护或培育我们看重的东西。

如果科学并非价值中立的事业,更遑论科学家个体了。没有人能真正做到价值中立,所以当科学家自诩是中立的时候,给人留下的印象是虚伪,因为他们在宣称无法做到的事。除非我们把他们看作白痴或天真的学者,否则只会觉得他们不诚实。然而,诚实、开放和透明被认为是科学研究的核心价值。科学家如何能既诚实又同时否认自己有价值观呢?如果科学家在坚称其诚实的同时,却在其性质上误导了他们的受众(即使是无意的),那么他们的事业就会产生一种自相矛盾。

有人估计会反对道,科学家并未宣称他们没有价值观,而只是说他们不允许这些价值观影响自己的科学工作。这个主张无法证明或反驳,但社会科学研究和常识都表明,它不太可能是正确的。这将我们带到了一个更深入的问题上,它不知何故未被认真思考过,但却可能是许多美国人对科学感到不信任的核心之所在。说科学是价值中立的,有点相当于说它没有价值——至少在知识生产外没有其他价值,这可以省略为在暗示**科学家**没有价值观。情况显然并非如此。然而,科学家不愿讨论他们的价值观会给人留下这样的印象:他们的价值观是有问题的——难以启齿,或者他们根本就没有价值观。你会相信一个没有

---

* 在地质学发展的早期,一个重要的推动力量来自宗教,很多重要的地质学家同时是虔诚的基督徒。他们认为,从中能发现上帝创世的证据,以及上帝对人的特殊看顾之情。故作者有此戏谑之语。——译者

价值观的人吗?

在《误入歧途的科学》一章中,我提出过这个问题:忽视后来被证明是正确的科学主张,与根据后来被证明是错误的主张采取行动,两者的相对风险几何?它的答案取决于价值观。正如康韦和我在《贩卖怀疑的商人》一书中所展示的那样,关于气候科学的斗争在很大程度上是关于价值观的斗争。20世纪八九十年代,一些有影响力的人认为,政府干预市场的政治风险远超气候变化的风险,所以他们低估、贬损,甚至否认后者的科学证据。随着这些立场被自由意志主义智库采纳,并与共和党结盟,共和党人主动或被动地否认气候变化就成了常态。然后,在气候变化问题持怀疑主义立场,在任何对"大政府"心存疑虑的人中变得相当普遍,他们是为数不少的商人、老年人、福音派基督徒和美国农村居民。当气候变化的证据在他们周围不断累积时,怀疑论者仍然一口咬定,即使气候在变化,也不严重,或者不是"由我们造成的"。因为一旦承认很严重且是我们造成的,那**我们**就不得不为此负责,这也就意味着某些东西会以某种方式受到政府干预。因此,否认气候变化在美国人的生活中成为常态,随之而来的是否认证据,最终是否认事实。虽然这事儿糟糕透顶,但支撑否认气候变化的价值观,不宜草率地被视为错误或荒谬而加以拒绝。[23]

我们可以讨论政府大小的相对优势,以及对市场监管不足与过度的相对风险,但任何此类争论都会(至少在一定程度上)受到价值驱动。如果我们之间说的都是实话,那么我们就必然论及价值观。不同的人可能对同样的风险有不同的看法,但这并不意味着他们愚蠢或腐败。人类活动导致气候变化的科学证据是清清楚楚的,就像疫苗不会导致自闭症和用牙线清洁牙齿是有益的一样,然而价值观却令我们中的许多人拒绝接纳显而易见的东西。

回到这个问题:你会相信一个没有价值观的人吗?答案很明显:你

不会。假如这个人是名反社会者，你也不会相信他，因为其价值观与你大相径庭。但只要你认为某人与你在价值观上有至少一点点交集——哪怕不是全部，你也会愿意倾听，并可能会接受你听到的一些信息。因此，不管价值中立的主张是否在认识论上站得住，**显而易见的是，它们在实践中不起作用，因为它们不能促进交流和建立信任的纽带。**

科学写作中占主导地位的风格是，不仅要隐藏作者的价值观，而且要完全隐藏他们的人性。不单单价值观不能明说，情感要被剥离，形容词得回避，而且"我"这个词也被含蓄地禁止，哪怕论文的作者只是一个人。[24] 这与客观性的要求有关：理想科学论文的作者不仅应该没有价值观和感情，甚至应该根本没有人味儿。[25]

科学家们可能觉得，他们根本没有办法与否认气候变化的人或认为世界只有6000年历史的人建立信任关系。也许这是真的。我曾公开表示与千禧年信徒交流很绝望，因为他们的末世论说世界即将结束，所以有什么必要担心气候变化？但当我如此绝望的时候，次日收到几位联系人的建议，让我按照基督教的价值观和教义与他们交流。[26] 大家认为循着价值观是通达他人的途径。社会科学研究也支持这一观点。[27]

结论

通过抑制自己的价值观，坚持科学的价值中立，科学家走上了一条错误的道路。[28] 他们错误地假定，如果人们相信科学与价值无涉，就会信任他们。

默顿肯定是这么想的，但他可能错了。也许事实正好相反。理由如下。

虽然对进化论的排斥或对人为气候变化的否认，让分析人士把注意力聚焦在科学家与对待政治和社会问题持保守态度的基督徒、自由意志主义者和共和党人之间的价值冲突上,但我相信,激励大多数科学家的价值观,与大多数美国人(包括许多保守派和宗教信徒)的价值观,是重叠的。最近,一些科学家开始公开宣扬他们的价值观,我认为部分原因是,他们相信这些价值观**是**广泛共享的,因此提供了建立信任关系的基础。[29]我认为他们是对的。

我认识的大多数科学家都希望预防疾病,改善人类健康,通过创新和探索加强经济,保护美国和世界的自然美景。前共和党国会议员英格利斯(Bob Inglis),曾滔滔不绝地讲述了其与一位海洋生物学家一起参观大堡礁的经历。当这两个人肩并肩欣赏着珊瑚礁周围令人惊叹的美景时,英格利斯认识到:他看到的是"创造",而科学家看到的是"生物多样性",可实际上,他们所关注、留意和**珍惜的**是同样的东西。

这个故事非常棒,因为大多数人至少都以某种方式欣赏自然。国家公园和森林里有许多不同类型的美国人,徒步旅行、钓鱼、露营、驾车、拍照、好奇、抱怨等,当然也会分享一些他们的所见所闻。不过,在我们与自然界的关系中存在着真正的价值冲突。有些人的愿望是在冬天骑雪地摩托穿越黄石公园,而另一些人的愿望是沉思休闲。几乎所有的美国人都会断言他们对自由的信仰,但我们对这个词的理解,以及我们优先考虑的特定自由可能千差万别。正如伯林(Isaiah Berlin)令人难忘的感言:狼的自由可能意味着羊羔的死亡。[30]在"自由"这个词上达成一致,我们能做的非常有限。

宗教史学家普罗瑟罗(Stephen Prothero)指出,虽然犹太人、天主教徒和新教徒都肯定《摩西十诫》(Ten Commandments),但其中的版本却有惊人的差异。[31]例如,不可雕刻偶像这一诫命,犹太人和新教徒均在坚守,但却为天主教徒所抛弃。十去其一之后,天主教徒尴尬地发现他们的诫命只剩下了9条,于是将最后一条一分为二,即第9条不可贪恋邻人之妻和第10条不可贪恋别人的一切。尽管如此,这三种宗教徒——

约占美国成年人的70%,一致同意我们不应该杀人、偷窃、通奸或做伪证,以及我们应该只崇拜一个神、不妄称他[原文如此]*的名、守安息日、孝敬父母。伊斯兰教同意这些观点,并比其他三个宗教更强调慈善:天课(zakat)是它的五功之一,要求穆斯林捐赠收入救济穷人。但是请注意,zakat这个词和希伯来语的tzedakah何其相似。后者的原意也是慈善捐赠,在犹太人生活中被认为是一种道德义务。慈善也是基督教的核心价值观。注意摩门教徒的什一税。

尽管我们在许多政治问题上存在分歧,但我们的核心价值观在很大程度上是重合的。在一定程度上,如果我们能把这些共识的领域弄清楚,并解释它们与科学工作的关系,我们大概就能克服经常泛滥的怀疑和不信任情绪,尤其是植根于价值观冲突的不信任。

让我明确一下我的价值观。

我愿消弭人类可以免受的苦难,守护这个星球上生命的美好和多姿多彩。我愿冬日运动的欢愉、珊瑚礁的壮丽和巨杉的神奇永留。我喜欢雷雨,却不愿它们暗藏凶险。我不愿洪水、冰雹和飓风伤及无辜,肆虐人间。我愿我们的子孙后代,无论是我的同胞,还是身处异乡的游子,都如我般平安顺遂、各有良机。我不愿我们所有人都一贫如洗,只因未能对气候变化防患于未然,原本只需略付代价,最终却需花费无数。[32] 我不信人世间的公平应该是少数公司的利润皆由盘剥你我而来。我相信政府是必要的,但我不愿它毫无节制地膨胀。

我还相信,如教皇方济各的谆谆诚勉,地球是我们共同的家园,无视气候变化即无视正义和自然。教皇曾说,与他同名者封圣,是因他"与所有造物交流,蒙召看顾万物使然"。[33] 与神的交感和森然的科学理

---

* 宗教经典中神的形象一般都是男性,指称代词一般也都用指代男性的代词,很多女性主义者认为这是男权社会的象征和隐喻,应予以揭示和批判。故作者特加此注释以彰显其女性主义立场。——译者

性,有人视之为矛盾,但在18和19世纪,欧洲的博物学家却普遍视科学研究是接近上帝的手段。他们的所作所为,正合《所罗门智训》(Wisdom of Solomon)第13章5节所云:"因着万物的广大和美丽,人们推想创造它们的主。"或者,又如海顿(Joesph Haydn)在他18世纪晚期伟大的神迹剧中所唱,天堂在述说上帝的荣耀——一如你我之畅想。

我亦相信,历史已然印证多恩(John Donne)近400年前写下的:"每个人的死亡都令我黯然神伤,因为我与他们息息相关。"我相信我是我兄弟的看顾人,你亦如是。毕竟,在《创世记》(Genesis)中,紧接着人类始祖坠落故事的是该隐和亚伯的故事,这难道没有理由吗?*

《旧约》(The Old Testament)乃世界三大一神论宗教之源,以创世开篇,人类社会的神话和故事大多如此。无论我们称它为生物多样性、创造、梦幻时代还是大地之母,**气候变化都在威胁着它。我们所知道的一切——科学、历史、文学、伦理,都告诉我们,看顾环境即看顾我们的同胞。人与环境、工作与环境、繁荣与环境的二分,出自为贪婪而构建的有害传说。讽刺的是,它假借伪先知的进步之名保证了毁灭。

此即我之所信。

若不依已有科学知识采取行动,而事实证明这是正确的,人们将遭受苦难,世界将会走向衰亡。这方面的证据无可辩驳。[34]另一方面,若依现有的科学结论采取行动,即便事实证明它们是错误的,那么,就像漫画家所言,我们亦将凭空创造一个更好的世界。

---

*该隐和亚伯为兄弟,该隐因疑心上帝悦纳弟弟而杀弟,上帝质问该隐,该隐愤而说:我岂是我兄弟的看顾人。有一种解读说此故事乃教训世人需守望相助。——译者

** 这四种称呼都指地球和万物的起源,分别来自不同的文化背景:生物多样性(biodiversity)是今天科学的说法,创造(Creation)是犹太教、基督教、伊斯兰教的说法,梦幻时代(Dreamtime)是澳大利亚土著居民的神话说法,大地之母(Mother Earth)是古希腊神话的说法。——译者

第二篇

评 论

冻豌豆的认识论：
纯洁、暴力与对 20 世纪科学的日常信任

苏珊·林迪

针对科学共同体成员信什么或做什么的公众愤怒、不信任和政治报复并不新鲜。当今新鲜的是我所说的"层级"（scale）。值此星球生死存亡的关键时刻，具有直接和紧迫实际意义的科学知识，正被一些站在全球权力顶峰的人系统地加以拒绝。怀疑论、质疑和不信任问题的层级已然逐步提升，并且以新的形式出现。[1]

在此评论中，我希望聚焦于层级的水平。我希望把诸位的注意力"向下"拉到一个更密切的层级。我也希望表明，日常技术使得寻常生活中科学的堆叠变得可见，而且它们营造了一种应该被普遍认可和培养的、氛围轻松的信任。[2]我还指出，很久以来我们都没有注意或者强调这一点。[3]我们在公众运动中未能把日常信任当作一种资源，以更广泛地修复人们对科学的信任。[4]在厨房中，人们近乎毫无保留地信任科学，因为科学"有用"。

我知道，诉诸"科学有用"这一观点，并不是一个令人满意的理论回复。正如奥雷斯克斯关于科学哲学的细致入微的讨论所表明的，一个正确的、令人满意的解决方案，应该更靠近理性的思想领域运行，并且在一个能够唤起特定形式共识的社会和知识系统中得以体现，从而获得哲学和科学的合理性。我非常非常认可，这是事情该有的样子。我

们应该相信科学,因为它是我们能够做到的最好的,也因为它是依照关于证据的相对开放和可靠的社会规则(主体间性!)来运行的。在过去很长一段时间,人们已经以多种方式证明,这些规则是值得普遍信任的,尽管它们并不完美。这种制造知识的方法,其功效和力量显而易见,对我们大多数人而言,不需要特别的辩护,不需要关于道德秩序的特别说明,也不需要哲学上的支持。

不过,本着当代民粹主义精神,我建议代之以自下而上、步步为营的方案,从烤箱开始。在探索因果性问题之时,科学哲学家卡特赖特就间或利用家用烤箱浅显易懂的技术。[5]她注意到,按动烤箱上的按钮,面包落入烤箱,然后开始变成焦黄色。这一现象人尽皆知——没准儿你最近就亲自烤过面包。然而,卡特赖特指出,要给这个面包变焦黄的过程赋予一个原因,需留心两个"不相关"的前件——一个是按钮本身,一个是它的作用与产生热量的电流形成的关联。卡特赖特认为,烤面包机提供了思考和分解原因的方法。可以说,我紧随其后,认为烤箱和它的"常见伙伴"(冻豌豆、苹果手机、垃圾箱乃至人造"仿木"书架),也能转而提供思考信任和知识的路径。我认为,在我们这个有着悠久反智主义传统的国家,那些得到广泛信任甚至**喜爱的**日常技术,能够并应该被重新科学化,进而更富于**理智色彩**。[6]之所以如此,是因为我觉得,将日常生活中深藏的知识变得显而易见,可以成为一种策略,来挑战科学不值得信任这一公共观点。实际上,无论人们是否承认,是否意识到,以及是否能清楚地表述,人们对科学的日常信任都无处不在。在这个对推特、冰箱、飞机旅行、药物习以为常的世界,它居于中心地位。[7]

科学不只是在实验室中。科学触手可及,而且被广泛地相信和认可,我怀疑有些人不知道他们自己其实是信任科学的。我们生活在一个由科学和知识组成的物质世界之中——我们无法摆脱它,即使我们搬到一个拥有有机山羊和西红柿庄园的农村飞地，或者生活在太平洋上的棕榈婆娑的岛群，或者藏身于一个曾经遭受例行核试验的场所。如今，马绍尔群岛已经被不断上升的海水淹没，而这些上升的海水，也在不止一种意义上是科学的。[8]我们每天都在由科学知识建造的不同系统之间穿梭。我们深深依赖有用的科学，而且通常认识不到这一点。我们经常不经意地将来自知识体系的技术世界"自然化"，在生活中，把冻豌豆之类的事物与使得它们成为可能的实验室知识体系割裂开。然而，冻豌豆涉及的知识体系是巨大的，甚至是惊人的：石油和天然气工业中的现代地质科学、塑料的化学开发、科学的农业和作物的基因改良、对冷冻过程的化学认识，甚至还包括关于营销和导购的社会科学。冻豌豆充满了可靠的真理。

许多受人喜爱和高度信任的日常技术，都是合理且值得信任的科学研究的直接结果。这个简单的事实在社会中被忽视，无情地消失在围绕何为科学与何为**技术**的划界工作中。尽管术语足够有用，但它们的当代用法还是模糊了知识和实践之间的重要关系。当下，这一关系可以用来帮助公众理解，科学在何种程度上被普遍、几近完全接受，甚至喜爱。

为什么科学在日常生活中的普遍存在，往往难以识别、隐而不见、无声无息，甚至被认为与科学家和作为一种事业的科学是否可以被信任这一问题**无关**？

对此进行一番历史性的说明是理所应当的。它取决于科学与技术之间高度规制的区分，以及为何这一区分对科学共同体而言如此重要。

科学与技术之间公认的尖锐且夸张的不同是历史性的发明，它们在冷战期间得到滋养，使精英、纯洁和科学与战争技术保持距离。它们有着久远的历史，不过，两次世界大战中对科学的（污名化？）动员，是一个影响深刻的转折点。第一次世界大战是"化学家的战争"，它为化学武器所改变。这种后世认为不合理甚至不道德的武器技术，由德国化学家、后来的诺贝尔奖得主哈珀（Fritz Haber）开发，随之参战的各方军队相继卷入。第二次世界大战是"物理学家的战争"，它结束于摧毁了两个日本城市的"纯物理学"应用，并导致了各种军备竞赛以及军备控制努力聚焦于这种后世同样认为不合理甚至不道德的技术。对于美国和其他地方的科学共同体而言，这些技术成就逐渐被视为对科学合理性的严重威胁。

对科学家在两次世界大战中所扮演的角色提出批评的人，包括了许多顶尖科学家自身，他们对技术科学在国家暴力中的作用，以及科学家自身的行为表示遗憾。1918年之后，因首次使用化学武器而备受指责的德国化学家，被排除在科学会议和专题研讨会之外达10年之久。[9]同时，随着20世纪30年代法西斯主义的兴起，国际科学共同体开始了一场对自由科学探索的持续的哲学建构，视其为对健康民主的保障和一种独特的纯洁的事业。[10]科学家的**道德**品质被当成是科学研究应该被信任的证明，即将信任置于个人的宗教或精神品质中。正如夏平认为的，这是一种已经过时的提议。19世纪80年代后，现代专业化科学大军的崛起，以及达尔文进化论的自然选择和其他科学思想暗含的唯物主义，业已一道摧毁了这一观点：科学是通往上帝目的和意志的可靠路径，进而科学家占据着道德高地（因为这是开路的神圣劳作）。

到20世纪中叶，对**科学的本质**及其人类维度的热切关注成了一场引人注目的争论焦点，这场争论几乎可以被看成是一项（关于科学而非自然的）复魅计划。诸如布罗诺夫斯基（Jacob Bronowski）在《科学及人类价值》（*Science and Human Values*，1956）中罗列了科学的美德，并将科学家理解为一名独特的道德行动者，他们绝对不需为现代战争（或原子弹）的暴力承担责任。科学家们发表纲领性陈述，如范内瓦·布什（Vannevar Bush）的《科学：无尽的前沿》（*Science, the Endless Frontier*），以表达这样的观点:科学是仁慈的,对人类的福祉至关重要,而且与正常运转的民主制度的健康有关。同时,充裕的国防资金投向几乎任何可以想到的科学门类——物理的、生物的、社会的,这引发了担忧:科学家正在成为国家安全的智力奴隶。如果安全调查程序会导致失业,那该如何保障这种事业?围绕科学纯粹性的言辞变得近乎刺耳。

而在这些高歌猛进的叙事中,技术占据了一个完全不同的道德空间,既不那么理智,也没那么多内在道德,更没那么**纯洁**。技术与社会生活和政治纠缠在一起,它是混乱的、暴力的、从属性的,不配享有科学的特殊地位。技术致使城市毁灭,人民遭受辐射。科学则做着其他的事情。

在20世纪中叶,科学与不纯洁的技术之间巨大且无法弥合的距离不断拉大,随着众多大学的教职任命,科学史这一学科作为一个受人尊重的学术领域兴起了。20世纪50年代,加强公众对纯洁科学的信仰作为反对法西斯主义和共产主义的堡垒,被许多科学史家视为使命。在同一个年代,当历史学家们讲述着关于自主性和纯洁性的学术故事时,所有围绕在他们供职机构周围的、活生生的科学共同体,正在因自主性的缺乏、新形式的国家主义,以及以严酷方式强迫政治一致性的安全国家而苦苦挣扎。该领域早期繁荣时期的历史学家,进行了严格的划界工作,避免对(纯粹的)技术、伪科学和任何民间知识的关注。比如,炼金术**不是科学**的观点,导致其从著名自然哲学家牛顿生命中的数十年里被抹去了——而就实际情况来看,牛顿本人相当关注炼金术。[1975年,鲍勃斯(Berry Jo Teeter Dobbs)出色地说明了炼金术对牛顿思想的重要性。]

更加意味深长的是,在1957年夏天一次臭名昭著的会议上,科学史学会主席格拉克(Henry Guerlac),甚至拒绝考虑向那些对技术史感兴趣的学者开放学会会议和期刊。正如1998年一篇关于技术史家克兰兹贝格（Melvin Kranzberg）的评论所描述的，"格拉克拒绝开放二者，是为了防止科学史被所谓不入流的知识分子玷污，因为他们关注低劣的修补匠而非伟大的思想家；这刺激了克兰兹贝格，之后他建立了一个拥有自己期刊的独立学会。这段经历使他的信念日益坚定：作为一项理智的事业，技术史需要而且理应拥有自主权"。[11]

因此，纯洁的科学和不纯洁的技术之间出现了一条尖锐、高度规制的界限。这两个术语似乎都指向某种伟大且不言自明的东西：科学家制造知识，技术**只是**对知识的应用。这种观点将制造原子弹的物理学家，连同他们的原子结构理论一起置于自然真理的舞台上，而把实际的武器本身丢给工程师。对于科学史家而言，工程师不值得受到历史的关注。生物武器、化学武器以及洲际弹道导弹全都是"技术"，而非科学。这种观点通过将科学置于道德特权位置的方式，强化了科学和技术之间有清晰且不容侵犯的界限。

事实上，约翰斯·霍普金斯大学的地球物理学家图夫（Merle Tuve），就把科学与技术之间的区别看成是自己科学身份的中心部分，他于1941年在应用物理实验室领导研制出一种新型近炸引信。王（Wang）在其2012年的文章中，出色地描述了这一主张在图夫职业生涯中的逻辑和实践。正如图夫在1958年告诉一位听众的："科学不是飞机、导弹、雷达或原子能，也不是沙克疫苗、癌症化疗或给心脏病患者的抗凝剂。这些都是技术发展……科学是关于我们周围自然世界的知识……它是对我们所处奇妙世界的新知识的探求。"[12]注意，图夫甚至连沙克疫苗都排除了。

我们可以理解他想要划出这样一条界限的愿望——他是一名协助制造武器的科学家；然而，我们也需要意识到它的历史特殊性，以及它作为一种完备说明的局限性：说明不同形式和迭代技术知识之间的相关关系。同样重要的是，要弄明白，对于那些冷战期间在美国以科学家身份度过职业生涯的人来说,推动这种划界工作的力量和张力是沉重且令人压抑的。对于科学专家来说,风险很高。

例如,1954年7月,在给一名有权势的原子能专员的信中,耶鲁大学生物物理学家波拉德(Ernest Pollard)真诚地描述了他如何学会保守秘密。"在战争期间,我们很多科学家明白了保密以及与之相随的自由裁量权的意义,"波拉德说,"我们几乎没有来自外界的指导。"战争结束之后,他做出了明智的决定,回避秘密研究。他"仔细思考了保密和安全的问题",并决定只处理完全公开的材料。"我没有打开就退回了收到的一两份文件,它们与布鲁克海文实验室的组建相关,我在其中起到了一点作用。"然而,1950年6月朝鲜战争的爆发,以及他自己对苏联的担忧,导致他改变了主意。他转而觉得:"作为一名科学家,我应该把工作时间的20%贡献出来,用于肯定有助于美国军事力量的工作。"[13]

在冷战期间参与秘密研究时,他从中学到了一种极端的社会纪律形式,他称之为"科学家道德"。"我学会了随时随地保护自己:在家里,陪伴家人,与同事们欢度夜晚,课后学生们就报纸上的文章向我请教之时,在火车上,甚至在教堂里。对我来说,保护我可能携带的秘密,是一项无法松懈、持续不断的重要事务。"[14]

波拉德的评论与美国冷战期间许多其他专家的评论产生了共鸣。做一名科学家通常意味着要向朋友、家人、学生、同事隐瞒自己的工作和想法。一项建立在开放思想和自由交流基础上的事业变得愈发注重保密。[15]一旦科学家个人失去安全许可,他就可能失去工作。[16]且安全许可有可能因多种违规行为而被撤销。[17]

当参议员麦卡锡(Joseph McCarthy,代表共和党威斯康星州选区)传唤科学家到众议院非美活动调查委员会去作证时,如果他们拒绝前往,那甚至会因此丢掉工作。[18]物理学家博姆(David Bohm)就曾因此失去了他在普林斯顿大学的助理教授职位。面对如此困境,他仍先后在巴西和英国继续做出了杰出的科学和哲学贡献。[19]

科学家也遭到了相当于20世纪50年代的网络喷子们的骚扰。史密斯（Henry de Wolf Smyth）曾投票允许普林斯顿大学物理学家奥本海默（J. Robert Oppenheimer）继续持有他的安全许可（这被一些人认为是不爱国的行为），他收到了来自一个"愤怒的美国家庭"的恐吓信，对方发誓"总有一天我们美国人将处罚你们这些叛徒"。[20]遗传学家斯坦伯格（Arthur Steinberg）也遭遇过惊人的公众攻击，因为有关他是共产主义者的不实报道，令他失去了一桩房屋的交易机会和几份工作。斯坦伯格向位于费城的美国哲学学会历史档案馆提交了35份文件，其中记录的全都是他被指控之后遭遇的残酷对待。[21]斯坦伯格的律师于1954年1月写信给某房产商，斯坦伯格和妻子曾打算在后者那里购买房子，信中说道："我的当事人接到一些邻居打来的匿名电话，威胁说如果他们住在这，后果将很严重。"斯坦伯格的同事在1948年的一封公开信中声明，斯坦伯格已被从一份工作的可能候选者名单中除名，原因在于系里的教员听说了有关"共产主义者的指控"。在筛选那些捐赠给美国哲学学会档案馆的材料时，斯坦伯格显然意在表明，他的痛苦经历不应该被忘记。[22]

其他科学家则悄悄地讨价还价，精打细算他们的时间，使职业生涯的一部分用于"纯洁的科学"，另一部分则以爱国的名义从事与国防相关的工作。与波拉德一样，他们按照自己的责任标准来划定他们职业生涯的界限，好似在沙滩上划出的众多线条。1967年，麻省理工学院的生物学家卢里亚（Salvador Luria）发表声明，称不再参与**任何**国防项目，以抗议越南战争。[23]更加明智的是，1969年，麻省理工学院流体力学实验室的普罗布斯坦（Ronald F. Probstein）和他的同事们，做出了他们所谓的"有针对性的努力以改变"他们的研究。他们将正在进行的军方资助的研究从100%减少到35%，其余的65%明确地致力于"以社会为导向的研究"。关键不是要切断与军事研究的全部联系,而是去"纠正一种不平衡"。[24]

这些经历为我们揭示了在冷战中心的美国,那些促进经济增长、推动国防建设的普通专家的斗争和策略。他们学会了保守秘密、撒谎以及通过测谎仪。他们分享各种小技巧:在安全许可听证会上应该说什么、如何销毁文件、应付义务兵役的需要、隐瞒项目的军事用途、安抚同行的愤怒。因国防利益而转向的科学,因可能的指控、罚款乃至驱逐出境,以及因来自同事间的猜疑——或者认为他们不忠诚,是共产主义者或社会主义者,或者认为他们过于依赖国防资金,他们变得容易受到各种伤害。他们还学会了如何制造给人类带来巨大伤害的东西和思想。职业和人身的赌注都很高;风险是实实在在的,知识嵌入国家对暴力的垄断影响深远。[25]在科学共同体内部,作为见证自然之道的专家,与站在全球意识形态战争正确一边的合格爱国者,两种身份中谁能够被信任呢?另外,在更为广泛的有着政治和社会秩序的公民世界中,当科学家们制造原子弹时却对公众隐瞒他们工作的实质,并在一个有毒的政治环境中相互攻讦,对科学共同体的信任如何能持久呢?保密通常不会产生信任。而共同体的内部斗争会削弱它的合理性。

奥雷斯克斯认为,科学能够被信任,是因为过去有缺陷的科学观点在当时就遭到了批评——有人反对后来被发现是不准确的科学理论,比如关于女性身体的理论、优生学或者板块构造学说。她认为,这些人的存在——他们发出的公开反对声,在某种程度上证明了科学知识自我修正的特性。就实际情况来说,这并非有力的论据,像一直被认为的那样。而且,更不妙的是,少数博士学位拥有者对气候科学、进化论和其他科学观点的反对,今天并非闻所未闻。事实上,完全可能找到一些天文学博士,他们相信不久前外星人来过地球,而且现在生活在我们中间。[26]任何一种反常的声音都未必令人安心。

"另类科学"(alt-Science)的倡导者罗滨逊(Art Robinson)是一名训练有素的博士生,曾与诺贝尔奖得主鲍林(Linus Pauling)共事(而且他似乎以宣称鲍林"错了"为业)。他的活动表明,科学共同体在实践中非常多样。[27] 多种声音的存在,只意味着有资格的知识生产者共同体能够且确实容纳了想法迥异的人。这些观点和看法的不同对公众信任科学的合理性有什么影响?奥雷斯克斯将共识置于她分析的核心位置,她提出,科学是一项集体成就,而这种集体性就是其合理性与力量的来源。若要成为科学,是要经过一个过程的,其中有曲折、有死胡同、有争论、有解决方案,而过程中的混乱是一种优点,而非缺陷。通过追踪令人不安的当前事态,奥雷斯克斯表明了现在的科学多么需要辩护者和辩护。她提出,我们可能已经失去了启蒙运动的观点,即可信的自然知识可以由人类(及天生有缺陷的)行动者通过严格的测试和实验规则得到。但我们仍然保有共识和理性的力量。这种论证对我来说是完全有说服力的。而对部分坚决不相信进化论、气候变化、疫苗科学发现的人来说,则可能未必。不过,许多人还是信任科学的。他们可能没有完全意识到那种深刻的信任,因为长久以来,科学已经被强烈且坚定地与技术区别开来。工业社会中的大多数公民可能都对技术知识有一种潜在的不假思索的信任,因为"它有用";而且不夸张地说,也因为它的本质决定了他们每时每刻的生活。所有社会理论的难点都在于,要找到一个波和引力二者兼及的视角,看待我们所处的社会在自身维度上经受着的爱因斯坦式的问题。我们应该基于什么来理解信任的难题?正确的问题是什么?

正如科学研究学者哈拉维(Donna Haraway)在1988年一篇著名论文中提出的,"情景化知识"(situated knowledge)反映了位置(location)的政治和认识论(就位置一词的任何意义而言)。科学提出了"对人们生活的要求",以及那些视"特殊性而非普遍性"为合理的关于自然的看法应该有一席之地。她认为,矛盾的是,"具身之见"比"超然之见、无源之见、简单性之见"更有强力。[28]哈拉维是为了回应女性主义学者面临的,与"客观性"相关的困难。当时,一些女性主义学者似乎正在进行一项残忍的"揭秘"计划,其将会证明科学家都无可避免地具有偏见,知识(比如支持女性低人一等观念的知识)都受到社会信念的污染,(最令人恐惧的是)可能根本**没有**客观的知识,没有可以立于其上而发现真理的原点。在这些"高度"社会建构主义的形式中,知识为了社会利益被还原,且被令人绝望地玷污着;这些形式还威胁到技术知识将被降格为无关紧要的东西,哈拉维和其他很多学者认为,这一威胁是令人不安的。如果女性主义理论拒绝合理知识的可能性,那它如何促成一种对人类需求友善的关于真实世界的理解呢?[29]她认为,女性主义客观性"在知识生产的核心处为惊讶与讽刺留下了空间;我们不是世界的主宰者"。

近来的事件表明,科学共同体显然"不是世界的主宰"。至少一个世纪以来,它都忙于解决几乎全部科学领域和"专制国家"日益增长的联系。如今,它在一个不同的国家权力中,发现了一种新的嵌入。科学家们在冷战期间周旋于政治控制的极权体系的经历,引起了新的、令人恐惧的共鸣。他们的处境(他们的位置与嵌入),让我们看到了知识生产中一些具有讽刺意味的东西。我在本文中提及的科学家,没有一个选择完全退出。要做到这一点并继续从事科学研究是不可能的。即使他们不做国防工作,他们培养出的学生也可能会做。那么,他们如何理解自己的困境呢?对于当今科学家的困境,他们的困境又能告诉我们什么呢?

我所关注的这代人,在20世纪30年代接受正规教育时曾经认为,科学是开放的、普遍的、国际主义的,是一项专注于"人类福祉"的事业。然而,实际上,在冷战的中心,对于许多科学家来说,他们的研究不是开放的而是秘密的,不是国际主义的而是民族主义的,不是有助于福祉而是从事对人类造成伤害的尖端技术生产。这些伤害形式通过各种方式实现：新的武器，新的监视方法，新的信息系统，甚至利用心理学知识审问囚犯的新方法，摧毁经济，以及"逆向公共卫生"——使用生物武器引发瘟疫。从物理学到生物学各领域的专家，发现他们的研究被校准以增强国家的力量，而那些被训练以将自己创造的知识看成是一种社会公益的科学家，发现他们参与了一些对**自己**来说很不一样的事情。从美国科学促进会，到美国微生物学会，再到美国化学学会的一系列专业学会，都成立了关于"社会问题"的委员会，并在20世纪50—70年代发表关于科学和"人类福祉"的声明。与此同时，它们的成员制造武器，并在国防工业中工作。

20世纪中围绕科学与暴力的深刻斗争激活了那些把科学圈起来的公共政策，将科学从厨房、诊所、城市街道，以及最重要的战场中平稳地移走。通过在纯粹知识和应用知识之间划出鲜明的界限，许多科学家奉行一种有时是道德编码的策略，意在保证技术真理的纯粹核心，即**纯科学的清白**，通过将其与枪支、火药、炸弹瞄准器、核武器、化学武器和心理战等**技术**事物隔离开来的方式。这一政策通常强制执行一种等级制度，将科学家与工程师、医生及其他"弄脏了自己的手"的专家分离开来。

我认为，这在一定程度上也使得日常生活中充满了科学知识这一点，在总体上变得模糊。

奥雷斯克斯已经呼吁我们批判性地思考公众对科学的信任。显然，答案并非科学总因为其是真的、对的、精确的而应该被信任。科学并不总符合这些特征。尽管科学具有人性，且易受到误解、错误、错位的信仰、社会偏见等因素的影响，但它还是值得信任的。因为制造它需要持续的人类劳动，诚信的过程，也因为它已经在很多方面改变了人类的生活，这是显而易见、清晰明了、影响深远的。

奥雷斯克斯描述的所有方案都是有益的，但没有决定性的功效。

她要我们思考知识作为一种信任的资源的脆弱性,并建议人们恰恰应该信任科学,因为它是对证据、观察、经验做出反应的系统。这可能是一个比她意识到的更强有力的论证。因为当我们把日常技术加到这一潜在的产生信任的组合中时,我们会发现一些熟悉的东西是有说服力的。在许多人看来,他们对待日常技术与其所获得的科学知识上,信任程度是一样的。但实际上,他们更信任日常技术。

科学史家夏平在《纽约客》(*New Yorker*)上对技术史家艾杰敦(David Edgerton)的著作《旧日震撼》(*The Shock of the Old*)发表了书评,夏平描述了自己在厨房写作的情景,当他在笔记本电脑上工作的时候,他被技术包围着:一部无线电话、一台微波炉、一台高档冰箱。他在文章中指出,如果没有这些由技术知识制造的东西,"我们的生活将难以辨认"。[30] 他的评论受到了艾杰敦颇为煽情著作的启发,后者在书中探讨了他直白地称为"贫穷世界"的"克里奥尔"(creole)技术。[31] 克里奥尔是指别地某物的本地衍生品,比如仍然在哈瓦那行驶的来自20世纪50年代的底特律汽车。一般而言,它并不是用来指复杂、创新或精英的知识。不过,奥雷斯克斯向我们表明,精英科学也有"克里奥尔"的凑合特性,将本应留着待用的数据和想法拼凑在一起,既不完美也没有原初部分的优势。它不是一个理想化的,没有误解、混乱或错误的,纯粹真理的社会和知识体系。这几乎是我们能做到的最好的了,而且在大部分情况下,它有用——就像苹果手机一样。

我们每日每时都在科学中徜徉,但我们对它的谈论并不多。科学在我们生活中的许多作用被认为是自然而然的或黑箱化的。许多质疑气候变化或疫苗的人,或许更乐意将无人机作为战争技术,或者为此而使用推特。从历史角度上看,无人机基于过去的几十年间各种层次和簇集的科学理论和实践。同时,那些提倡神创论的人在互联网上分享他们的观点,而互联网是国防支持的数学、电磁学、物理学等领域的科学研究的结果。因此,对科学的信任与不信任都是有区别的、有选择的、有偏见的。美国的政治领导人掌控着世界上最强大的军队,而后者的实力是由科学家和工程师创造的。然而,令人震惊的是,这种高度专家治国主义的理性成就、这种真正"有用"的武器系统,似乎并没有赋予作为一种整体事业的科学以合理性。

已故的萨根(Carl Sagan)最近一直浮现在我的脑海中,因此我要引用他的话:"我们生活在一个极度依赖科学和技术的社会中,其中的任何人几乎都不知道任何关于科学和技术的事情。"我同意他所说的,我们生活在一个极度依赖于科学和技术的社会。但我不确定,他所说的任何人几乎都不知道它们这一点是否正确。人们知道他们日常生活中存在的事物,只是显然没把它们看成是科学的。

因此,我们或许需要一种关于冻豌豆的认识论。如果从历史的角度来审视冻豌豆,那么它包含的科学层次就和无人机的一样多。正如我已经提到过的,这些层次包括石油勘探的地质学、单体化学和聚合的发展、进化合成对农业育种的影响、新遗传学和转基因生物的发展、对温度变化中物质守恒的科学理解、细菌学的发展,甚至包括社会科学的知识——比如那些曾重塑了20世纪消费者体验的关于营销、意象和劝导的心理学理论,它们帮助制造商了解如何说服人们购买并食用冻豌豆。[32]

或许你没太注意过冻豌豆,这没什么可指责的。不过,我借用这个普通且貌似简单的食品技术,来说明这个科学的人造世界已经变得多么不可见了——就好像它被设计得不可见了一样。很久之前,科学家就开始有条不紊地与那些因其洞见和理解而产生的技术保持距离。他们成功地做到了这一点。然而,人们热爱并信任技术。或许,威望与合理性从科学到技术"自上而下"的流动——信任、生命力、对价值和"有用"的证明的流动——应该倒转过来,这样对科学和世界都有利。

信任科学的理由是什么?

马克·兰格

为何应该信任科学这一问题,很容易让人头晕眼花甚至绝望。假如我们试着论证,应该信任科学的理由在于,对科学方法的严格应用带来了成功的结果:发现诸多真理,拒斥诸多谬误。这个方法并不能走得很远。它会引起这样的回应:我们断言当下的科学结论是由许多真理组成的基础是什么?显然,我们的基础在于,当下的科学结论与我们对真理的**信念**相一致。但如果(正如事实那样)我们是依靠科学得到我们的信念,那么我们只是转了一个小圈;我们是在用科学证实它自己,而这不可能成功。

这种循环难以避免。假设我们试着论证,应该信任科学的理由在于,科学带来了许多精准的预测和技术成就。科学让我们能够准确地预测采用特定公共卫生措施带来的结果,也能预测将电池和电线放入特定装置中的结果。正如奥雷斯克斯教授提到的,科学在这些事业中的业绩相当不错。因此,通过这一论证可以得出结论,我们应该信任科学。

然而,这一推理**本身**就是使用科学的案例。推理始于迄今为止我们经验中关注到的一个模式,即科学在过去工作得非常好。然后,推理将这些材料作为好的证据,证明这一模式在未来也会延续。这就是**科学**推理的一个好例子。不过,使用科学推理似乎是循环论证,因为我们一开始的目标就是证明可以对科学推理加以信任。(因此,人们可能会对奥雷斯克斯教授提到的孔德的建议感到担忧,他认为我们可以通过科学地研究科学家来支持科学。)

同样的循环责难可以用来反对奥雷斯克斯教授提到的另一观点,即当科学采用同行评议以及其他基于一致认可的科学惯例的时候,或者说,当我们面对公认的科学专家在其公认的专业领域工作,并遵循公认的科学程序而做出的决断时,我们应该特别信任科学。谁去识别他们?判定一个人是专家的基础何在?通过其他专家的认可?但其他专家中的每一个又都是由其他专家认可的。正如我说过的,这很容易让人陷入头晕眼花的状态,并伴随着无穷回归或恶性循环的潜在威胁。同样,很容易想象,美国企业研究所或者主张地球很年轻的神创论者都会批评专家相互担保的这种近亲模式。

这种极具破坏性的怀疑在哲学上系出名门。它可以追溯到18世纪的休谟,[1]他通常被认为是"归纳问题"的提出者。("归纳"指科学中假设通过证据得以确认的推理形式。)这样一种普遍的怀疑甚至可以追溯得更远,比如其可追溯到17世纪的笛卡儿[2]和1世纪的恩披里柯(Sextus Empiricus)。后者妙笔生花:

> 那些声称自己可以判别真理的人,必然认为拥有真理的**标准**。这个标准要么**没有**得到裁决者的认可,要么**已经**得到了认可。然而,如果它**没有**得到认可,何以得知它值得信任呢?……可是,如果它**已经**得到了认可,那么就轮到了认可它的裁决者;它要么得到认可了,要么**没有**,往复不休。[3]

至少有两种方法可以对付这种全盘怀疑主义引起的头晕眼花和绝望。一种方法是,指出要求对**作为一个整体**的科学进行辩护,这是一个不合理的愿望。这就像要求某人为相信理性,而不是相信信仰、无稽的想象或占星术,进行辩护。一方面,如果你给出了信任理性的**理由**,那么你就已经预设了你正要试图阐明的东西。另一方面,如果你给出的东西并**不是**信任理性的理由,那么你根本就没有给出任何证明。游戏就这样被操纵了。当根本没有什么东西能作为一个理由时,甚至在原则上根本没有理由时,你就应该直截了当地拒绝提供它的要求。正如奥雷斯克斯教授提到的,科学最重要的一个特征就是,它是自我纠正的;科学可以将它的**任何**理论置于危险之中,并审视其正当性。但是,**不能**指望科学将它的**全部**理论**同时**都置于危险之中。[4]

接下来说另外一种**重要方法**。为何应该信任科学这一问题可以按以下方式来表述。科学家首先进行一系列观察。这被认为是科学研究的第一阶段,至少按逻辑顺序是第一阶段。在第二阶段,科学家使用他们的观察来确证不同的理论。这些理论要么预测了在不同条件下可以观察到什么,要么自称揭示了那些不可观察的原因或机制,它们可以解释我们观测到的东西。从过往观察的可靠之地,到预测未来观察或确定隐藏机制的充满风险的事业,归纳在第二阶段的这一**跳跃**是基于什么理由呢?在给定第一阶段的基础上,哲学史上充斥着支持第二阶段的各种尝试。但这些尝试大多最终都被认为是一种或另一种形式的循环论证。[5]

如果挑战是在**给定第一阶段的基础上**为第二阶段辩护,那么我所说的第二种方法也就呼之欲出了。这种方法在于点明,即使在第一阶段,我们已经理所当然地认为我们有理由进入第二阶段;我们已经预先假定,超出我们观察的某些步骤是合理的。毕竟,如果我认为自己在观察某物,那我必然相信我**有资格**做出这一观测——凭借我受到的训练,我现在有能力通过看、听、闻或别的什么来断言某物确实是这样。当然,我并非标榜自己万无一失。但我声称自己足够可靠,在这种(没有任何具体理由怀疑我的准确性的)情况下,我值得信任。如果没有关于自我的这一额外信念,我就不能公正地认为自己真的观察到某物确实是那样。

不过,我是如何**证明**这个关于自我的额外信念呢？理由必然来我自己确实观察过事物的历史。在声称我看到过各种各样的事物时,它们几乎总是确实在那儿,我**过去**的这一行为证明了我下述信念的合理性:**将来**当我说我看到了那些事物时,我通常是值得信赖的。这样的概括显然超越了我们已经观察到的事物本身。因此,在进行观察时,我们必须应该承认,相信关于超出我们已经观察到的事物的各种概括是正当的。正如哲学家塞拉斯(Wilfrid Sellars)在论证一个类似观点时所说的:

> 归纳跳跃的经典"幻象"其实不是幻象,而是谬误;因为它以观察基础为出发点,这种观察不受任何关于事物是如何结合在一起的信念的影响……所谓的归纳难题,如果就是如何证明下述跳跃的正当性,即从仅仅描述特别情形的可靠之地,跳跃到断言定律式的陈述以及提供说明的不确定的高空,那根本就没有这么个难题。[6]

到目前为止,我讨论的是寻找信任**整个**科学的理由,这一要求是有问题的,恰恰因为它的目标是作为整体的科学。这种对辩护的**批发式**要求应该与**零售式**的加以区分,后者质问的是为何应该信任某些**具体的**科学结果。与批发式的问题不同,零售式的问题**可以**通过把责任推卸给其他科学发现来解决,而不涉及循环。这正是奥雷斯克斯教授提供的一系列案例研究中暗含的方法。在每一个案例中,参与者都是被要求为不同的科学假设提供认识论证明。所有案例中的参与者都没有被要求对作为一个整体的科学做什么。[7]

然而,当一些庞大的理论体系进入考察范围时,这种批发/零售的区分就遇到了麻烦。正如奥雷斯克斯教授提到的,库恩[8]在质疑他所谓的"科学革命"的合理性问题上很有影响,这里引进了作为一个整体的"范式"。按照库恩的说法,一场科学革命就是(根据库恩普及的名词)一次"范式转换"。相互竞争的范式在多方面存有分歧,比如科学家可以直接观测哪些事实,哪些测量仪器值得被信赖,以及如何理解简单性、与观测相符、解释力、有效性等选择理论的标准。正如奥雷斯克斯教授提到的,库恩认为,相互竞争的范式共享的选择理论的标准是极少的。因此,在一次危机中,当流行的范式面临危险,从而需要为新范式的候选者之一(或者为坚持当下的范式)提供辩护时,能够用来在相互竞争的候选者中做出选择的共同的中立基础极少,因而不足以提供强力理由以支持某一候选者比其他的更好。正如奥雷斯克斯教授提到的,这就是库恩所说的"范式的不可通约性"的一个方面。

这样,在危机中,对一个**特定**科学理论的**零售式**挑战,就转换成了对整个科学领域结果的**批发式**挑战。在科学方法和科学理论相互渗透的情形下,有哪种非循环论证可以用来支持某一范式比其他的更好呢?换言之,库恩成功地批评了对科学**方法**和科学**理论**的截然区分。科学家相信何种方法,取决于他们相信的世界的模样。但如果理论和方法相互渗透,那么科学理论改变时,科学方法也会跟着改变。在相互竞争的范式之间不存在永久、中立的定夺方法;尽管它们的共同基础包括了数学、演绎逻辑和概率演算,但这些不足以成为解决问题的中立裁决者。这正是库恩留给我们的挑战。

对库恩这一挑战的一个可能的回应是,承认在危机中,演绎逻辑、算术、概率演算,以及其他在科学中永恒、中立的共同基础,**不**足以从相互竞争的范式候选者中做出定夺。然而,在一场**特定的**危机中,竞争对手之间会有更多的共同点,而不仅仅是横跨**每次**危机的共同点。在不同的危机中,这些额外的共同点也会有所不同。尽管它可能是稀少的,但在各种危机中,有创造力的科学家已经找到了方法,从共同点中提取强有力的理由来支持一个候选范式,而不是其他的。

让我们简单讨论一个例子。在伽利略那个时代的地球物理学危机中,伽利略试图从为数不多的共同点出发,找到了一种强有力的论证方法。伽利略提出,如果一个物体由静止状态向地面做自由落体运动,那么在每一个相继的等时间段内,物体经过的距离按照奇数增长。如果物体在第一个时间段内下落的距离是1s,那么在接下来的时间段内,它下落的距离分别是3s,5s,7s,9s,11s,……[9]其他科学家提出了与伽利略"奇数规则"相竞争的方案。法布里(Honore Fabri)提出,下落的距离按照自然数增加(也就是:1s,2s,3s,4s,5s,6s,……)。勒卡兹尔(Pierre Le Cazre)提出,下落的距离按照2的幂指数增加(也就是:1s,2s,4s,8s,16s,32s,……)。只要地球物理学没有共同的范式,那么认为这些理论中的一个胜过其他理论的**实验**论证就可能是无效的,因为它们在一些方面无法达成一致。比如,哪些设备可以准确测量时间和距离,何时将理论无法严格与观察吻合归咎于干扰因素(如空气阻力)。

不过,据巴利亚尼(Gianbattista Baliani)于1627年给卡斯泰利(Benedetto Castelli)的一封信说,伽利略有一个强有力的论证,表明**他的提议胜过这些竞争者**。[10] 他的论证过程是,如果这些提议中的一个适用于以某一特定单位计量的时间段(比如,秒),那么它将不适用于以另一个单位计量的时间段(比如,分钟)。假如我们将这些提议给出的物体在相继的单位时间内经过的距离记录如下

法布里:1s,2s,3s,4s,5s,6s,……

勒卡兹尔:1s,2s,4s,8s,16s,32s,……

然后转换到一个是原时长两倍的新的单位时间,那么我们将得到在新的时间段内下落的距离为

法布里：3s(1s+2s)，7s(3s+4s)，11s(5s+6s)，……

勒卡兹尔：3s(1s+2s)，12s(4s+8s)，48s(16s+32s)，……

这些距离就不再与那些提议相符了。举例来说，如果提议是说距离按照自然数增加，那么当我们变换了单位时间之后，这一提议就被违反了，因为距离3s、7s、11s的连比并不符合1∶2∶3。

因此，如果伽利略提议的竞争者在某一单位系统中成立的话，那它在其他单位系统中就不再成立。用今天的术语来说，伽利略的论据在于，其提议的竞争者都不是"因次齐一的"。我们可以粗略地将"因次齐一性"定义如下：

> 当下述要求在逻辑上普遍为真时，可以称真理关系R是"因次齐一的"：如果R在一个单位系统中成立，那么R在相关物理量的任何不同基本尺度（比如，长度、质量、时间）的单位系统中都成立。[11]

当然，不满足因次齐一性的关系也可以是成立的。比如，在特定的某一天，可能我儿子的体重等于我的年龄——不过，只有当以磅为单位计量我儿子的体重，且以年为单位计量我的年龄时，这个关系才成立。因此，这个关系不是关于我儿子体重和我年龄**本身**的，而是关于它们在**特定单位系统下**的读数的。

在伽利略时代的地球物理学危机期间，各方共有的一种微弱的不言而喻的背景信念是，由静止状态做自由落体运动的物体，在相继的等时间间隔内下落的距离与测量的单位**无关**。这一关系是距离**本身**之间的，而不是它们在某一特殊单位下的测量值。很可能，法布里和勒卡兹尔都没花费口舌明确地表示他们相信这一关系应该是因次齐一的。当然，他们也不需要说；这是很容易理解的。就我所知，他们都没有指定必须用某些特别的单位来测量距离或时间。伽利略认为，由于这两个提议都不是因次齐一的,所以它们都不能给出问题中的关系。

相反,伽利略自己的提议**是**因次齐一的。假如我们记下它规定的距离($1s, 3s, 5s, 7s, 9s, 11s, \cdots\cdots$)并转换到一个两倍的单位时间,我们可以发现,按照伽利略的提议,在这些更长的时间段内,物体下落的距离是 $4s(1s+3s), 12s(5s+7s), 20s(9s+11s), \cdots\cdots, 4:12:20=1:3:5$——这正是伽利略规则要求的奇数序列。[12]

自由落体的距离之间具有因次齐一性的关系,正是这一**具体**危机中大家心照不宣的共同点,但它无须成为所有危机中的共同点。大概只有具有像伽利略这样才华横溢的科学家才会想出办法将薄弱的共同点转化为强有力的证据,来支持相互竞争的理论中的某一个比其他的更好。在危机中寻找强有力理由的困难是难以避免的,但这并非不可能。(我认为我们应该在许多争论中记得这一教训,即使是在科学之外。)

我将以更深远的一点作结。根据2012年的盖洛普民意测验,46%的美国人否认人类的进化论起源。[13]同年,白宫科学委员会的一名国会议员称大爆炸是"来自地狱深渊的谎言"。[14]一个美国人是否相信气候变化正在发生,与他的所隶属的政党高度相关。[15]在这样一种政治气候下,我认为我们有必要更好地就科学的理性基础展开交流。在我们哲学家的阶层,大家喜欢打破事物;我们乐于展示那些与科学推理逻辑相关的各种高贵提议的失败。不过,我们需要超越不可通约,超越不充分决定论,超越迪昂-奎因问题,超越归纳的新谜题,[16]超越对划界问题的消解,[17]超越悲观的历史元归纳。[18]在力所能及之处,我们应该给科学推理背后的逻辑一个积极的说明。我们的学生有能力去把握,且迫切需要一个积极的说明。这是我们亏欠他们的,也是亏欠我们自己的。

重构帕斯卡赌注：
风险社会可信的气候政策评估

奥特马尔·埃登霍费尔　马丁·科瓦什

尽管特朗普（政府的）行政部门反对雄心勃勃的减缓气候变化的努力，但它似乎是接受气候科学的。2017年10月，美国国家环境保护局提出了一项引人注目的新提议，即如何能够用经济学术语来评估气候变化的影响，比如，如何计算"碳的社会成本"。[1]他们认为，在最近的未来一段时间向大气中每排放1吨二氧化碳的社会成本只有1—6美元。与奥巴马总统任期内估计的每吨45美元相比，这个数字是极其乐观的。奥巴马行政部门的估算包括了气候变化的全球损失，与此不同的是，新的美国国家环境保护局只考虑了美国的国内损失。如果政策制定者和投资者以最新建议的数字为他们决定的基础，那么雄心勃勃的美国气候政策很难被认为是正当的。计算这些成本意味着预设了对作为基础的气候科学的基本信任。这个案例表明了一个棘手的问题：科学共识并不意味着政策共识。相反，计算碳的社会成本意味着有争议的价值判断。因此，在特朗普的世界里，气候科学不会让美国致力于雄心勃勃的气候政策、提供公共产品或开展深远的国际合作。相反，由于对未来几代人利益的严重低估，以及将公共产品视为全球主义者的废话而不屑一顾，美国似乎不再受奥巴马时代承诺的约束。由于关于人类导致气候变化的科学共识仍然允许多种"价值载体"和政策路径，在风险社会中迫切需要对事实与价值在专家研究中的纠缠、科学专业知识的作用,以及政策的设计进行严肃的分析。所谓风险社会,就是不得不解决"由现代化自身引起和带来的危害与不安"的社会。[2]

奥雷斯克斯举了一个引人入胜的实例,以说明科学的可信度,它的社会的、主观的、可错的特征,以及客观性的条件。她还揭示了由许多气候变化怀疑者在公共争论中创造的、相当有效的、转移视线的话题。在大多数案例中,怀疑主义者不再质疑关于人为的、危险的气候变化的那些压倒性的、可信的科学证据。取而代之的是,他们反对那些特定的经济或社会影响,这些影响是由对气候变化的潜在政治**回应**引起的。他们不愿就其关心的对气候变化的各种可能(政治)反应进行公开对话,而是直截了当地否认气候变化是一个科学问题。他们敦促学术共同体不断澄清这门科学。甚至在气候变化的科学被接受之后,他们还否认气候变化引起危害的严重性。最近特朗普行政部门对碳的社会成本的估计就是一个例子。进一步说,按照他们的观点,基于证据的研究永远不能将不确定性降低到足以允许气候政策执行的程度。

因此,关于气候政策的经常难以解决的冲突,不一定根植于对气候科学信任的缺失,而是在于有关气候政策设计的分歧。[3]对这一重要问题的任何合理回答,都要取决于有争议的价值观、代际和代内公正的概念、偏好,以及利益(如奥雷斯克斯正确指出的)。然而,在这样的一个回答中,社会科学对作为与不作为的成本、气候政策的共同利益和意料之外的社会负效应的估算,也必须起到重要的作用。仅靠自然科学和技术无法确定合适的气候政策。固执地坚持用气候科学的事实来反对怀疑主义只会让有关环境的争议变得更糟。[4]由于奥雷斯克斯对自然科学可信度标准的强调,她并没有充分回答在什么条件下——如果有的话,[5]科学专家提供的政策评估可以既是值得信任的,又是合理的这一问题,特别是考虑到其中涉及的高度争议的价值判断。因此,我们需要对这些综合的、跨学科的、复杂的社会经济和政治方面的评估进行反思。在这些案例中,我们如何才能具体说明、应用,甚而修改奥雷斯克斯令人信服的可信度标准,以便为社会科学提供指导呢?

奥雷斯克斯并没有强调气候政策的不确定性。相反,她提供了一个应用于气候政策简化版本的帕斯卡赌注[6](见表1)。奥雷斯克斯说明了,即使支持人为气候变化的科学被发现是错误的,雄心勃勃的气候政策也会是有益的。当 $p>C/(V-E)$ 时,一个风险中性的决策者会选择雄心勃勃的气候政策。换言之,如果减排成本因气候行动的共同利益而为负,那么无论气候变化的可能性如何,雄心勃勃的气候政策都是一个无悔的选择。这些利益包括在逐步淘汰煤炭之后减轻当地空气污染,以及降低对进口化石燃料的依赖。与奥雷斯克斯相反,特朗普行政部门将危害(V)大打折扣,以致即使危险气候变化的可能性很高,雄心勃勃的气候政策也不可能被评估为有益于美国社会。

表1 应用于气候政策的帕斯卡赌注

	危险的气候变化的可能性 p	危害不大的气候变化的可能性 $1-p$
雄心勃勃的气候政策	低危害(E)+减排成本(C)	减排成本(C)
没有气候政策	不可逆的高危害(V)	零净成本(0)

气候政策赌注的收益不仅仅是自然状态的产物,它们应该被理解为一个社会学习过程的初步结果。多数专家会认为奥雷斯克斯对雄心勃勃的气候政策的无悔论证过于乐观。[7]然而,特朗普因严重低估未来的气候损害而忽视气候变化对整个人类的危害,这同样令人感到悲观,特别是在考虑到它们部分不可逆的特征时。理性的决策者会选择立刻同时大量减少排放。他们会启动一个社会学习过程,旨在根据对未来危害、减排成本,以及与这些政策相关的其他效应和风险的新见解,来

调整气候政策。这样的社会学习过程会从事后的政策分析中汲取证据,来确定哪些政策工具起作用,哪些没有。最近对欧盟排放交易体系[8]的分析就是这类研究的例子。学习过程的迭代性质有助于在各个治理层面上采取渐进且已成功的措施,同时避免不可逆转的锁定效应。如果民主社会想要把气候变化作为当前和未来社会的严重风险来对待,那么它们需要就备选的、可行的解决方案及其(通常不确定的)影响,进行理性讨论和学习。这些讨论必须包括对特定风险,不同政策路径的利弊,以及不同政策领域、治理水平和时间尺度的相互依存关系的审查。人类导致的气候变化被认为是错误的假说,它只是众多不同可能情况中的一种,而且是相当极端且不太可能的一种,正如奥雷斯克斯自己认为的那样。

困难的气候政策议题的突出例子包括:对不同区域的气候损害进行评估和比较;为不同国家的二氧化碳排放适当定价;将会受到碳定价方案影响的部门;碳定价对不同社会群体的具体分配效应;能够缓解生物能源副作用冲击的政策,比如食品不安全、森林退化和濒危的生物多样性;可再生能源补贴的时机和规模;风力涡轮机的社会可接受定位;核能的益处和风险;国际技术转移的合适规模;负排放技术(去除二氧化碳)或太阳辐射管理的潜力和风险,以及电动汽车迅速普及带来的就业影响。

正是因为这些问题没有得到很好的回答,我们才做出了一些无效和低效的气候政策决定。我们需要对这些问题的复杂性做认真且综合性的评估,进而促进对关于可用的政策途径的学习过程。这预设了从不同学科的视角和观点,对不同路径的社会相关后果进行合作的、科学的探索。[9]在假定某些气候损害不可逆转的情况下,尤其需要一个关于气候政策的更复杂版帕斯卡赌注。因此,风险社会的举证责任主要在于对政策的评估,以表明一个特定的气候政策选择优于其可行的替代方案。这种评估必须考虑政策的总体影响、副作用和共同利益,而这些评估都必须在可持续发展目标和其他政策目标或价值的背景下进行。科学专家将与相关利益攸关方和决策者共同充当政策选择的制图者,而决策者仍是领航员。[10]我们高度赞赏奥雷斯克斯关于(气候)科学可信度的思想。然而,我们强调有必要更多地关注政策评估,以促进对不同解决方案及其影响进行更好的公众辩论。

政策的事后和事前评估中所隐含的经常引起争议的价值判断,无疑是决定政策可信度和合理性的关键挑战之一。正如奥雷斯克斯提到的,事实和价值——包括认知、知识和伦理价值——在科学研究中总是交织在一起的。[11]有点令人惊讶的是,奥雷斯克斯没有更详细地讨论,在考虑到科学知识中隐含着有争议的伦理价值观的情况下,客观性是如何产生的。奥雷斯克斯只是寄希望于,在我们最深层的价值观之间的重叠部分可能比我们通常想象的要多得多,这是一种对道德共同基础的引人注目的信念。谈论我们的价值观并指出重叠部分确实是值得做的。然而,她承认,在某些基本价值观上,尤其是在当前政策所选择的更具体的含义上,仍存在很大分歧,这些政策选择通常表现出复杂性和不确定性。不同的价值集合也在几个西方国家日益增加的政治分歧中扮演着重要角色。

我们有充分的理由相信,对承载着价值的政策问题进行理性的讨论是可能的,即使这些问题已经部分变成了意识形态上的争论,甚至几乎变成了"宗教"上的争论。几个世纪之前,帕斯卡进行了革命性的尝试,开启了一场理性讨论,关乎的不过是最基本的宗教问题,即上帝是否存在。帕斯卡推断说,如果发现上帝不存在,那么过宗教生活的个人成本收益,相对低于不相信上帝的个人成本收益。尽管帕斯卡的实用主义赌注有一些不足之处,包括提出的备选方案很少,但它仍然是在不确定情况下做决策的最早的概念框架之一。杜威(John Dewey,1859—

1952)的实用主义哲学有助于进一步发展这一框架。[12]与帕斯卡相似，杜威强调了探索和评估特定假设的多种实际结果的哲学必要性，包括规范的、方法的和经验的假设。假定一个目的-手段连续体，所有科学断言和其他假设都被概念化了，作为实现实际目的的手段，这些目的在某种程度上与人类相关。[13]

杜威认为，那些充满价值且总是容易出错的科学主张，包括那些对政策的评估或伦理辩论，具有可信赖性和客观性的可能。基于杜威的观点，假说作为解决问题的潜在方法，如果根据它们的实践结果可发现它们是可靠的，那么它们就可以被认为是值得信任的。比如，它们可以重复地以一种可靠的方式，将一个不确定的问题转变为一个确定的问题。根据这个"自然实在论"，一个实用主义调查的成功结果可以被应用到相似的情况中；事实上，它们作为积累的经验可以充当进一步调查的前提，在这种调查条件足够好的情形下，有可能被定性为客观的、"有根据的断言"。[14]目的不能证明手段是正当的，它们都需要根据其实践结果进行批判性评估。举例来说，如果连最佳可得的气候政策都有严重的副作用，那么原初的政策目标，甚至其背后的价值观可能都要被修改。

尽管这种杜威式的可信度视角在很大程度上和奥雷斯克斯的观点一致，但它还是提供了微妙的修正。虽然实验的思想是受自然科学成功的启发，但它还是被应用到了所有类型的研究中，包括那些负载高度价值的研究。此外，决定性的"实际意义"远远超出了工具意义的范围，而是包括了对人类存在至关重要的**一切**，比如精神层面。

科学家们可以促进利益相关方之间开展更具建设性的讨论，就类似气候政策这样高度价值负载的政策问题，而不是提出所谓与价值无涉的事实，或者为某个特定的政策选项代言。借鉴杜威的思想，我们建议进一步提高科学评估的规范性透明度，并在不同的未来场景和政策路径中不断嵌入不同的价值观和原则,比如平等、自由、纯粹、国家主义等。通过与利益相关方在学科内和学科间的合作,我们可以批判性地比较和评估这些备选政策途径的各种实际影响。[15]这些影响包括狭义经济意义上的成本和收益。除此之外,它们还包括对社会至关重要,并威胁到政策合理性的任何事物。例如,当基本权利或程序受到违背时,"成本"可以被视为高得令人望而却步。

对政策路径的这种评估,可能导致对最初假设的,也许是片面的价值观、原则、政策目标等集合,进行修订,或者至少重新解释。如果发现存在不利的副作用和相当大的局限性,例如忽略了其他与社会相关的价值观,就可能发生这种情况。因此,这一活动可以使不同的利益相关者澄清他们的政策立场。它也有助于识别不同观点之间原先未被认识到的重叠之处,至少是关于特定政策工具和路径上。比如,左派自由主义者和右派保守主义者可能仍然可以就有效的碳定价达成一致。

因此,对于价值负载的政策评估而言,杜威方法的本质在于,它能够将激烈的、根深蒂固的政策冲突转变为关于政策备选方案及其复杂的实际影响的更具建设性的讨论和学习过程。经由目的、方法和结果之间的反馈回路,对未来政策途径(比如目的-方法连续体内被设想为方法的假设)的各种直接和间接影响进行仔细的探索和评估,由此可以获得认知上的可信度。此外,探索备选的未来政策路径——它们代表不同的显著价值观和政策信念集合,以及在评估过程中积极地与不同的利益相关方接触,都可以促进这些评估的合理性。

我们提出的模式与当前的实践和有关科学-政策交叉的文献都有很大不同。比如,我们的模式强调不存在评估政策路径的"价值中立的方式",以及政策目标、方法及其实际影响之间的反馈循环是至关重要的。通常,仅有小部分的可替代方案基于狭隘的评价标准得到了探索,没有进行严肃的跨学科合作,也没有通过实际影响对潜在的政策目标和道德价值观进行明确的评估。筹谋各种可能的未来需将重点放在学习涉及的所有要素上,包括学习备选的问题框架和世界观,以代替单纯讨论或经办备选方案。

总之,涉及糟糕困境和大规模风险的公共政策进程——比如气候变化,对综合政策评估的信任是在不确定情况下做决定的核心。作为对奥雷斯克斯关于信任科学专家意见的令人信服的论证的修正和具体化,我们认为尽管这些政策评估涉及有争议的价值判断,但它们仍是值得信任且合法的。从跨学科和多方利益相关者的角度,探索关于可替代的未来政策路径及其不同的实际影响,需要促进合理学习有关特定路径的利弊。最终,这可能带来对最初设定的价值观、政策目标和方法的修订,以及对不同价值观之间实际重叠领域的识别。相反,仅仅坚持科学的"事实",或者在抽象层面上批判右派的政策信仰和价值观,就会导致毫无结果的意识形态争论。我们更需要合作和包容的学习进程,这一进程关乎不同的未来——承认并批判性地探索一系列价值观。这将是对民粹主义复兴的一种有希望的回应,这一复兴很大程度建立在价值观差异的基础之上。

对科学现状与未来的评论：

受启发于内奥米·奥雷斯克斯

乔恩·A.克罗斯尼克

受奥雷斯克斯博士启发，在本文中，我将从一名科学实践者而非历史学家或科学哲学专家的视角，观察我们事业的现状和未来。

我相信对真理的科学寻求，我也相信科学方法。当代社会重视科学研究，资助我们的工作，并在新闻媒体中给予我们卓越的评价，这些使我欣慰。我希望更多的年轻人选择做科研工作者。我希望科学的诸学科和专家协会繁荣昌盛。我希望科学基金多多益善。我期待看到科学发现在未来的数十年以建设性的方式展开。

为了帮助科学繁荣发展，我与罗格斯大学的朱西姆（Lee Jussim）教授一起在斯坦福大学高等研究中心成立了科学中的最佳实践工作组（the Group on Best Practices in Science，简称BPS）。在过去许多年间，有数不清的科学成功的故事，但在不少案例中，科学曾一度偏离正轨，而后最终回到控制之下。因此，我们可以满意地回顾长久的科学史，并露出欣慰的笑容。然而，新近的历史讲述的却是一个令人倍感痛心和震惊的故事。而且，现在的困难并不在于某个特定的发现是错的。过去的10年间，我们在科学的诸多学科中发现了大量无效工作，这需要巨大的改革。我将在本文中概述这一点。

我的故事从我的博士专业——社会心理学——领域开始。斯塔佩尔(Diederik Stapel)因在100多篇心理学顶级期刊的发表物中编造数据,而成为《纽约时报》上一个故事的主人公。[1]此事曝光后,大量文章被撤回,年轻合作者们在这个过程中损失惨重。

康奈尔大学著名的社会心理学教授贝姆(Daryl Bem)在社会心理学顶级期刊发表了一篇文章,声称超感知觉(ESP)是真实的。[2]一石激起千层浪,因为这个结果从一开始似乎就是不可能的,而且不能被重复。

在社会心理学领域,耶鲁大学的巴奇(John Bargh)教授做了大量深受喜爱的工作。当一组年轻学者试着重复其中一项发现并且失败之后,人们开始广泛担心其他结果的可复制性。[3]诺贝尔经济学奖得主卡内曼(Daniel Kahneman)督促巴奇博士与批评他工作的人们接触,以推动该领域朝着理解哪些实证发现是真实的方向发展。然而,这样的协调尚未展开。

《纽约客》杂志历史上被下载次数最多的文章,一度是莱勒(Jonah Lehrer)撰写的一篇关于所谓衰减效应的作品。[4]在这篇文章中,心理学家斯库勒(Jonathan Schooler)说明了他如何发现被称为语词遮蔽(verbal overshadowing)的重要现象。然而,随着他对语词遮蔽的研究逐渐深入,他发现其效应变得越来越弱,最后完全消失了。

另外一篇标志性的文章描述了所谓的"巫毒相关性"(voodoo correlations)。[5]在神经科学研究中,人们建立了大脑功能和其他心理经验指示信号之间的密切联系,后来这些联系似乎成了操纵研究实践而编造出的结果。[6]

想想津巴多(Phil Zimbardo)的监狱实验,其参与者在斯坦福大学心理学大楼的地下室被随机分配为守卫和犯人。[7]数年之前,英国广播公司(BBC)试图进行同样的研究,但没有观察到同样的结果。[8]

费斯廷格(Leon Festinger)做的关于认知失调(cognitive dissonance)的研究是社会心理学领域最著名的研究之一,它记录了人们面对1美元报酬和20美元报酬时,对一项任务的反应之别。[9]过去,这项研究被引用过无数次,然而据我所知,它从未被成功重复过。最重要的是,费斯廷格自己也曾说过,他必须无数次地运行这项研究,调整方法,才能让它"起作用"——也就是说,产生他想要的结果。

还有另一个例子:一篇关于所谓偏见同化和态度极化的文章。[10]作者们总结道,如果一个人面对着一批均衡的证据,即大约一半支持某一特定的结论,而另一半拒斥它,那么这个人会对证据进行评估,以维护他的偏好。结果,据称面对一批均衡的证据,会使人们对某事的观点变得比原初更加极端。然而,米勒(A. G. Miller)与其合作者表明,原文章是不对的,因为它使用了不正确的测量方法。[11]原文章被引用了超过3000次,而米勒博士的文章仅被引用过136次。这并不是一个科学成功自我纠正的例子。

以上这些并非孤立事件,被精挑细选出来以讲述令人悲伤的故事。想想《纽约时报》网站上题为:"研究表明,许多心理学研究结果并不像声称的那么有力"(Many Psychology Findings Not as Strong as Claimed, Study Says)的文章。[12]这项由诺赛克(Brian Nosek)及其同事在2015年开展的研究,试图重复许多权威的、随机挑选的心理学出版物的发现。这个故事付梓时,标题为:"大多数心理学发现无法被重复"(Most Psychology Findings Cannot Be Replicated)。事实上,这也正是论文的结论。随机挑选研究、积极努力尝试重复这些研究、大多数都归于失败。

这一问题不局限于我所在的心理学学科。想想政治科学。《科学》上一篇题为"当接触改变思想"(When Contact Changes Minds)的文章,探讨了在家门口交谈可以改变人们对同性婚姻的态度这一观点。[13]这篇文章的主要作者声称他收集了数据,然而他根本没有。[14]整个研究都是编造的。此事曝光后,《纽约时报》也报道了这篇论文。在经济学领域,一系列文章表明,大多数试图重复实证研究发现的尝试,都无法成功。[15]在最近预测美国、英国和以色列选举结果的努力中,对选民的调查结果令人震惊地失败了。[16]

这一问题在物质科学领域也有反映,特别是安进制药的案例生动地体现了这一点。安进的科学家们试图重复发表在顶级期刊——《科学》《自然》《细胞》——上的53项标志性发现。[17]安进之前曾尝试基于这些研究发展新药物,结果却总是失败。于是,安进回到这些基本知识和原则上,以判断他们是否应该信任在这些期刊上读到的东西。一个由大约1000名科学家组成的团队发现,他们尝试重复的结果中有89%未能成功。[18]当安进的科学家告诉某项研究的作者,安进团队多次尝试复制他或她的发现都不能成功时,原始作者回应说,在最终得到理想结果之前,他或她也失败了很多次。

安进的发现公开后,拜耳制药声称也有过同样的经历。[19]他们尝试重复67项发表的发现,结果其中79%无法成功。在化学领域,这一问题也很明显。近些年,越来越多的出版物包含了被篡改的图片,这些图片使得发现看起来比它们实际更好。[20]而在生态学、遗传学和进化生物学领域,发现先是被出版,继而无影无踪,再也没被重复出来过。[21]与这一动向并行的是,名为"撤稿观察"(Retraction Watch)的网站列出了数量激增的被撤回的已发表文章。

当斯坦福的英国心理学会(BPS)小组与工程师们谈到他们这方面的经历时,我们被他们惊人的评论吓到了。当工程师们被问及,在他们的领域是否存在与可重复性和诚实相关的问题时,他们回答道:"坦诚地讲,我们不相信任何其他实验室的发现。"于是我们又问:"那你们相信自己实验室的发现吗?"然后,他们回答:"有时候。"

怎么会这样?在工程领域,这样的做法并非罕见:作者们会有意识地漏掉公式中的一些关键内容。这样一来,其他与他们竞争的实验室就无法在竞赛中超越他们,比如发明续航更久的电池。

在涉及生命安危的医学领域情况又如何呢？约安尼季斯（John Ioannidis）数十年来一直在对健康领域的发现做元分析。他的一篇文章估计了临床前医学研究的可重复性，发现超过一半的研究甚至无法被复制一次。在那些没有任何产出的研究上，这种可重复性的缺乏每年造成280亿美元的浪费。[22]这篇题为"为何大多数发表的研究结果是错的"（Why Most Published Research Findings Are False）的文章，一度是《公共科学图书馆·综合》（*PLOS one*）期刊上被下载数量最多的。[23]

这些为什么会发生呢？现在，所有这些案例堆积起来，表明我们陷入了麻烦，这又怎么能说科学是完美的呢？一个答案是，当代科学家从事了许多事与愿违的、破坏性的活动。

其中一个被称为"p值篡改"（p-hacking）：为了得到预期的结果，对数据进行操纵和虚报。另一个问题是对小样本量的依赖。如果一个小样本量的研究没能得出想要的结果，研究者便可以舍弃它，并进行另一个小样本研究，直到偶然得到预期的结果；毕竟，做每一个研究的成本都很低。还有一个问题是对统计量的错误计算，这将导致对发现的可重复性过于自信。如果统计量被正确地计算，它们会指示更慎重的结论。而在一些物理科学领域，实验从不包括对条件的随机分配，也不包括统计显著性检验，这使得研究者很容易被误导。

统计分析中难免会发生偶然错误，因此验证是有必要的。然而，当科学家得到预期的结果时，往往很容易就乐观地庆祝了。而如果得到了与预期不符的结果，科学家可能更有动力去检查他们的工作并查找错误。因此，当结果与预期相符时，错误可能就被漏掉了。

这种次优的实践在科学家中有多流行呢？在一项调查中，一大批心理学家表明他们实施过许多次优实践。[24]因此，不可重复的结果的流行大概也不让人吃惊。

我们所有的科学工作者都怀着解决这些问题的愿望来面对这一现

实。为此，我们需要知道是什么导致了部分科学家的次优行为。而且，很不幸，这些原因令人厌恶。有一些是科学家自身的个人层面的动因。许多科学家想要出名，想得到研究拨款，想拿到长聘职位，想获得额外的工作机会来增加收入，想晋升，想要高薪，想创立巨额利润的公司，想得到同行的尊重，想得到非科学家的尊重，等等。

如果你把一名科学家单独置于安静黑暗的房间，他或她很可能会承认，在科学运行的环境中，无论是学术环境还是其外部环境，上述动机对每个人显然都很有吸引力。因此，我们不需要知道项目的资金是来自埃克森美孚还是国家科学基金会。我们全都在这样的环境中运作，而在其中我们有这些动机。

如果这些动机一直与一种求真、发表真实论文的愿望结合在一起，那么一切都将很美好。然而遗憾的是，系统层面的原因让我们偏离了这个路径。系统看重生产力，褒奖发表成果多的人，而非那些成果少的人。而且，大多数学科重视创新和意料之外的发现。在斯坦福大学，心理学专业的研究生被教导不要把时间浪费在发表那些别人已经认为可能正确的东西上，应该以发表会使人们吃惊的发现为目标。如果是这样的话，我们是否应该总是问自己，一个真正令人惊讶的发现之所以令人惊讶，是因为它与现有的理论和证据相矛盾，而且不太可能是真实的？

系统重视统计上显著的发现，因此期刊不愿意发表无效的结果。这延缓了发现之前发表的结果是错误的这一过程。

研究者想发表的东西很多：他们想发表新颖、反常的发现；他们想讲一个好的故事；他们想捍卫自己之前的出版物和名声；他们不想承认自己没有预测到他们的发现，并对此感到吃惊。他们希望尽快发表这些发现，希望吸引新闻媒体的注意。

机构鼓励所有这些愿望，因为大学在对教职任期和晋升的考核中，越来越倾向于参考衡量其发表的指标和引用数量。期刊不愿发表凌乱的结果，因为其研究结果往往前后不一致。期刊在发布创新性的发现时速度更快。新闻工作者也会带来问题，因为有时一个有所保留的结论更加合理，但他们往往想要一个简单、概括的结论。期刊有页数限制，尽管我们不再需要用纸来传播我们的作品，但页数仍然限制并影响了我们澄清方法论的程度。而且，期刊偏好某些类型的发现，比如，偏向那些特定的政治议题。当然，研究助理也愿意博得大佬们的欢心，这为产出特定的结果而非其他创造了动机。

我的上述观察大多数是推断。我说的每一件事都可能是错的。不过，我也可能是对的。就我所知，还没有人在检验这样一个试图说明科学家行为的理论。而我们需要这样一种检验。因为现在我们知道，科学文献和大众媒体中充斥着不能被重复的发现。关于这一点，我们知道的没有我们声称知道的那么多。而如果这个问题是真的，我们就需要坦然面对它，并通过执行那些经验证据表明其有效的改革来努力解决它。

因此，这是一个社会和行为科学的问题。这是人类心理学的问题。这不是化学问题。这不是物理学问题。这不是直觉的问题。这是一个需要在理论的指导下，使用严谨的调查方法进行经验研究的问题。

有什么解决方案呢？虽然有许多被提出过，但我觉得它们都是隔靴搔痒。它们让人们在短期内舒适。但我们不知道，它们是否真的能增加科学调查的有效性。

我们能得出什么结论呢？首先，我不认为资金来源是科学的基本问题。事实上，我想这是我们最微不足道的问题。大量研究是被联邦机构和私人基金会资助的。除了支持科学家尽可能快地做出发现之外，它们没有什么实质的企图。

根本问题不在于资金来源，而在于当今科学运作的世界所固有的激励机制。基于研究经费由谁来支付而盲目贬低或接受科学结论,似乎都是不得要领的。问题在于,新技术加快了科学的进程。我们本希望技术可以使**科学**更加有效。而事实正相反,科学要么是令人难以置信地无效运行,要么是发表大量错误的发现。

路在何方？第一,我们必须承认这个问题。医生对患者隐瞒其患癌症的信息,于患者而言毫无益处。第二,我们必须找出问题行为的真正原因,而不是猜测。第三,我们需要找到削减那些事与愿违的动机的办法,正是这些动机将科学推向错误的方向。最后,我们应该是科学家,我们应该测试这些解决方案的有效性。

我希望这些受奥雷斯克斯博士的演讲和文章启发而来的想法,在关注科学的当代史及现状方面,能对她的文章有所增益。我希望鼓励所有科学家,将这些想法看成是一个停下脚步并反思的契机,试着从科学的过去中学到些什么,并以一种能明显增加科学达成其目标的效率的方式,去重新定位它的现在和未来。

第三篇

回 应

答复

20世纪晚期的科学家们强调科学和技术之间的区别,林迪对他们达成这一目标的方式,以及他们要如此做的原因,进行了出色的论述。在冷战期间,科学家们对建立大规模核武库项目的矛盾心理,(部分)表现在他们坚持科学和技术分属两个不同的领域。借用古尔德关于科学与宗教关系的著名表述,我们可以称二者为"非竞争性领地"。但林迪认为,古尔德力主二者均需尊重的主张却被科学家们抛弃了,他们构建了一个独立而不平等的命题:科学之所以独立且优于技术,是因为它的道德纯洁性。为了保有这种纯洁性,它需要维持与技术的分离状态。

科学史家重述了这一框架,否认科学和技术之间的紧密联系和学术上的亲缘关系,转而强调它们各自的鲜明特征、独立的制度结构,以及大部分不重叠的人口或从业者。技术史家并不认可他们的研究对象低人一等这个前提,但接纳了,甚至促进了,技术与科学分离并截然不同的观念。两个群体都对二者平行发展感到满意,而且很多人更乐见其成。

我认为林迪教授完全正确。在我个人新近完成的关于美国冷战时期海洋学历史的著作中,我也提出了类似的观点:美国海洋学家对他们工作中的技术方面通常轻描淡写,有时则拒绝承认。[1]这些技术元素大多与潜艇战密切相关,包括运送大规模杀伤性武器(按我们的说法)。

由于保密方面的限制,科学家们几乎无法讨论这些关系,因此要了解他们的感受并不总是那么容易,但一些科学家明确表示良心受到了谴责。另外一些人未必怀疑反击苏联威胁的必要性,但却怀疑把他们的科学之马绑在战车上是否明智。绕过道德维度的一种方法是,一口咬定他们的工作没有那么受约束:虽然美国军方为其买单,科学家们仍对其知识议程保持控制。[2]纯科学的意识形态框架使他们能够声称——也许是相信,他们产生的知识与美国政府通过其武装部队可能使用的任何知识,是分开和不同的。因此,许多海洋学家坚称他们是在研究"纯科学",尽管事实显然并非如此。

鉴于这段历史,对科学和技术之间的历史或当前关系,许多美国人没有一个清晰的概念也就不足为奇了。但我怀疑,我们目前的状况是多因素决定的:美国人对科学和技术感到困惑的原因可能有很多。其中包括在中小学几乎完全缺乏工程教育,所以大多数学生,除非他们在大学里学习工程,否则将不会接触到任何工程方面的知识,也不知道工程师如何在他们的日常工作中使用科学。反过来,科学的教学通常很少提及它的实际用途,科普写作使无数困扰历史学家的神话连绵不绝,在我看来,科学和技术之间的关系是最无关紧要的。

因此,依我之见,科学家或历史学家在20世纪五六十年代提出的主张不太可能是解释我们目前状况的主要因素。可以肯定的是,今天的资深科学家都是由冷战一代培养起来的,也许正是因为这个原因,林迪抱怨的"分离和不平等"的框架经常得以延续。但是,当前的一代也开创了生物技术——它的名字就表明自己既是科学又是技术,并且经常援引技术作为我们为什么应该相信科学的理由。[3]然而,这并没有阻止宗教原教旨主义者拒绝进化论,也没有阻止自由市场原教旨主义者拒绝人为气候变化的事实。

是的,有大量的科学知识嵌入到日常技术中,从道路和桥梁到苹果手机和笔记本电脑，当然，还有冻豌豆。在公共场合和课堂上更清楚地解释这一点会提醒人们，我们有科学在日常生活中发挥作用的直接证据。但我怀疑这是否会产生林迪想要的效果，因为即使人们对手机中内嵌的科学知识了如指掌，也不太可能改变他们对气候变化的立场。

个中原因清晰明了，美国人并不**单纯地**抵制科学，而是抵制那些与他们的经济利益或珍视的信念相冲突的科学主张和结论。大量研究证明了这一点。例如，美国艺术与科学院最近的一份报告显示，大多数美国人总体上并不反对科学，但如果他们理解的进化生物学与自己的宗教观点相冲突，那么他们就会抵制它；如果他们认为气候变化与自己的政治经济观点相冲突，那么他们就会拒绝接受它。值得一提的是，许多美国人相当满意地接受了DNA携带遗传物质的观点，尽管他们拒绝把进化视为一种随着时间的推移而改变种群DNA的过程。[4]

此外，这种模式并不是美国独有的病态，也不是专属当下的特征。在20世纪，爱因斯坦在相对论方面的开创性工作遭到了德国人的抵制，他们认为这威胁到了他们的唯心主义本体论。[5]美国人对疫苗的抗议，从开始使用那天一直延续到现在。在19世纪晚期的英格兰，不愿接种天花疫苗的情形是如此普遍，以至于1898年的疫苗接种法案包括了一个"良心条款"，允许父母以个人信仰为由拒绝接种。[6]

如果我们向人们解释他们的手机是如何工作的，他们可能会对手机有更好的体验，但如果没有其他干预，这或许对他们如何理解进化论毫无影响。人们各行其是。

也许对林迪的论点最致命的是，众所周知，数十年来，各种党派都在厚颜无耻地操弄导致某些美国人抵制进化论或气候科学的价值观，以满足其社会、政治或经济方面的一己之私。最近的研究表明，如果你用具体的例子告诉大家，什么是事实以及虚假信息如何起作用，人们的观点和态度是可以改变的。库克（John Cook）和他的同事们称之为"接种":与接种疫苗类似,如果你让人们在可控的环境中接触少量虚假信息,将来就能对它产生免疫力。[7]

　　林迪提出的解决方案也将实用与真理合二为一。这是哲学家们长期以来一直强调的一点。当说某件东西起作用时,我们提出了一个关于实用成效的要求。手机让我们无须借助电线就能与别处的人聊天;笔记本电脑以一种非常简单的方式使我们能储存和访问大量的信息;接种疫苗能预防疾病;冷冻蔬菜可以使其在采摘很长一段时间后仍可食用。这些东西能做到它们声称能做到的事,这无可怀疑,因为事实我们都能看得到。但要说这证明了它们背后的理论是真理,就是另外一回事了。

　　人们可能会说,每次使用一项技术,都是在进行一个很小然而意义非凡的实验,以证实这项技术是可行的。(也可能不是,视情况而定。冻豌豆的味道很糟。)但这与确认设计、建造和使用该技术所需的基本理论,是完全不同的事情。之所以如此原因很复杂,此处只讨论三点。

　　第一,我们的手机并非单一理论的具体化。它是众多参与其发展的不同科学理论和实践的综合体现,大致包括电磁学、信息技术、计算机科学、材料科学、认知心理学等,以及各种工程和设计实践。有人会认为,手机的成功肯定了所有这些理论和实践的正确性,但对于普通用户来说,概念上的联系充其量是模糊的。

　　第二,林迪的前提——技术的成功证明了背后的理论,是肯定后件式谬误的一个例子。我们在《为什么信任科学:科学史和科学哲学的视角》一章中讨论了假设-演绎模型,肯定后件式谬误是在逻辑上反对它的核心理由。(简单地说,如果我检验了一个理论并且它通过了检验,这并不能证明这个理论是正确的。其他理论可能也预测了同样的结果,或者我实验中的两个[或更多]错误可能互相抵消了。因为我的理论在那个例子中起作用,因此它已经被证明为真,这是一个错误的假定。)

布鲁尔提供了第三个反对林迪思路的强有力论据,我们可以将其称为理论优先的谬误。考虑一下飞机飞行。

飞机上天是科学成功最显著的例子之一。几个世纪(也许更久)以来,人们都梦想着飞翔。鸟会飞,昆虫也会,连有些哺乳动物都能滑翔相当长的距离。人类为什么不能?在20世纪早期,聪明的发明家完成了比空气重的飞行挑战,很快我们就有了商业航空。今天,乘飞机旅行对大多数美国人来说,就像对冻豌豆一样熟悉。这正是林迪用来安放认识论抱负的那一类日常技术。她并不孤独。20世纪90年代,面对社会建构主义的挑战,一些科学家试图捍卫科学理论的实在观念时,最喜欢乞灵于飞机飞行。如果飞机背后的理论只是一种社会建构,如果它是科学家出于社会的理由而非经验的理由决定的,如果它不是**真的**,飞机怎么可能飞起来?

面对这一论点,布鲁尔揭示了一个令人吃惊的历史事实:工程师们在有起作用的飞行理论之前就开始制造飞机了。事实上,尽管比空气重的机器已经飞行了很多年,但当时的航空理论仍然认为这是不可能的。布鲁尔说:"飞行先驱们的实际成功仍然没有回答机翼如何产生飞行所需升力的问题。"飞机在技术上的成功,并不意味着人们对空气动力学有了准确的理论解释。

也许航空史是一个奇怪的例外,在其中技术走在了理论前头。但是,自技术史与科学史切割以来,它最大的成就之一是说明了许多技术,特别是在20世纪以前,是相对独立于理论科学而发展起来的。大量技术创新都是经验主义的成就,它们与"科学"的关系只是回顾性地建立起来的。⁸沿着林迪的思路,人们可能会说,尽管如此,仍然可以利用技术的成功来建立对当前相关科学的信任,而不考虑二者历史上间或出现的关系。有人还可能会说,那种说法在18、19世纪,甚至在20世纪早期都没问题,但现在难以为继了。毕竟,如果精湛复杂的当代技术背后的理论都是错误的,那么它们还能如此这般地起作用是非常令人难以置信的。也许情况确实如此,只有时间会告诉我们答案。

兰格认为,我们为什么应该相信科学这个问题"很容易让人头晕眼花,甚而绝望"。许多潜在的答案坍塌成了循环论证。例如,诉诸经验证据的推理(如我基于历史的论证)本身就是一种科学论证(即经验论证)的形式,因而,我们使用科学的推理方式来捍卫科学的推理方式,恰恰是循环论证的定义。此外,当我说应该把科学作为专家的可靠结论来信任时,必须追问的问题是:凭什么判定某人为专家?毫无疑问,答案是依靠其他专家。显然,这又是一个循环论证。

果真如此吗?专业知识的标志——学术证书、同行评议期刊上相关主题的论文、奖项及奖励,对非专业人士来说显而易见。记者们时不时会问:"我怎么知道一个所谓的专家是真的,而不是骗子?"我的回应是:"着眼点是看看他在哪个领域接受过训练,在该领域发表过什么东西。"当然,确如兰格教授所言,训练得由其他专家提供——一个专家才能造就另一个专家,因此,我们似乎没有办法摆脱循环论证。然而,办法是有的,就是刚刚提及的专业知识的社会标记对非专业人士来说显而易见。这一点非同小可,因为不难看出,大多数否认气候变化的人并不是气候科学家,而对进化论的反对意见大多来自非科学领域。不偏不倚的非专业人士可以识别专家并辨别他们得出了(或没有得出)什么结论。

社会标记不会告诉我们一个专家是否值得信任,但会告诉我们这个人是不是一个专家,特别是,当一个并不具备专业知识的人**号称**自己是专家时。同样,将研究机构和政策驱动型智库区别开来也很容易(或者说应该很容易),前者如普林斯顿大学或劳伦斯利弗莫尔国家实验室,后者如美国企业研究所或发现研究所。事实上,新闻工作者经常搞不清这些机构的差别，更多的是因为时间太紧而不是认识能力。

当然，如我所强调的，专家也可能出错。(如果不是这样的话，我们整个研究就都是多余的!)作为一项人类活动，科学是可错的。共识不等于真理。它是一种社会状态，而非认知状态，我们之所以将共识作为替代物，是因为没有办法确切地获知真理是什么。

此外，共识的范畴也与认知相关，因为我们提供的历史案例表明，专家误入歧途之处，通常**缺乏**共识。因而，需要接受的一个事实是：我们的指标是不对称的。我们永远无法绝对肯定自己是正确的，但我们确实有指标可以提示什么东西可能是错的。

这就是为什么共识如此重要的原因。它能够帮助人们揭穿并看扁骗子、名流，或许还有善意但被误导的外行，以澄清谁是专家，他们不得不说的及他们这般说的根据。

面对这些困境，兰格本人的解决办法是检视过去的辩论是如何解决和达成一致的。他向我们表明，即使在激烈的辩论中，也有可能找到一个论点来说服自己科学上的竞争对手。关于时间和运动物体所经过的距离之间的关系，伽利略就说服了同时代人相信其方案的优越性。他表明只有他的方案才满足因次齐一性原则的要求，即独立于给定(或任意)的所用单位。兰格总结道："从危机中寻求强有力的理由肯定困难重重，但并非不可能。"

这个从历史中得出的论点很好，但(如兰格意识到的那样)它仍有问题悬而未决，即如何将其从具体的例子中推广到整个科学。这样的推广也许办不到，但兰格觉得我们应该努力一试。当然，这正是本书的重点。

埃登霍费尔和科瓦什讨论了科学知识和公共政策之间的关系。人类的生命、自由和财产，生物多样性的未来以及自由民主的稳定，遭受着危险的人为气候变化的威胁。在这样一个世界里,科学和政策之间的关系不容忽视。然而,关于气候变化的科学共识并没有带来政策共识。事实上,他们认为这是不可能的,因为政策制定比科学发现涉及更多的维度。特别是,政策制定所涉及的价值选择超出了科学工作中可能包含的任何价值观。因此,他们结论是,需要在"科学专业知识的作用和政策设计"方面进行更多的工作,以弄清我们如何在紧迫的、有争议的、价值观多样的问题上把科学变成政策。

上述这些观点都没问题,但与本书的观点也是存在分歧的。

我之所以提出为什么要信任科学这一问题,只因最近几十年来,一些团体和个人卖力地试图破坏公众对科学的信任,以规避可能由科学提供担保的政策行动。其中包括但绝不限于气候变化。在美国,它涉及方方面面的问题,如义务接种疫苗的理由、杀虫剂残留的危害、同性恋父母抚养的孩子是否会和异性父母抚养的孩子有一样的适应能力(或者至少不会差)。起码在研究此问题上我用力最深的美国,如两位博士那样的说法是令人感到困惑的,即"关于气候政策的冲突未必是根源于对气候科学缺乏信任,而是根源于对气候政策设计的分歧"。我的工作表明(在很大程度上)它们的**根子**并不在于对科学**缺乏**信任,而在于经济利己主义和意识形态承诺,以及在气候政策的讨论上中搬弄是非的意图。

康韦和我在2010年出版的《贩卖怀疑的商人》中指出,那些否认气候科学发现的人(在很大程度上)与科学家、经济学家和环保主义者在解决人为气候变化的**最佳政策**问题上并无原则性分歧。毋宁说,**他们根本不想要任何政策**。[9]由于经济上的一己之私,对自由放任经济的意识形态承诺,或二者兼备,他们不希望看到政府采取任何行动来限制化石燃料的使用或提高其价格,正是对它们的使用导致了气候变化。他们想要的是维持**现状**。他们知道,对气候变化成本的诚实核算几乎肯定会改变现状,而这种核算依赖于科学,因此他们试图削弱公众对科学的信心。质疑科学是一种政治策略。公众缺乏对科学的信任是(意图达到的)后果。

考虑到这一点,指望阐明信任科学的理由就能改变气候变化否定者的立场,于我而言是可笑的。并不可笑的是,读者对本书能回答一些合理问题的希望,即使它们有时是由抱有我强烈反对的政治主张的人们提出的。

关于在政策中如何使用(或不使用)科学,我们需要更多的信息吗?绝对需要。两位博士全力以赴想要说明,仅凭科学无法告诉我们如何应对破坏性的气候变化(或任何其他复杂的社会挑战)。然而,自然科学的的确确告诉我们,如果我们继续像往常一样行事,海平面将会上升,生物多样性将会消失,人们将会受到伤害。社会科学进一步告诉我们,数万亿美元将被用于应对气候破坏——它们本可以用在更快乐、更有成效的方面,最终我们将变得更穷。本书的重点是解释这门科学如何以及为什么值得我们信任。我们是否应该更进一步,在信任科学评估的基础方面考虑得更为周详? 比如,政府间气候变化专门委员会的报告,这些报告试图为了提供政策信息而整理、判断、裁决和评估科学证据。毫无疑问应当如此。

我在本书的章节中没有提到这个问题,这不应被看作轻视它的重要性。相反,关于这个主题,我有书专门论述! [10]鉴于讨论一个严肃问题时说"参阅本人另外的著作",不是一种恰当的方式,有必要在此扼要谈几句。

政策评估发生在与日常科学不同的环境中,换言之,此时一个问题已经被确定,相关管理部门寻求信息助其选择政策。这通常会有截止日期。在诸如专门的新闻发布会、国会会议、国际会议等场合,需要及时提交报告。人们对答案是有需求的,即使提供答案所需的科学可能正在发展和不完善。加上它们复杂的道德和政治环境,使得对政策的评估比科学本身更加复杂。

这并不是说在日常科学中不会遇到或真实的、或可疑的,或所谓的问题和挑战,比如克拉克就相信女性接受高等教育是一种挑战。但这里有一个重要区别不可不察。政府间气候变化专门委员会是作为联合国气候变化框架公约的一部分制定的,该公约正式承认人为气候变化是对可持续发展的威胁。(从这个意义上说,可持续发展的价值观是其创立的一个内嵌价值前提。)这一国际治理工具要求科学界作为一个共同体,对相关挑战的科学意见的共识,也就是科学知识的状况,做出最佳评估。但是,不会有人问克拉克博士对女性科学教育的看法,也不会有机构在等着他的答案。因此,克拉克的工作明摆着,只是一个孤立研究者进行的孤立研究。其中,在手头的问题上,在提出解决问题的办法上,甚至在存不存在所谓的问题上,都没有丝毫共识可言。

我赞同埃登霍费尔和科瓦什的观点,气候政策问题的复杂性需要"认真、综合的评估,以促进对现有政策路径的学习流程",任何这样的流程都必须包括自然科学和社会科学,以及法律、政府、宗教、人文学科的视角。他们的立场与我提出的论点完全一致。我也同意,价值观无法从这些讨论中剥离;价值观差异是我们发生政治和社会冲突的一个核心原因。但我坚持认为,持有不同观点者之间在伦理上的交集往往比可能显现的要大得多。埃登霍费尔和科瓦什在提到"基本权利"和(毫无争议的)"可持续发展目标的背景",以及"对价值负载的政策进行理性讨论"的前景时,含蓄地承认了这一点。并非我们所有人在每件事上都意见一致,而是我们中的许多人在有些事情上的看法是一致的,有些人在许多事情上的看法也是一致的。

我的这一论点与他们的观点相得益彰,因为我们都主张公开讨论价值观在科学和政策中的作用。我并不天真地认为,只要我们对价值观保持透明,世界上的一切都会变得美好。我想说的是,如果能够将我们价值观中的交集搞清楚,在某些情况下,会有助于克服根植于**被察知的**价值观冲突的不信任。但这对于大多数自然科学家来说是很难做到的。

由于被灌输了价值中立的准则,大多数科学家觉得有必要在科学实践和讨论中隐藏或清除他们的价值观。[11]我认为这是没有必要的,而且可能会适得其反。例如有许多科学家,虽然他们自己不是宗教信徒,但持有的价值观与信徒互有交叠。这一点在宗座科学院举行的一系列会议上得到了证明,这些会议帮助奠定了《赞美你》(*Laudato Si*)关于气候变化和不平等问题的教皇通谕的基础。[12]参加这些会议的科学家和神学家们并不是在所有的事情上都达成一致意见,但是我们发现了相当多的共同点,这正是教皇方济各在他的通谕中明确指出的。

不同的人永远不会在所有事情上意见一致。我的基督徒朋友们相信耶稣基督的神性,而我不相信。这种情况不太可能改变。我的观点并不是说我们会达成神学或伦理上的共识,而是说,如果我们共享某些价值观,我们就能找到对话的共同点。这可能有助于我们克服一道看似不可逾越的鸿沟,不仅在气候变化问题上,或许在其他问题上也是如此。

克罗斯尼克教授呼吁人们关注当代科学中的一个严肃问题:"重复性危机"。[13]这个问题有可能在破坏公众对科学的信任的同时驳斥我的论点,即只要审查者多样化并且愿意自我批评,审查科学主张的公共程序将会导致可靠的结果。

问题的由来是,有许多在知名期刊上发表的论文被广为宣传,在某些情况下被大量引用,其结果却无法得到重复;一些论文因此被撤稿,导致有人宣称"撤稿危机"。[14]关于重复性危机以及可能的补救措施的许多讨论，主要集中在心理学和生物医学领域。[15]然而，克罗斯尼克教授声称，这个问题适用于所有当代科学，因为它的激励机制以牺牲谨慎和勤奋为代价，奖励快速发表论文。也许是这样，但克罗斯尼克的具体例子都来自心理学和生物医学，而后者主要来自药物的临床试验。在这两个领域中，统计分析都发挥着核心作用，并且其中统计数据的滥用——特别是p值篡改——的证据相当确凿。

2019年，发表在《自然》杂志上的一篇论文呼吁重新思考科学中通行的显著性统计检验的整个方式。作者指出，未能在0.05水平上达到统计显著性的效果测试不能证明这种效果不存在，然而科学家们经常据此声称不存在。同样，发现两组之间的差异在0.05水平上没有达到统计显著性，并不能证明两组之间没有差异，但科学家们也经常据此声称没有差异。[16]作者呼吁，停止以二分的方式使用p值，并"整个儿抛弃统计显著性的概念"。他们的论文得到了另外800多名科学家的签名支持，这表明这些问题具有普遍性。我们可以预计，在任何一个严重依赖统计学的领域，尤其在学生们被以"黑箱"的教学方式灌输统计学工具的地方，这些问题将确确实实广泛存在。[17]

这么说是有根据的。在近期的系列论文里，我和我的同事们已经证明，对历史温度记录统计数据的错误应用，加上社会和政治压力，使得许多气候科学家错误地得出全球变暖在21世纪初期已经停止、"暂停"，或经历了"中断"的结论。[18]尽管有我们的这些工作，但错误的印象照样存在。2018年，政府科学机构的一篇博文误导性地提出了一个问题："为什么地球表面温度在过去10年停止上升？"随后，它在更新的博文中告诉读者说："自从本文最后一次更新以来，出现在1998—2012年全球表面平均变暖速度的放缓（与之前的30年相比），已经明确结束了。"[19]

这句话形象地展示了，当地球表面温度在过去10年并未停止上升被证明时,科学家们是如何尽力挽回颜面的。他们改变了说辞,将"停止""暂停"和"中断"替换为了"放缓"。后一种说法反映了这样一个事实:在21世纪头10年,与代表人为气候变化期间的基线相比,全球变暖的速度似乎要低一些。

这一替换看起来微不足道,在某种意义上,似乎仅仅是语义学上的,但事实并非如此。众所周知,地球的气候是波动的,所以即使面对大气温室气体浓度的稳定上升,地球变暖的速度也会有起伏。科学家不期望别的,只求**在其他条件不变的情况下**,改变的总体方向是积极的。实际情形就是如此。换句话说:没有异常或意外的事情发生。观察到的放缓在科学上既不令人惊讶,在认识上也不存在问题。这不是什么需要解释的事情。然而,许多科学家对它煞有介事,从而在科学界和公共场合引发了大量误导性的讨论。[20]

看来,我们可以合理地得出这样的结论:统计数据的滥用并不局限于心理学和生物医学。但是,更广泛的问题是否在科学中显著存在?这里的证据相当模糊。而且,令我感到惊讶的是,强调严格经验研究重要性的克罗斯尼克教授,在有限的证据上发表了宽泛的主张,并把可能截然不同的现象搅和在一起。

在他的开场白中,他讲述了一个彻头彻尾的欺诈故事——某教授编造数据,在头部期刊上发表了100多篇论文。毫无疑问,这是坏事,但欺诈是所有人类活动的一个特征。这在科学领域比在金融领域更普遍吗?那房地产或矿物勘探领域呢?这里提供的资料不能让我们做出判断。[21]但它确实能够让我们问为什么这种欺诈没有更早被发现,提醒我们科学(像每一项人类活动一样)需要监督,并考虑是否需要更好的科学监督机制。

然后,克罗斯尼克给我们讲述了一个全然不同的故事,有关一篇声称证明超感知能力真实性的论文,它"引发了一场风暴,因为结果似乎不可信，无法复制"。这恰与欺诈相反，形象说明了科学以它应有的方式在运转。一篇正式发表的论文提出了一个强烈的、令人震惊的、难以置信的主张，随即受到了严厉的批评审查，最终心理学团体拒绝了它。有人可能会追问，这样的论文为什么一开始要发表呢，但如果科学要对多样化的观点开放（正如我论证必须如此的那样），那么错误、愚蠢甚至荒谬的观点有时就不可避免地会出现在出版物中。这个故事本身并不是对科学的声讨。相反，它证明了科学共同体一直保持着开放，甚至对有人可能认为应该被封禁的想法也持开放态度。

接下来，我们来看看心理学晚近最广为人知的研究之一——著名（或臭名昭著）的斯坦福监狱实验。在这里，我们得知英国广播公司（它不是一个科学组织，所以人们不得不立即怀疑其动机和可能的偏见）试图重复这项研究，但失败了。[22]现在我们有2个不同的研究——研究1和研究2，我们该怎么想呢？有4个选项：

  研究1是正确的，研究2未能重复它在于自身缺陷。
  研究2是正确的，应该考虑推翻研究1。
  这两项研究都是不正确的，尽管方式不同。
  这两项研究都是正确的，但它们的实施条件不同，因此它们提供了关于人类行为条件的影响的不同信息。

如果没有额外的信息，就无法确定这4个选择中哪一个是正确的。[23]

克罗斯尼克教授提供的科学存在问题的证据，大部分是后来被证明是错误的单一研究。但我的要点是强调，科学知识从来不是由单一的研究创造出来的，无论多么著名、重要或精心设计。产生可靠科学知识的，是对各种观点进行审查的过程。至关重要的是，审查必须包含不同的视角和以不同方式收集的证据。这意味着单独一篇论文不能成为可靠科学知识的基础。事后看来，我们大致会认为，鉴于斯坦福监狱实验只是孤立研究,它被给予了太多的重视。

爱因斯坦在1905年发表的关于狭义相对论的著名论文,就是一个很好的例子。许多人只知道那篇论文,并认为爱因斯坦单枪匹马推翻了牛顿力学。这是一种不正确的观点,大约出自对历史的无知。爱因斯坦同时代的许多人为1905年的那篇论文奠定了基础,使它既可能又可信——其中最著名的是洛伦兹(Hendrik Lorenz),随后的大量工作则致力于巩固其认识成果。广义相对论也不例外。包括数学家诺特(Emmy Noether)在内的许多同行帮助爱因斯坦解决了理论中的难题,而英国人阿瑟·埃丁顿爵士(Sir Arthur Eddington)进行的经验验证,使世界相信了它的正确性。[24]

因而,克罗斯尼克教授强化了我关于共识的观点,我们应该对任何孤立的科学论文都抱着怀疑的态度。科学发现是一个过程,而不是一个事件。在这个过程中,许多临时主张——甚至是大部分,将被证明是不完整的,有时是错误的。正如美国国家科学院的几位前任院长最近所指出的那样,反驳和撤稿如果得以及时进行,可以被视为科学按其应该做的在自我纠正。[25] 习惯上,我们称这个过程为**进步**。

诚然,当不得不基于将来也许会受到挑战的科学知识来做决策时,我们确实处在一个困难的境地。在任何特定的时刻,当无法判断目前的主张中哪一个会得到支持,哪一个会被拒绝的时候,我们该怎么办?这是我提出的核心问题之一。因为不知道现有主张中哪一个会被坚持,我们能做的就是权衡科学证据的分量,科学观点的支点,以及科学知识的轨迹。这就是为什么共识很重要。如果科学家们还在争论不休,条件允许的话,我们最好"等等看"。[26] 如果现有的经验证据薄弱,我们可能需要做更多的研究。

但是,科学知识在未来的不确定性不应该被用作拖延的借口。正如流行病学家奥斯汀·布拉德福德·希尔爵士(Sir Austin Bradford Hill)

的著名论断:"所有的科学工作都是不完整的,无论是观察的还是实验的。一切科学工作都很容易被不断向前的知识所推翻或修改。这并不会赋予我们一种自由,可以无视已经拥有的知识,或拖延在特定时间看来需要采取的行动。"[27] 无论何时,根据我们掌握的信息做出决定,并准备在未来有证据的情况下改变我们的计划,都是有意义的。[28]

回到心理学,令人惊讶的是,我认为该领域近来最恶劣的坏科学例子——"临界积极性比率"(critical positivity ratio),克罗斯尼克教授竟然没有谈及。这关乎一个非常具体的数字——2.9013,有人声称可以利用它以多种方式来区分心理健康的人和不健康的人。[29] 这篇论文在2005年发表后,被引用了1000多次。直到2013年,研究生布朗(Nick Brown)、物理学家索卡尔(Alan Sokal)和心理学家弗里德曼(Harris Friedman)对数据进行了重新分析,才真相大白。回过头看,这篇文章会被广泛接受实在是太奇怪了。它有着令人难以置信的宽泛和雄心勃勃的主张,以及荒谬的精确"比例"——竟然有5个有效数字![30] 它对非线性动力学的理论仰仗显示,这篇论文只不过是时髦的炒作。[31] 但问题的关键是,这是一篇孤立的论文。它可能被大量引用,但它并不代表专业行家的共识。

也许克罗斯尼克教授没把它包括在内,是因为它似乎表明心理学的状况有些地方已经烂透了。但这并不是克罗斯尼克想要的结果,也许正是因为这个原因,他运笔粗放,语焉不详。我认为这是令人遗憾的,因为这无助于我们描述问题的范围和性质。他给了我们一个政治科学中欺诈的孤立案例,并借此影射整个领域。当他说"物理科学"时,他指的是生物医学。他认为工程中的问题"屡见不鲜",但只有道听途说和传闻逸事,而没有任何来自物理学、物理化学、地质学、地球物理学、气象学或气候科学的证据。他承认,他对所谓危机原因的考察"主要是猜测"。

还有人声称,撤稿的数量以"火箭式蹿升"。在一个出版物数量激增的世界里,这不是一个有意义的说法。相关的度量标准是**撤稿率**,我们来看看。斯蒂恩(Steen)等人(2013)的结论是,自1995年以来,撤稿率有所上升,但1973—2011年(基于对该时间段内发表的2120万篇文章的分析)的总体撤稿率为1/23 799,或0.004%。[32] 方(Fang)等人(2012)得出结论,由于造假而被撤稿的科学论文的比例自1975年以来增加了约10倍,但这仍然使总体撤稿率保持在小于0.01%。很难看出其如何构成了科学上的普遍危机。[33]

此外,目前撤稿率的增加意味着什么还不清楚,因为撤稿的概念和实践在科学史上的时间不长。历史学家还没有仔细研究这个问题,但似乎"撤稿"一词直到最近才主要用于新闻语境。[34] 按斯蒂恩等人(2013)的研究,美国医学文摘数据库(PubMed,最大的生物医学出版物索引)收录的论文最早发生撤稿是在1977年,该文发表于1973年。[35] 对于历史学家来说,这个相对晚近的日期并不奇怪,就科学中的错误主张而言,传统上是被随后的文章纠正或忽略的。而今,有一个撤稿危机的鼓噪,由诸如"RetractionWatch.com"网站,连同社交媒体"@retractionwatch"和脸书(Facebook)页面"https://www.facebook.com/retractionwatch/"一起,大力宣扬推广。[36]

RetractionWatch.com网站成立于2010年,这表明要么是撤稿最近才成为问题,要么是最近才引起公众的注意。此处我斗胆猜测,由于公众对科学的监督越来越严格,撤稿的概念近年来引起了关注;这反过来又创造了条件,使得之前被接受的允许错误主张自生自灭的做法,不再被认为是恰当的。撤稿在过去很少见,现在却很常见,这可能意味着科学更受欺诈或错误困扰,但也可能只是表明有更多的人在关注。错误在过去作为科学进步中无可争议的因素而被接受,在现今被改写为不可接受的了。换句话说,无论是好是坏,我们似乎已经改变了科学中什么构成麻烦的概念。

克罗斯尼克教授的大多数例子都来自心理学和生物医学,这与上述解释一致。这些领域引起了大众的极大兴趣,并且其中的科学成果可以产生巨大的社会和商业影响。他引用的两项低重复率的生物医学研究,由安进和拜耳两大公司实施,这绝非偶然。二者都在科研产出上押了重宝。这些高风险领域的竞争压力,确有可能致使科学家们急于发表原本有缺陷的研究成果。这些领域也备受大众媒体关照,其中的科学家经常发表孤立研究的文章,它们可能不会被进一步的工作所支持,这或许会引起对科学整体状态的偏见。

我想不出在地貌学或古生物学中有引人注目的撤稿例子。[37]然而,最近在水文学领域有一桩沸沸扬扬的案例倒是值得考虑。一项发表在领先同行评议期刊上的研究发现,用于天然气生产的水力压裂作业对地下水没有影响。这一结果引起了媒体的关注,因为它似乎根除了公众对水力压裂的一个主要担忧和反对来源。然而,利益关联随后被揭露,一家天然气公司部分资助了这一项目,提供了样品,并参与了研究设计,一位作者还曾供职于该公司。作者没有披露这些潜在的偏见因素。[38]该期刊对此进行了回顾,并邀请我写一篇关于财务披露必要性的文章(我写了)。[39]与此同时,其他研究人员对靠近气井和地下水污染之间的关系得出了截然不同的结论。[40]我们不知道辩论的哪一方在科学上是正确的,但是我们知道其中一方存在可能影响其结果的利益冲突。[41]

我们能从这一切中得出什么结论?显而易见的是,同行评议是一个高度不完美的过程,确实有糟糕和带偏见的论文发表。在内分泌干扰物领域,一些已发表的论文使用了已知对所研究的效应不敏感的小鼠品系。[42]为什么会有人那样做?这可能是偶然的——也许研究人员没有意识到这些品系不敏感,也可能是故意的。尚有可能的是,研究人员在知道资助人的意愿后,引入了一种下意识的偏见。科学论文是复杂的,如果使用的方法似乎是标准的,审稿人可能不会详细检查。然而,如果审稿人意识到这项研究的资助人是某一特定结果的既得利益者,他们可能就会多关注一点。

我们也应该承认,有时由于社会或政治压力,论文会被**错误地**撤回。[43]这些案例或很少或很多,凭现有的证据很难做出判断。由此带来的另一个问题是:这是不是一个全球性的问题?克罗斯尼克所引用的论文都发表在英语期刊上,这表明大部分论文是由讲英语的研究人员或研究机构发表的。在英国,最近研究型大学在评估和资助方面的变化极大地增加了科学家的压力,要求他们提高发表论文的速度。在美国,与20世纪60年代相比,资助率大幅下降,增加了研究人员的竞争压力,要求他们及时拿出研究结果,以便竞争下一轮的资助。这些因素增加了生产的压力,也就很难花太多时间检查结果。我们可能进行的一项实证研究是着眼于论文被撤回的研究人员的原籍国。

在当代科学中,由于竞争压力,要求迅速发表论文并转移到下一个可资助的项目,很可能会产生一些普遍的问题,但克罗斯尼克并没有说明这一点。尽管他认为问题在整个科学领域非常猖獗,但他提供的大多数证据仅限于几个领域,并且都来自英语期刊。这并不能证明在其他地方一切都好,但是克罗斯尼克的论点从问题明显的领域滑到了问题不明显的领域。

在缺乏明确和定量证据的情况下,他给出了我最不认同的评论,即"我们不需要知道一个项目的资金是来自埃克森美孚还是国家科学基金会",以及"资金来源……[是]我们最微不足道的问题之一。大量的研究是由联邦机构和私人基金会资助的,除了支持科学家尽快搞研究外,这些基金会没有其他企图"。从逻辑上讲,他屈服于排中谬误。即使证明重复性问题是普遍存在的,也不能排除研究中出现其他严重问题的可能性。从经验上看,当由利益攸关方资助时,我们有强有力的证据表明研究会受到不利影响。

人们已经确定,烟草业长期资助科学研究,其明确目标是迷惑公众,通过拖延认知闭合来逃避法律责任,阻止旨在减少吸烟的公共政策,最重要的是,通过让吸烟者继续吸烟来维持公司的盈利能力。[44] 几乎所有研究过这个问题的学者都认为,这个行业取得了成功。烟草和癌症之间的联系早在20世纪50年代就已经被证明了,但是美国的吸烟率直到20世纪70年代才开始急剧下降,那时烟草业的策略开始被曝光,因此变得不那么灵验了。[45] 虽然反事实假定不可证明,但是现有的证据强烈表明,如果烟草业没有干扰科学研究和交流,更多人就会更早戒烟,其生命也会得到挽救。

烟草的故事恶名昭彰,但并非独一无二。学者们已经证明了,目的明确的产业资金在杀虫剂和其他合成化学品、转基因作物、含铅油漆和制药领域存在影响。[46] 最近,人们注意到,化石燃料业当前资助了数量相当可观的环境研究。[47] 虽然后者的影响尚不完全明显,但似乎人们有理由认为,这至少影响了研究项目的重点(例如,强调碳固存是应对气候变化和提高能源效率的一种办法),并可能对科学成果的解释产生偏差。[48]

另外还有一个值得注意的问题,这个问题越来越让旁观者——甚至是科学家自己,难以辨认合法科学和山寨科学。(山寨科学这个术语我用以指,由全套科学的行头包装起来的材料——有些案例中甚至包括同行评议,但它们不符合公认的科学标准,比如方法论自然主义,完整和公开的数据报告,以及根据数据修正假设的意愿。)[49] 这是经营性、食利性会议和期刊的问题。

近年来,花样百出的伪科学层出不穷。其中一些人似乎纯粹是以盈利为目的,参加他们主办的会议或在他们控制的期刊上发表文章需支付大量费用,而这些费用多由科学家从研究基金中支付。去年,一个土耳其家庭经营的山寨科学机构通过会议和期刊赚取了超过400万美元的收益。[50]另一些人则以造谣为宗旨,为烟草、制药和其他受监管的行业提供渠道,炮制软弱虚假的声明,然后一口咬定得到了"经同行评议的科学"的支持。[51]

有研究小组对发表在食利性期刊上的175 000篇文章进行了分析,相关讨论体现在2018年题为"伪科学工厂内幕"(Inside the Fake Science Factory)一文中。他们发现有广泛的证据显示,此类研究和会议由大公司提供资金,其中就包括烟草企业菲利普·莫里斯公司,它在美国法庭上被判对欺诈行为负责,部分原因是它利用伪科学来推销和洗白自己的产品。[52]另据该文,其他卷入者包括制药公司阿斯利康和核安全公司法玛通。当食利性期刊发表这些公司的研究时,它们便可宣称这是"经过同行评议的",从而暗示其在科学上的合法性。但其损害已然波及学术界,进一步模糊了合法科学和山寨科学之间的界限:研究人员在其中发现了数百篇来自一流机构的论文,涉及斯坦福大学、耶鲁大学、哥伦比亚大学和哈佛大学。[53]这些学术作者是否意识到他们的作品发表在假期刊上,尚不得而知,估计有些知晓有些则不。《纽约时报》称这种现象为"伪学术",它已经受到广泛关注,"食利性会议"在维基百科上有专门的条目。[54]

山寨科学也可以被初创公司用来为拟议的药物和治疗提供所谓的科学依据,比如"第一免疫公司",该公司在"食利性期刊上发表了数十篇'科学'论文,吹嘘一种疗效未经证实的癌症治疗方法巨噬细胞活性化疗法(GcMAF)……第一免疫的首席执行官诺克斯(David Noakes),将于今年晚些时候在英国受审,罪名是未经许可私自生产医疗用品"。[55]

毫无疑问,这些活动对科学是有害的,因为它们会在专家群体中引发混乱,但一般而言,专家们能够看穿许多山寨科学的缺陷,即便不是大多数。我坚信，更大的危机在于，公众了解到这些腐败行为的程度，可能会普遍不信任科学。学术科学家必须注意这些问题，特别是谁在资助他们的科学研究，以及资助的目的是什么，坚持在任何情况下充分披露这些资助，并拒绝任何包含不披露或不公布协议的拨款或合同。从这个意义上说，克罗斯尼克教授和我都同意：对科学家来说，紧守门户是至关重要的。

克罗斯尼克教授所依仗的一个例子着重指出了紧守门户的困难所在：安进制药公司对发表在《科学》《自然》和《细胞》上的论文的重复性研究。这些顶级期刊将大部分投稿拒之门外，并经常吹嘘发表于其上研究成果的重要性，而且如克罗斯尼克教授所言，许多科学家都面临着制度性压力，需在类似有声望的期刊上发表论文。这或许会增加他们夸大研究结果的新颖性或重要性的可能性。**但是安进公司的研究有多可靠呢？**

在他的注释18中，克罗斯尼克奇怪地引用的不是安进公司的研究本身，而是心理学中关于重复性的一个非常有趣和有用的研究，它突出了科学中创新和重复性之间的张力以及两者的必要性。"创新指出可能的路径，重复则指出合适的路径；进步取决于二者。"[56]本文讨论了安进公司的研究，虽然只是顺带。以下是作者对后者的看法："在细胞生物学中，两家企业[安进和拜耳]实验室报告称，在尝试的案例中，只有11%和25%成功重复了具有里程碑意义的研究结果……这些数字令人震惊，但也难以解释，因为没有关于研究、方法或结果的详细信息。如果没有透明度，就无法评估低重复性的原因。"[57]为什么安进的科学家不提供他们研究的细节？我们无法得知，因为发表的报告实际上不是同行评议的研究，而是两位作者的"评论"，一位是安进科学家，另一位是高校学者。报告专门针对肿瘤试验中"次优临床前验证"问题，他们的建议同样专门针对肿瘤研究。[58]

癌症既是一种可怕的疾病,也是一种科学上复杂的疾病,作者提出了许多理由,说明为什么有希望的早期结果可能无法转化为有效的治疗。他们还指出,"需要承认的是,有些数据可能站不住脚,因为特意选择的是那些有全新描述的论文"。[59]换句话说,样本被有意且有选择性地集中在新的结果上,这不是对生物医学可重复性的总体评价。不可否认,重复率仅为11%,这是非常低的。但这"令人震惊吗"?鉴于这些论文之所以被选中,是**因为**它们够新奇,在进一步考察后,发现它们中的大多数都站不住脚,这并不让我感到意外。我整本书都在强调,科学知识由理论和观察两部分组成。一篇论文不构成——也**不能**够构成——科学证据。如果制药公司设计的临床试验是基于未经充分验证的科学主张,这当然是有问题的,但目前还不清楚**科学**中存在的问题。

我同意克罗斯尼克教授的观点,即科学中的次优实践和问题需要公开承认和解决;这也正是本书的目的!但是,如果我们对问题大而化之,对资金(或任何其他类型的偏见)漠不关心,那么要评估重复性危机的程度或原因即使不是不可能,也是很困难的。

克罗斯尼克教授的评论强调了整个工程——学术史和科学哲学——的必要性,本书只是其中微不足道的一部分。他认为科学家们抢着发稿并夸大新颖性,因为他们"想要发表……反直觉的发现",却矛盾地"不想承认他们没有预测到他们的发现"。第一个想法——科学家们应该寻找颠覆公认智慧的反直觉的结果,是波普尔的核心思想。第二种想法——我们应该能够预测我们的发现,是科学假设-演绎模型的核心。在《为什么信任科学:科学史和科学哲学的视角》一章中,我们看到这两种模型都有严重的逻辑缺陷,而且都不能很好地作为科学活动的准确经验描述。关于科学家们想要什么,如果克罗斯尼克教授是正确的,那么科学家们想要的是一大堆错误的东西。在这种情况下,我希望本书能有助于他们领会科学能给他们什么,不能给他们什么。

后记

貌似真相、假新闻、替代性事实层出不穷,自2016年末普林斯顿大学坦纳讲座开展之后,分清真伪、辨别信息和谣言的紧迫性,已在公众意识中爆发。[1] 气候变化就是一个很好的例子。过去两年,在美国,毁灭性的飓风、洪水和野火向普通民众表明,地球气候正在发生变化,代价也在不断加剧。否认它不再只是愚蠢,而是冷酷。美国人民现在明白了——世界各地的人们早就明白了,人为造成的气候变化真实存在且充满威胁。[2] 但我们如何说服那些仍在否认的人,其中包括美国总统,他让美国退出了国际气候协议,宣布气候变化是一场"骗局"?[3]

此外,在许多其他问题上,我们的公众和以往一样困惑。数百万的美国人仍然拒绝给他们的孩子接种疫苗。[4] 尽管越来越多的证据表明草甘膦农药的危害,但它们仍然是合法的,并被广泛使用。[5] 那么防晒霜呢?

在这种社会氛围里,人们可能会觉得本书的论点过于学术化。因为对事实性知识的社会和政治挑战如此巨大,所以应该关注的是这些维度,而非认识论。作为《贩卖怀疑的商人》(该书致力于解释因意识形态动机对科学信息的反对)一书的合著者,我也许会在此方面被寄予厚望。但这是一个误解。

康韦与我在书中表明,"贩卖怀疑的商人"的核心策略是凭空捏造出一种印象,即相关科学尚未尘埃落定,相关科学问题仍不无适当的争议。如果我们按照他们的条件做出回应——提供更多的事实,并坚持这些事实**就是**事实,那么他们就赢了,因为这正好**是**争议。要对付贩卖怀疑,不能以毒攻毒。人们必须改变辩论的策略。一种可行的方法是,揭露否认科学背后的意识形态和经济动机,以证明反对来自政治,而不是科学。另一种则是解释科学是如何运作的,并肯定在许多(即便不是所有)情况下,我们有充分的理由相信已确立的科学主张。在《贩卖怀疑的商人》中,康韦和我做了第一种。在此我尝试第二种。

本书的论点是,为什么要信任科学这个问题的答案,并不是科学家们遵循一个魔法公式("科学方法")来保证结果。这种观点一直存在于教科书和大众的想象中,但它经不起历史的推敲。真正经得起推敲的是,把科学描绘成专家们共同的活动,他们使用不同的方法来收集经验证据,并批判性地审查由此得出的主张。

各种科学方法都有可识别的共同要素。一是对自然世界的体验和观察;二是对基于这些经验和观察的主张进行集体批判性审查。在《为什么信任科学:科学史和科学哲学的视角》一章中,我们论述了如下观点:信任科学的适当基础是科学家与自然世界的持续接触,加上科学的社会特性,即对各种主张进行批判性质询的程序。

所有的社会安排都依赖于信任,很多都涉及专业知识,无论医生、牙医、水管工、电工、汽车机械师、会计师、审计员、税务律师、房地产估价师,还是其他。即使是买一双鞋,也需要依赖于信任售货员会正确地测量我们的脚。如果对专家的信任停摆,社会也将停摆。科学家是致力于研究自然世界和解决其中出现的复杂问题的专家。像所有的专家一样,他们也会犯错,但他们拥有的知识和技能让他们对我们其余人而言不可或缺。将科学(在这里我包括了社会科学和自然科学)与诸如管道安装等区分开来的关键因素,是对各种观点进行社会审查的中心地位。

对科学主张的批判性审查不是单独进行的,而是在由训练有素、资格齐备的专家组成的群体中,通过专门的制度以集体的方式运作,如同行评议的专业期刊、专业工作坊、科学社团年会和服务于政策目的科学评估。[6]这一过程的一个关键要素是**修改**:大多数同行评议的论文在发表前需反复修改,包括非正式地在会议和工作坊上提出初步结果,并将草稿发送给同事征求意见,然后正式地经由编辑进行同行评议,最终根据审稿人的澄清和更正建议对论文进行修改。如果论文在发表后发现错误,期刊可能会发布勘误表或撤回。(照此理解,撤稿本质上应该被视为一件好事。)这种批判性审视和修正的过程就是哲学家朗吉诺所说的"转化式质询",人类学家拉图尔所说的"竞技场"(agonistic field)。正如历史学家鲁德威克(Martin Rudwick)所强调的那样,正是在这个过程中,解决问题的新方案被提出、接受并作为事实而延续。[7]

当来之不易的学术成就受到质疑时,科学家之间的交流有时会变得急躁,这是意料之中的。争论的事实,即使是高度情绪化的争论,本身并非任何错误的证据。(相反,它可能是事情是对的之迹象,因为科学家们正在认真对待挑战,既不无视也不小看它。)通过这一争论过程,新观点被主体间接受,并最终被视为客观真实。因此,科学工作的社会要素对于科学结论是否有根据至关重要,因为它有助于确保结论不仅是个人或主导群体的意见,而且是不那么个人化和更可靠的东西。一个观点如果经受住了严格审查,就会成为既定事实,这些既定事实的主体集合起来就构成了科学**知识**。

这幅图景的美妙之处在于,它可以解释看似矛盾的现象:科学调查能新颖性和稳定性二者兼得。新的观察、想法、解释,以及调和相互矛盾主张的尝试,带来了新颖性;批判性的审查促成了获知的究竟为何的集体决定,从而导致知识主张的稳定性。这幅图景也有助于我们认识到一件满是讽刺意味的事情,那就是,阐明科学的社会属性曾经被认为是对科学的攻击,而今却成为我们为它做出最有力辩护的基础。[8]

也就是说,我们当中那些希望保护科学免受意识形态和经济利益攻击的人,不仅必须愿意并能够解释我们信任科学的基础,而且必须理解并阐明它的局限性。这意味着要和盘托出事情可能出错的各种方式。在《误入歧途的科学》一章中,我们探讨了若干科学家在事后看来确实犯了错误的案例。我们从中看到三个问题特别显著:(1)共识,(2)多样性,以及(3)方法论的开放性和灵活性。

共识对于我们的论证必不可少,道理很简单,我们没办法**确切**知道任何特定的科学论断是否为真。正如柏拉图时代(或者更早)的哲学家早已了然的那样,我们没有独立的、无中介的接近实在的途径,因此也没有独立的、无中介的手段来判断科学主张的真理内容。我们永远不可能完全**肯定**。专家共识可以起到代理的作用。我们无法知道科学家们是否安居于真理之上,但是我们能够知道他们已经安居下来。在一些事后断言科学家"误入歧途"的案例中,经细细考察后可知,事实上,科学家们对手头的问题并没有达成共识。优生学就是一个很好的例子。

多样性则是至关重要的,因为**在其他条件不变的情况下**,它增加了从多个角度审查任何特定主张并揭示其潜在缺点的可能性。同质群体通常疏于认识到他们共有的偏见。在《误入歧途的科学》一章中,我们不仅看到了有限能量理论如何例证19世纪晚期美国盛行的性别偏见,还看到了雅可比博士如何让这些偏见现形,并因此而揭示出这一理论及其证据基础存在的严重缺陷。我们也看到社会主义遗传学家们是如何旗帜鲜明地反对优生学的,利用他们的政治主张来质疑许多优生学理论和提议中明显的阶级偏见。质疑优生学的人不一定是社会主义者,但社会主义的阶级意识在大量的异议中发挥了作用。

方法论的开放性和灵活性同样是必需的,因为当科学家对方法过于严苛,可能会错过、贬低或拒绝不符合他们标准的理论和数据。我们在大陆漂移理论的历史中看到了这一点,美国科学家拒绝了一个没有遵循他们偏爱的归纳法的理论;在避孕药的历史上,妇科医生拒绝病人的病例报告,因为他们认为这些报告是主观的,因此不可靠;在牙线的评估中,双盲试验根本不可能实现。

这些见解清楚地表明,我们并非无力评判当代科学主张。我们可以问:是否存在共识?肩负研究使命的群体是否在人口和智力上都具有多样性?他们是否从不同的角度考虑了这个问题?他们是否对不同的方法论的方法持开放态度?他们是否关注了所有相关的证据,而没有错过或贬低其中的一些重要部分?他们是否避免成为方法上的偶像崇拜者?

最后,让我们再考虑一个话题:防晒霜。众所周知,防晒霜中广泛使用的一些成分,特别是氧苯酮,可能会破坏实验动物的内分泌功能。[9]氧苯酮对珊瑚也是有毒的。[10]夏威夷州已经禁止销售含氧苯酮的防晒霜,许多消费者(包括我自己)已经转而使用矿物质成分的防晒霜。[11]然而,一些科学家和医生近来**直截了当地**对使用防晒霜提出了质疑。2019年1月,《户外》(*Outside*)杂志报道了一项新证据,表明关于使用防晒霜好处的传统看法是错误的。

该文聚焦于"叛逆"的皮肤科医生韦勒(Richard B. Weller),他认为阳光能降低血压,从而降低心脏病和脑卒中的风险,这是工业化国家的两个最大杀手。如果韦勒是对的,那么广泛、习惯性地使用防晒霜可能会对健康产生不良影响。文章的标题咄咄逼人:"防晒霜是新的人造黄油吗?"(Is Sunscreen the New Margarine?)[12]

这一论点始于阳光和心脏健康之间已确立的相关性。正如这篇文章所报道的那样,"离阳光明媚的赤道越远,高血压、心脏病、脑卒中的发病率和总体死亡率就会上升,而这些疾病的发病率都在阴冷的月份偏高"。但阳光是控制因素吗?毕竟,地中海型气候区的食物通常比高纬度地区更好(想想意大利和挪威),人们在夏天吃更多的新鲜水果和蔬菜,通常进行更多的锻炼。又或许,当你不得不面对冰雪和漫长黑暗的冬夜时,生活更有压力。然而,至少有一项对照研究表明,阳光**是**原因:志愿者在没有防晒霜的情况下,暴露在相当于30分钟的夏日阳光下,他们的血压会下降。此外,还有一种已知的机制可以解释这种关系:血液中的硝酸扩张血管从而降低血压,阳光照射会增加血液中的硝酸。于是:阳光照射增加硝酸,从而降低血压,最终降低心脏病和脑卒中的风险。对于我们大多数人都唾手可得且完全免费的东西来说,这并不坏。所以扔掉防晒霜,到外面去,对吗?这是《户外》杂志的作者得出的结论,他想知道"我们怎么会错得这么离谱?"

"我们"搞错了吗?更确切地说,是科学家(或医生)弄错了吗?如果你只读这篇文章,你会得出这样的结论。例如,美国皮肤病学会建议"每个人"都要使用防晒霜,在上午10点和下午2点养成躲阴凉的习惯,穿起保护作用的衣物,包括长袖衬衫、裤子、帽子和太阳镜,并通过饮食摄入维生素D。"不要追逐太阳",他们的声明毫无余地。[13]《户外》的文章称这是一种"零容忍"立场。

不过,该杂志的结论存在很多问题。这篇文章严重依赖于韦勒博士尚未发表的一项研究。我们被告知,"韦勒最大的研究有望于2019年晚些时候发表"。也许这项研究将会改变游戏规则,但在它通过同行评议并发表之前,我们没有资格评判,《户外》杂志亦然。

韦勒是分别发表于2014年和2018年的两篇论文的合著者。这两篇文章都依赖于非常小的样本,一个是有24名参与者(18名男性和6名女性),另一个为10名参与者(全部男性)。基于如此小规模的研究,就草率地拒绝大量现有科学证明的日照过度有害健康(皮肤癌),无论他们发现了什么，都是不明智的。

此外，他们研究中的发现并**不**支持该杂志文章所断言的结论。

2014年的论文发现，经过强度相当于30分钟地中海地区的阳光的人造紫外线照射，舒张压会出现短暂的小幅度下降（例如从120毫米汞柱降至117毫米汞柱）。作者强调了这一结果的重要性，认为"任何程度的血压降低都可以预防脑卒中和心血管疾病的死亡……而在这项研究中观察到的变化幅度，似乎足以解释生活在不同纬度的人口的标准化死亡率差异"。如果观察到的变化持续存在，这可能是正确的，但硝酸盐对血压的暂时性影响与心血管健康的长期改善没有很强的相关性。[14]除非人们**经常**待在外面，否则这一发现的意义还不明朗。当然，更不用说得到证明。

2018年的论文发现，血液硝酸水平和静息代谢率受到短暂影响，血压则**根本没有受到任何影响**。这立即引起了对所谓机制的质疑。《户外》暗示这种机制是已知的，但实际上这只是一个假设，这些研究就是为了验证它，但却未能如愿以偿！而且，如果某件事具有因果关联，我们期望找到一种剂量–反应关系：原因越多，结果就越明显。该研究没有发现剂量–反应关系，这迫使作者承认他们的发现与他们的假设"相反"。此外，这两项研究都只涉及单一的人造紫外线，因此它们与自然阳光照射之间的关系如何仍不得而知。

韦勒博士可能有一天会被证明是对的，但目前所谓的阳光对血压的好处离证实还差得远。相反，阳光照射和皮肤癌之间的联系已然被证实。[15]这就是为什么皮肤科医生都主张涂抹防晒霜和避免晒太阳，特别是在欧洲、北美、澳大利亚和新西兰的皮肤白皙的人。阳光照射在短期内会导致痛苦的晒伤，长期来看会导致皮肤早衰和皮肤癌，包括致命的黑素瘤。这方面的科学证据是丰富的，而且已经得到充分证实。

如果我们看看由美国、英国和澳大利亚的著名皮肤科医生组织提供的指南,我们确实会发现一些建议和重点的微妙差异。与美国的"零容忍"立场相反,澳大利亚癌症理事会讨论了晒太阳的风险和好处,提供了"关于你需要多少阳光以及如何保护自己免受过多日照的指南"。[16]他们建议,当紫外线指数超过3时,就要注意保护自己(戴帽子、太阳镜和使用防晒霜)。在大多数情况下,这相当于夏天需注意防护,冬天则不必。[17](这与美国的主流建议不同,它认为全年都要使用防晒霜。)然而,有利于日光照射的理由与血压无关,而是来自维生素D。

"避免因过度阳光照射而增加皮肤癌风险,与接受充分的阳光照射来维持足量的维生素D水平,二者之间需要一个平衡。"[18]

英国皮肤科医师协会也提倡一种平衡的方法:

> 没有人愿意整个夏天都待在室内。的确,在低于晒伤水平的地方晒晒太阳对我们是有好处的,它可以帮助我们的身体产生维生素D,当我们享受夏季户外活动时,我们会感觉良好。
>
> 然而,经常过度暴露在阳光下,会导致一系列皮肤问题,其中最严重的包括皮肤癌。其他夏季皮肤问题包括晒伤、光敏性皮疹和痱子。此外,日晒会使红斑狼疮等已经存在的疾病恶化。[19]

英国皮肤科医生强调了人与人之间的差异,指出浅肤色的人更容易晒伤,因此比深肤色的人需要更多的保护。然而,最后,他们的建议(至少对我们浅色皮肤的人来说)和美国人的相差不大:戴上帽子、衣服和太阳镜保护自己,在暴露的皮肤上使用防晒系数(SPF)至少为30的防晒霜,中午待在阴凉处。唯恐被指责老套,他们还建议使用"World UV"这个App,它可以提供"全球超过10 000个地点每天紫外线水平的实时信息"。[20]

我们该何去何从？在如何平衡皮肤癌（以及各类皮肤损伤）的风险和阳光照射（维生素D代谢）的好处上，虽然皮肤科医生意见不一，但总的来说，他们对保护自己免受阳光照射的好处达成了共识。科学家们没有错，而是《户外》杂志错了。

当然，晒太阳的好处远不止维生素D。加利福尼亚人不需要英国医生告诉他们，沐浴在阳光下的感觉很惬意；人们去阳光灿烂的地方度假的道理也很浅显。此外，专注于保护皮肤免受太阳伤害的皮肤科医生，可能对一定程度的日照有益健康的证据反应迟钝。有趣的是，与英国和澳大利亚的医生相比，美国的皮肤科医生采取的立场似乎更强硬。当然，美国人在很多事情上比澳大利亚人更强硬。

好的决策需要整合信息。保持健康不仅仅涉及避免致癌物。[21]它还包括放松、消遣、减轻压力，以及欧洲人和澳大利亚人似乎比美国人更擅长的许多其他事情；而在这些方面，科学一直没有跟上。天地之广远超哲学的想象，也远超科学的理解。

我们不知道的事情很多，但在我们知道的事情上，没有理由不相信科学。为信任科学声辩并非为盲目或笼统的信任声辩。在科学家的专业领地里，这是有根有据的信心对无依无凭的怀疑的反击。

致　谢

本书能够顺利完成,我的研究生、能干而又热心的范内斯特(Aron van Neste)的助力不可或缺,他对我的帮助难以胜数。我对以下各位深怀谢意:贝克(Erik Baker)、布希尔(Karim Bschir)、霍伊希(Matthew Hoisch)、莱万多夫斯基(Stephan Lewandowsky)、劳埃德(Elisabeth Lloyd)、斯莱特(Matthew Slater)、泰森(Charlie Tyson)、一位匿名的初稿评阅人,以及我过往和现今所有的学生们。我与他们一起透彻思考了本书所提出的问题。不管弗莱克有关思想集体的主张是否正确,我从来都不是一个笛卡儿主义者。

本书诸多观点来自我多年来参与的加州大学圣迭戈分校(UCSD)科学学项目。感谢过往和现今的加州大学圣迭戈分校的所有同事们:贝克特尔(Bill Bechtel)、卡兰德(Craig Callender)、卡特赖特、多佩尔特(Jerry Doppelt)、盖尔(Cathy Gere)、戈兰(Tal Golan)、基彻(Philip Kitcher)、兰普兰(Martha Lampland)、米切尔(Sandra Mitchell)、穆克吉(Chandra Mukerji)、夏平、沃特金斯(Eric Watkins),以及韦斯特曼(Robert Westman),多年来我与他们就科学知识的基础、真理、信任、证据、说服,以及其他重要的事情展开讨论。我同样要对当前哈佛科学史系的诸位同仁表达感激之情,我与他们之间有着持续的对话,特别是勃兰特、布朗(Janet Browne)、齐萨尔(Alex Cszisar)、加利森(Peter Galison)、理查森(Sarah Richardson);以及参与"评估核定项目"的同事们:布里斯(Keynyn Brysse)、贾米森(Dal Jamieson)、奥本海默(Michael Oppenheimer)、奥赖利(Jessica O'Reilly)、辛德尔(Matthew Shindell)、瓦尔迪

(Mark C. Vardy),以及瓦泽克(Milena Wazeck),他们帮助我探究和分析科学家们真正在做些什么。

若非以下人士和机构的支持和热忱,本书将没有完成的可能:马赛多(Stephen Macedo)、莱恩(Melissa Lane)、普林斯顿大学坦纳讲座委员会、普林斯顿大学出版社的伯特兰(Al Bertrand)、卡莱特(Alison Kalett)和佐迪欧(Kristin Zodeow),以及特纳基金会提供的经费[作者声明不存在其他与此冲突的资金资助]。

尤为重要的是,感谢过往和现今的所有科学家们,他们为了赢得我们的信任不辞艰辛。我希望本书能为回馈他们略尽绵薄之力。

注 释

导言

1. 参见本书作者之前与康韦合著的《贩卖怀疑的商人》及同名纪录片。

2. 参见 *CBS Evening News*, January 30, 2019, https://www.cbsnews.com/video/how-long-will-the-cold-snap-last/；以及 *PBS Newshour*, January 30, 2019, segment with Dr. Jennifer Francis, https://www.pbs.org/newshour/show/why-the-midwests-deep-freeze-may-be-a-consequence-of-climate-change。

3. 普林斯顿大学出版社获得了匿名专家对手稿早期版本的审稿意见，他们详细且有帮助的评论对手稿的修改和提升助力颇多。

4. 正如我曾经听政治哲学家克罗普西(Joseph Cropsey)在哈佛政府学系哈维·C. 曼斯菲尔德(Harvey C. Mansfield)组织的一次研讨会上所说：最伟大的头脑能够克服他们那个时代的许多偏见，但没有人能够克服他们那个时代的所有偏见。

为什么信任科学：科学史和科学哲学的视角

1. 我不太愿意用"危机"这个词，但另一方面，拒绝疫苗科学是一个生死攸关的问题，而拒绝气候科学现在也已经变得如此。

2. 这一说法被多家媒体报道，包括几家宣扬阴谋论的媒体。 Jones, "About Alex Jones"。

3. Mnookin, *The Panic Virus*.

4. Miller, *Only a Theory*; "Evolution Resources from the National Academies."

5. Newport, "In U.S., 46% Hold Creationist View of Human Origins."

6. National Center for Science Education, "Background on Tennessee's 21st Century Monkey Law."

7. 关于企图让神创论进课堂的历史，参见 Minkel, "Evolving Creationism in the Classroom"。关于神创论在美国更广泛的历史，参阅 Larson, *Summer for the Gods*; Numbers, *The Creationists*; Michael Berkman and Eric Plutzer, *Evolution, Creationism and the Battle to Control America's Classrooms*。

8. 参阅 Zycher. "The Enforcement of Climate Orthodoxy and the Response to the Asness-Brown Paper on the Temperature Record"; Hayward, "Climategate (Part Ⅱ)"; Sample, "Scientists Offered Cash to Dispute Climate Study"; Union of Concerned Scientists, "Global Warming Skeptic Organizations"; and Sachs, "How the AEI Distorts the Climate Debate"。

9. Sachs, "How the AEI Distorts the Climate Debate."

10. Zycher, "Shut Up, She Explained."

11. Richards, "When to Doubt a Scientific 'Consensus.'"

12. 这并不是说科学的权威从未受过质疑。毫无疑问,科学的价值受到过众多作家、诗人、宗教领袖和其他人的质疑。雪莱(Mary Shelley)的经典著作《弗兰肯斯坦》(*Frankenstein*),以及歌德(Goethe)的《浮士德》(*Faust*)及其各种变体,对科学傲慢的控诉直入人心。不同的艺术家和诗人或含蓄或明确地批评科学基于不同理由,包括对自然的祛魅(例如参见 Harrington, *Reenchanted Science*, 1999)。我此处的意思是,作为**经验**问题的权威来源,科学在近代西方文化中已被广泛接受,这在一定程度上解释了为什么当前的事态对我们许多人来说如此令人震惊。

13. 一个对此特别有说服力的反驳由布鲁尔提出,见 *The Enigma of the Aerofoil*。亦可参阅我在下列作品中的讨论:*Rejection of Continental Drif*, pp. 313—318。

14. Shapin, *A Social History of Truth*。亦可参阅 Frodeman and Briggle, "When Philosophy Lost Its Way"。

15. Crosland, *Science under Control*。这也是女性通常被排除在外的一个原因,尽管不是唯一的原因。

16. Bourdeau, "Auguste Comte."

17. 关于19世纪世俗主义兴起的背景,参阅 Weir, *Secularism and Religion in the 19th Century*。

18. Comte, *Introduction to Positive Philosophy*, on p. x.

19. 同上, p. 2。

20. Morris and Brown, "David Hume."

21. Comte, *Introduction to Positive Philosophy*, p. 4.

22. 同上, pp. 4—5。

23. 同上, p. 23。

24. 重点补充:由此我们发现,拉图尔实际上是一个实证主义者。同上。

25. 需要注意的是,孔德并未就此得出关于性别的逻辑结论。Bourdeau, "Auguste Comte"。

26. 理查森及尤贝尔(Uebel)在《剑桥逻辑经验主义指南》(*Cambridge Companion to Logical Empiricism*)中,互换使用逻辑实证主义者和逻辑经验主义者(有时是新实证主义者)这两个术语,他们注意到,虽然一些世纪中期的哲学家认为这些术语有不同的指涉,但大多数人并不认为如此,到了20世纪30年代,大多数讨论者更青睐逻辑经验主义者一词。

27. Ayer, *Language, Truth and Logic*, p. 13.

28. 同上, p. 11。

29. Friedman and Creath, *The Cambridge Companion to Carnap*; Quine and Carnap, *Dear Carnap, Dear Van*.

30. 这里我关注的是与科学哲学相关的挑战。在数学领域也有实质性的挑战,例如罗素（Bertrand Russell）和怀特海（A. N. Whitehead）试图将数学置于逻辑的基础之上，但这超出了我的专业知识和抱负。

31. 波普尔的批判理性主义与他的政治直接相关，事实上，在他的整个著作中，他坚持认为，他的项目既是认识论的，又是政治的；他相信，科学工作所必需的那种怀疑态度，与抵制威权主义所必需的态度是一样的。

他的政治和认识论都是激进的个人主义，《猜想与反驳》（Conjectures and Refutations）一书是献给哈耶克（von Hayek）的。也许正因如此，他的作品被东欧的反共产主义者和新自由主义者广泛接受。参见 Mirowski and Plewe, Road from Mt. Pelerin。

32. Popper, Conjectures and Refutations, p. 46ff.

33. 波普尔有时会以温和的方式扩大他的立场。如上所述，他的理论似乎是激进的个人主义，因为他关注的是科学家个人的态度。但另一方面，他也指出，科学家的客观性实际上并不在于个人，而在于科学理论的客观性，而一种理论必须在与他人的交流中，才能经受严格的检验。例如，在《框架神话》（The Myth of the Framework）中，他明确反对这样一种观点，即除非他们"共享一个基本假设的共同框架"，或者至少已经同意这样一个框架，否则在一个社区里进行理性讨论是不可能的。但他也承认，这个神话中有一个核心的真理，即"在没有共同框架的参与者之间进行富有成效和理性的讨论可能是困难的"。不管怎样，他在这里承认科学讨论是在群体之间进行的（Popper, The Myth of the Framework, 34—35）。换句话说，理论不仅由进行检验的个人进行检验，而且还由接受这些检验报告的专家团体进行检验。朗吉诺在《知识的命运》（Fate of Knowledge, 5—7）中也提出了类似的观点，她指出反驳的过程，即波普尔将科学概念视作"猜想和反驳"的关键，承认其他科学家的批评在促使我们重新思考我们的观点方面所起的作用。因此，即使对波普尔来说，批评——科学的核心——也是一种社会活动。也就是说，如果我们认真对待批评，那么我们就会看到，科学的社会成分不是附带现象，而是本质性的。

34. Sady, "Ludwik Fleck"。亦见 Löwy, The Polish School of Philosophy of Medicine。

35. Fleck, "Scientific Observation and Perception in General."

36. Fleck and Kuhn, Genesis and Development of a Scientific Fact, p. 42.

37. 同上。

38. Longino, Fate of Knowledge, p. 122.

39. 弗莱克指出了专家与非专家群体不相往来的问题。专家"已经是一个被特别模仿的个体，他们不再能逃脱传统和集体的束缚；否则他就不是专家了"（Sady，第7节）。科学的公开展示去除了科学实在的易变性和交互性，将科学呈现为一个不变和完成的项目，使科学看起来比实际更确定和教条。

40. 迪昂和美国化学家吉布斯（J. Willard Gibbs）一起，发展了一种数学方法，用以描述系统中物质化学势的变化与系统温度和压力变化之间的关系。作为地球化学家，我很多次熬更守夜研究它。

41. 法国原版见 https://archive.org/stream/lathoriephysiquoounkngoog#page/n6/mode

/zup。

42. De Broglie, forward, in Duhem, *The Aim and Structure of Physical Theory*, p. xi.

43. 同上，p. 220。

44. 同上，p. 219。

45. 在这里，他试图区分作为规则的实验定律（如 F=Ma）和解释这些规律的解释性理论（如运动定律）。

46. Duhem, *The Aim and Structure of Physical Theory*, p. 180.

47. 《物理学理论的目的和结构》（*The Aim and Structure of Physical Theory*）出版于1906年，但根据德布罗意的说法，迪昂写于1905年，当时爱因斯坦发表了他关于光电效应的研究。这个结果可能已经在迪昂的脑海中了。

48. Duhem, *The Aim and Structure of Physical Theory*, p. 183.

49. 同上，p. 185。

50. 同上，p. 187。

51. 同上，p. 180。

52. 同上，p. 181。

53. 这是20世纪20年代针对魏格纳的一项指控，参见 Oreskes, *Rejection of Drift*。

54. Duhem, *The Aim and Structure of Physical Theory*, p. 217.

55. 同上，p. 212。

56. 同上，p. 270。所以最后，他似乎把理论置于实验之上，但这超出了本章的讨论范围。关键是，从长远来看，历史给了我们信心的基础。

57. 引自 Zammito, *A Nice Derangement of Epistemes*, p.17。注意，这表明他并不怀疑外部世界的存在，问题是我们如何回应来自它的证据。

58. Quine, "Two Dogmas of Empiricism"。奎因还强调了观察的"理论负载"。迪昂强调，没有仪器就没有实验，没有理论就没有仪器："没有理论，就不可能校准一种仪器，也不可能解释一个读数。"奎因进一步论证说，没有理论就没有观察。所有的观察都是在既有理论的框架下产生和解释的，因此观察本身没有生命。

59. Zammito, *A Nice Derangement of Epistemes*, p. 20.

60. 同上。

61. Conant, *Harvard Case Histories in Experimental Science Volume* Ⅰ.

62. Fuller, Thomas Kuhn: *A Philosophical History for Our Times*; Reisch, "Anticommunism, the Unity of Science Movement and Kuhn's Structure of Scientific Revolutions"; Galison, "History, Philosophy, and the Central Metaphor."

63. Fleck and Kuhn, *Genesis and Development of a Scientific Fact*。我认为这是一个非常重要的观点，不仅仅是独来独往者比特立独行者更容易被视为怪人，他更可能就是个怪人。

64. Kuhn, *Reflections on My Critics*, on p. 247.

65. 读本科时，我和一群有抱负的科学家朋友，一道阅读了《科学革命的结构》，我们喜欢这本书,因为它看起来很现实。库恩关于科学家不会质疑他们赖以运作的更大假设的描述,似乎也适用于我们的教授。

66. 库恩本人否认了这一点,并把他晚年的大部分时间花在语言哲学上,试图把科学翻译的问题归类为一般性的翻译问题。

67. Lakatos, *Criticism and the Methodology of Scientific Research Programmes*, on p. 181.

68. Kuhn and Conant, *The Copernican Revolution*, p. 182.

69. 我的一个学生曾问库恩的观点和弗莱克有什么不同。作为一个历史上的重量级人物,库恩在英语圈的影响远远超过弗莱克。从美国人的角度来看,弗莱克近年来又被重新发现了(例如,Harwood, *Ludwik Fleck and the Sociology of Knowledge*, 1996)。从欧洲人的角度来看,有人大概会认为库恩从弗莱克那里获益良多,但未予足够的承认。库恩总体上的确获益良多,然而《科学革命的结构》一书却缺乏一个非常广泛的参考书目。默斯纳(Mosner)最近在《思维方式和范式》(*Thought Styles and Paradigms*)中则认为,学者们过于仓促地将他们的哲学等同起来了。在我看来,明显的主要区别在于弗莱克对思想演变的看法,它缺乏库恩坚持认为的科学革命的特征——骤然中断。

70. 见 Zammito, *A Nice Derangement of Epistemes*。一个需要进一步探讨的有趣问题是,社会学家在多大程度上受到了伯杰(Peter L. Berger)和勒克曼(Thomas Luckman)的《现实的社会建构》(*The Social Construction of Reality*)的启发。这本1966年出版的书很难被大众所理解,因为作者故意省略了先前学者的名字(见 *Social Construction of Reality*, p. vi),致使论证混乱。然而,他们承认了舒茨(Alfred Schutz)的影响,他是奥地利哲学家,与新自由主义创始人之一的米泽斯(Ludwig von Mises)有联系。扎米托(Zammito, pp. 124—125)把伯杰和勒克曼置于美国实用主义者米德(George Herbert Mead)的传统中,并认为它对知识社会学的影响相当小。他的观点是,科学学中的社会建构主义更多的是对法兰克福学派的回应。

71. Barnes, *Interests and the Growth of Knowledge*.

72. Bloor, *Knowledge and Social Imagery*, p. 7.

73. Shapin and Schaefer, *Leviathan and the Air-Pump*, p. 332.

74. Sokal, *Beyond the Hoax*; Gross and Levitt, *Higher Superstition*; Gross, Levitt, and Lewis, *The Flight from Science and Reason*.

75. Barry Barnes, 引自 Zammito, *A Nice Derangement of Epistemes*, p. 134。

76. 参见 Zammito, *A Nice Derangement of Epistemes*, 及 Hacking, *The Social Construction of What?* 一般来说,"社会建构"这一术语归功于伯杰和勒克曼的《现实的社会建构》。

77. Barnes, *Scientific Knowledge and Sociological Theory*, p. vii.

78. Zammitto, *A Nice Derangement of Epistemes*, p. 52.

79. Bloor, *The Enigma of the Aerofoil*, conclusion.

80. 关于此点,参阅我对所罗门(Miriam Solomon)的批评: Oreskes, "The Devil Is

in the (Historical) Details"。

81. Feyerabend, *Against Method*, pp. 18—19。亦可参阅 Motterlini(ed.), *For and Against Method*。

82. 值得注意的是，关于多样性在产生创造性和有效成果方面有益的观点，现在已被商界广泛接受。例如可参见 Page, *The Diversity Bonus*，以及 Lowery, "Why Gender Diversity on Corporate Boards Is Good for Business"。

83. 布鲁尔在他精彩且被低估的《机翼之谜》(*The Enigma of the Aerofoil*)中很好地重温了这一点。

84. Feyerabend, *Against Method*, p. 5。

85. Latour, *Science in Action*。

86. 亦可参见 Galison and Stump, *Disunity of Science*。

87. 20多年前，我即主张获得肯定知识的梦想已经结束；斯特曼(John Sterman)则认为，它在经济学中继续存在(Oreskes et al., 1994, *Verification, Validation, and Confirmation of Numerical Models in the Earth Sciences*，以及 Sterman 1994, *Letter*)。亦可参见 Ladyman et al., *Every Thing Must Go*。

88. Weinberg, *Facing Up*。事实上，它形象地说明了我们将讨论到的一个重要问题：当科学家冒失地离开自己的专业领域时，不应该信任他们。温伯格(Weinberg)是个才华横溢的人，因20世纪物理学最重要的发现之一于1979年获得诺贝尔奖。但这一评论反映了他要么对科学史令人震惊的无知，要么对其他领域搜集的证据令人震惊的漠视。不管怎样，这都表明了专业知识是无法转移的。我们应该相信的是温伯格的物理学，而不是他的历史学。

89. 值得注意的是，这一时期几乎所有主要的女性主义科学哲学家[例如凯勒(Evelyn Fox Keller)，哈伯德(Ruth Hubbard)，吉尔伯特(Scott Gilbert)，福斯托-斯特林(Anne Fausto-Sterling)，甚或哈拉维]都拒绝接受这样一种观点，即他们对科学的批判意味着他们与本体论的相对主义纠缠不清。当然，凯勒、哈伯德及福斯托-斯特林都是科学家，她们(像郎吉诺和哈丁一样)对创造一门更好、更少偏见、更客观的科学感兴趣。例如，参见 Keller, *Reflections on Gender and Science*, Hubbard, *Politics of Women's Biology*，以及 Fausto-Sterling, *Myths of Gender*。

90. 这里有一个隐含的假设，人口分布多样性将会带来智力多样性。我将在《误入歧途的科学》一章中讨论这个问题。

91. 我的学生泰森提出了一个关于客观性问题的有趣观点，以及包括哈丁在内的左翼学者因为他们对客观性的"相对主义"立场而遭受的批评。由于观点极端，像巴克利(Buckley)之类的保守派知识分子和媒体活动家，发现自己被排除在一些对话之外，因此在20世纪中期试图创建自己的期刊来宣传保守派观点。他们并没有单纯地指责主流媒体有偏见，而是反对客观性概念本身，或者至少反对把客观性与公正性挂钩，并视他们接受的偏见为正当的。作为早期保守媒体激进主义支柱之一的出版物，《世事》(*Human Events*)的使命宣言很能说明问题。"《世事》是客观的，它的目的是准确地陈述事实，但它并非不偏不倚。它倾向于用有限宪政政府、地方自治、私人企业和个人自由的眼光来看待事件。"(Hemmer, p.32)这些媒体激进分子因此在报道中将偏见和袒护引以为合法的价值观。所以，今天指责媒体和大学存在"自由主义偏见"的保守派颇具讽刺意味(Hemmer, p. xii)。同样，像格罗斯和莱维特在他们的著作《高级迷信》(*Higher Superstitions*)中所做的那样，简单把质疑客观性的标准观点等同于"学术左派"是完全错误的。事实上，我更愿意认为像巴克利这样的右翼批评家反对客观性，而像哈丁这样的左翼批评家则试图改善客观性。

92. Harding, "Women at the Center"。一个颇有特色的交流，见 Hicks, "Is Newton's *Principia* a Rape Manual?"关于保守主义对学术女性主义的反应，见 Schrieber, *Righting Feminism: Conservative Women and American Politics*。回头看，哈丁承认《女权主义中的科学问题》(*The Science Question in Feminism*)有一种"我们对他们"的腔调，这是她现今不会接受的。参见 Flores, "Beyond the Secularism Tic—An Interview with Feminist Philosopher Sandra Harding"。然而，如果挑衅性的目的就是为了挑衅，那么她的确做到了。

93. Longino, *Science as Social Knowledge*, 79; Harding, *The Science Question in Feminism*; Solomon, *Social Empiricism*.

94. Bernard, *An Introduction to the Study of Experimental Medicine*.

95. 需要指出的是，仅仅在一个其他情况相同的群体中增加一名女性或有色人种并不能解决问题，因为孤家寡人很可能没有足够的安全感来挑战占主导地位的世界观。

96. Longino, *Science as Social Knowledge*, p. 216.

97. 同上，p. 80。参见我在《误入歧途的科学》一章中对有限能量理论的讨论。

98. Longino, *Science as Social Knowledge*.

99. 同上。

100. 这是一个理论论证，而不是经验论证。郎吉诺没有经验证据来支持这一观点，部分原因是在她写这篇文章的时候，女性只是刚刚重新获得她们在21世纪初曾拥有并失去的科学上的学术地位(参见 Rossiter, *Women Scientists in America*)。席宾格(Londa Schiebinger)列举了一些例子，说明科学中的女性如何帮助开拓了新的研究领域，并在诸多领域中提供了替代(更好的)理论(Schiebinger, *Has Feminism Changed Science*)。但这一工作，以及任何证明多样化的科学共同体能产生更好科学理论的尝试，都会遭受科学中并无公认的"更好"标准的困境。商业多样性研究清楚地表明，从许多标准来看，多样化团队的表现都更好，以至于这项发现获得了"多样性红利"的绰号。如今，商界人士常常会辩称，多样化不仅在道德上是正确的，而且还有利可图(参见 Page, *The Diversity Bonus*)。

101. 见注89。

102. 同上，p. 79。

103. Smithson, "Social Theories of Ignorance", in Proctor and Schiebinger, *Agnotology*。亦见 Giddens, *Consequences of Modernity*。

104. Oreskes et al., "Viewpoint", p. 20.

105. Oreskes, "Why We Should Trust Scientists."

106. 克罗斯尼克(Jon Krosnick)在本书中对这一假定进行了质疑，我在讨论部分进行了回应。

107. Longino, *Fate of Knowledge*, pp. 106—107.

108. Yearley et al., "Perspectives on Global Warming."

109. 关于党派性和非党派性知识的概念，参见 Staley, "Partisanal Knowledge: On Hayek and Heretics in Climate Science and Discourse"。

110. Oppenheimer, Jamieson, Oreskes, et al., *Discerning Experts*.

111. Laland et al. "The Extended Evolutionary Synthesis"; Laland et al, "Does Evolutionary Theory Need a Rethink?"

112. Laland, "What Use Is an Extended Evolutionary Synthesis?"

113. 这个问题部分涉及进化论是否处于危机之中，因此 EES 或者是一个新的范式，或者不是。莱兰(Kevin Laland)认为不是，哲学家杜普雷(John Dupre)认为是。参见 Coyne, "Another Philosopher Proclaims a Nonexistent 'Crisis' in Evolutionary Biology"。

114. Oreskes, *The Rejection of Continental Drift*.

115. Neumann, "Can We Survive Technology?" Saxon, "William B. Shockley, 79, Creator of Transistor and Theory on Race."

116. Redd, "Werner von Braun: Rocket Pioneer."

117. 斯塔克指出，人们通常认为，专业经验和知识可以转化为"在研究环境之外判断知识质量、真实性或伦理的罕见能力"。她没有明确指出这种假设是不正确的，但从科学史和她自己在机构审查委员会的工作中获得的大量证据支持这一结论。参见 Stark, *Behind Closed Doors*, p. 31。

118. 就外行的专业知识而言，参见 Epstein, *Impure Science*。

119. Mohan, *Science and Technolog in Colonial India*.

120. Goonailake, "Mining Civilizational Knowledge."

121. Ellis et al., "Inpatient General Medicine Is Evidence Based"; Ernst, "The Efficacy of Herbal Medicine—an Overview."

122. Goonatilake, "Mining Civilizational Knowledge."

123. Scott, "Science for the West."

124. Semali and Kincheloe, *What Is Indigenous Knowledge?* Schiebinger and Swan, *Colonial Botany*。在总体上以及克里人狩猎实践的具体案例这两个方面，斯科特对关于如何将原住民知识理解为科学的一般性问题都进行了极其精彩的讨论，参阅他的文章"Science for the West"。关于此议题的问题化，请参阅 Agrawal, "Dismantling the Divide between Indigenous and Scientific Knowledge"。

125. Walker, "Navigating Oceans and Cultures."

126. Conis, "Jenny McCarthy's New War on Science"; Campbell, "The Great Global Warming Hustle."

127. Madsen et al., "A Population-Based Study of Measles, Mumps, and Rubella Vaccination and Autism"; Taylor et al., "Vaccines Are Not Associated with Autism: An Evidence-Based Meta-Analysis of Case-Control and Cohort Studies"。相关讨论亦可参阅 Mnookin, *Panic Virus*。

128. Latour, *We Have Never Been Modern*; Latour, *Politics of Nature*; Shapin and Schaefer, *Leviathan and the Air-Pump*.

129. Pearce et al., "Beyond Counting Climate Consensus"; Oreskes and Cook, *Response to Pearce (In Press)*; Rice, "Beyond Climate Consensus."

130.《绝对假的:揭露关于人类免疫缺陷病毒和艾滋病的神话》(*Positively False: Exposing the Myths around HIV and AIDS*)一书的作者申顿(Joan Shenton)在经历了严重的医源性疾病后,对现代医学和大型制药公司产生了怀疑。从此,她开始否认人类免疫缺陷病毒和艾滋病之间的联系,并成为气候变化的怀疑者/否认者。我见过申顿,在一次会议上和她共进了一顿丰盛的晚餐。我不怀疑她患医源性疾病的经历,但我反对导致她全盘否定科学的滑坡谬误。

131. "Pope Claims GMOs Could Have 'Ruinous Impact' on Environment."

132. Zycher, "Shut Up, She Explained."

133. 我本人的工作即是最显著的参考(Oreskes and Conway, *Merchants of Doubt*, and Supran and Oreskes, *Assessing ExconMobil's Climate Change Communications*),另有记者、忧思科学家联盟和其他非政府组织汇编的关于行业混乱的详细文件:Banerjee, Song, and Hasemyer, "Exxon: The Road Not Taken"; Union of Concerned Scientists, "Exxon Mobil Report: Smoke Mirrors and Hot Air"; "Exxon Climate Denial Funding 1998—2014"; and The Royal Society, "Royal Society and Exxon Mobil"。

134. Supran and Oreskes, *Assessing ExconMobil's Climate Change Communications*.

135. Proctor and Schiebinger, *Agnotology*; Proctor, *Golden Holocaust*; Michaels, *Doubt Is Their Product*; Markowitz and Rosner, *Deceit and Denial*; Nestle, *Soda Politics*.

136. 当这份手稿还在创作阶段时,一位审稿人提出了涉密科学研究以及业内未发表工作的问题。在我即将出版的《任务科学:从冷战到气候变化的美国海洋学》(*Science on a Mission: American Oceanography from the Cold War to Climate Change*)一书中,将论及涉密研究问题。我认为,涉密所需的保密性实际上对海洋学产生了严重的不良后果。也就是说,涉密研究应该被视为科学,一个关键因素可以用来为此进行辩护,即它实际上是同行评议的,尽管是在涉密期刊上。它可能不为公众所知,但它经过了专家团体的审查,并承受了批判性质询。(例如,机密的红外声学研究不是简单地提交给美国海军,它需要经由其他机构具有安全许可的研究人员审查。在我看来,这是一个不完善的审查体系,但它确实是一个体系。)它符合我在本书中提倡的标准。相反,大量的"内部"行业研究由未经受公开审查的报告组成。真有他的,这位审稿人提到,很多烟草业的科学"当然没有发表",但"这并不意味着它不是科学研究"。这是一个非常有意思的说法,但我想说的是,如果研究没有发表,那么任何审查过程都必然是内部的而非公开的。它也会受到我所反对的典型的利害关系的影响。想想看，当我在采矿业工作时，我为我的公司写过科学主题的报告，但它们没有发表。它们也没有出现在我的简历上。我觉得这些报告包含了一些科学研究的成分，但实际上它们不是科学，因为它们没有经过公开审查。而且，你在任何科学引文索引或谷歌学术搜索中都找不到它们，这也许才是合理的。

137. Proctor and Schiebinger, *Agnotology*; Proctor, *Golden Holocaust*; Markowitz and Rosner, *Deceit and Denial*; Nestle, *Unsavory Truth*; Oreskes and Conway, *Merchants of Doubt*.

138. HADGirl, "10 Evil Vintage Cigarette Ads Promising Better Health"。亦可参见 Brandt, *Cigarette Century*。

139. Oreskes and Conway, *Merchants of Doubt*; Michaels, *Doubt Is Their Product*.

误入歧途的科学

1. Wang, "'Post-Truth' Named 2016 Word of the Year by Oxford Dictionaries."

2. Colbert, *"Post-Truth" Is Just a Rip-Off of "Truthiness."*

3. Jasanoff, *States of Knowledge*; Latour, *Science in Action*; 亦可参见 Latour, *One More Turn after the Social Turn*。

就像其他被广泛使用的术语一样，共同生产有时也以多种方式被使用——参见 http://scitechpopo.blogspot.com/2011/o2/explaining-co-production.html。亚桑莫夫（Jasanoff）的学生克拉克·米勒（Clark Miller）总结道，关键的概念是"这一命题，即我们认识和表现世界（包括自然和社会）的方式与我们选择的生活方式是不可分割的"。(Jasanoff, *States of Knowledge*, p. 2)在某种程度上，无人可以脱离他或她生活的世界，这一观点不容争辩。我所关心的是以下说法的含义，即所有具体的科学知识主张**本身**都是共同生产的。这似乎意味着，在确立它们的过程中，社会总体上扮演着与业内专家同等的角色，而且，即使在原则上，专家裁决也不可能脱离社会背景。照我的观点，专家在实践中永远不可能完全独立，这无可争辩；但同样无可争辩的是，专家组会遵循一些惯例和理想，以便在经验充分性的基础上，努力争取更多而不是更少地独立于经济、宗教或其他方面的关切，对知识主张做出裁决。比如说，客观性就是一种规范性理想，在科学评价证据方面起着重要作用。这并不意味着它一定，或者能够，完全实现；但是一个将其作为规范理想的群体，比之没有的，可能会产生不同的认知结果。

4. 关于信任与社会和文化认同之间的关系，参见 Wynne, *May the Sheep Safely Graze?*

5. Latour, Woolgar, and Salk, *Laboratory Life*, p. 285。有评论家质疑拉图尔这样说是什么意思。当然，我们确实不得不问他，但我理解的是这意味着科学主张是一种表演，可以被观众接受或拒绝。

6. Latour, "Has Critique Run Out of Steam?"当然，拉图尔大部分作品的主旨是把事实问题和关切问题混为一谈。最近，拉图尔认为气候科学家在文化上失败了，参见 Latour, *Facing Gaia* and *Down to Earth*。

7. 同注释5。

8. Leiserowitz and Smith, "Knowledge of Climate Change across Global Warming's Six Americas."

9. James, "Pragmatism's Conception of Truth," p. 222.

10. James, pp. 222—223.

11. Kuhn, *The Copernican Revolution*; Bloor, *The Enigma of the Aerofoil*。

12. 结构现实主义者会争辩说,我们先前的理论,如果它们似乎有效,则不可能是完全错误的,且一定包含了一些关于自然世界的真理,诸如它的物理或数学结构的某些元素。也就是说,在旧理论和取代它的理论之间,存在着某种连续性,即便不是在内容上,也会在形式上或结构上。参见 https://platostanford.edu/entries/structural-realism/。

13. 关于媒体的作用,参见 Ladher, *Nutrition Science in the Media*。关于统计数据的滥用,参见 Schoenfeld and loannides, "Is Everything We Eat Associated with Cancer?"关于行业虚假信息的负面影响,参见 Lustig, *Fat Chance* and Nestle, *Soda Politics*。

14. Oreskes et al., "Viewpoint: Why Disclosure Matters"。我认为对付腐败的办法很简单:证据表明,通过适当形式的自觉意识和信息披露,许多案例都是可以避免的,而那些无法避免的必须受到惩罚。在许多科学领域,违反研究诚信的很少受到惩罚,而且通常力度微弱。例如,科学家几乎不会因为没有披露外部资金来源而受到处罚。

15. Cohen, *Revolution in Science*.

16. Oreskes, *The Rejection of Continental Drift*, introduction.

17. Laudan, "A Confutation of Convergent Realism"。关于限定条件,参阅 Musgrave, "The Ultimate Argument for Scientifc Realism"。有关趋同实在论的另一讨论,参见 Hardin and Rosenberg, "In Defense of Convergent Realism"。有关围绕科学实在论的争论的细致概括和分析,参见 Psillos, *Scientific Realism*。

18. Oreskes, *The Rejection of Continental Drift*.

19. 诺贝尔奖得主温伯格在他的畅销书《仰望苍穹》(*Facing Up*)中声称,"有些真理一旦被发现,就会成为人类知识的永久组成部分。"(p. 201)对此,一个善意的回应是:是的,或许是这样,问题是我们无法知道它们是哪些! 但我认为问题比这更深刻:因为科学家通常不研究自身的历史,而且旧知识往往可以被翻译成新语言,因此科学家常常没有意识到或不承认随着时间的推移知识的实际损失。他们认为新研究是对旧的添砖加瓦,即科学是累积的,而不是看到旧的知识是如何被丢弃或无意中失落的。他们没有认识到知识的两个边界:我们即将发现的,以及我们很久以前就发现而即将忘却的。

20. 这让我想起了一个有名的笑话,有人问老者:"你一辈子都住在佛蒙特州吗?"他回答说:"不,还没。"

21. 本段选自 Oreskes, *The Rejection of Continental Drift*, p. 3。

22. 例如，参见 Feldman, "Climate Scientists Defend IPCC Peer Review as Most Rigorous in History"。

23. 蒙作者允许，这一说明引自我之前学生的硕士论文，Katharine Saunders Bateman, "Sex in Education: A Case Study of the Establishment of Scientific Authority in the Service of a Social Agenda"。

24. Showalter and Showalter, "Victorian Women and Menstruation", p. 86。

25. 旧观念永远不会完全消亡的进一步证据是：特朗普总统显然相信与此类似的观点。他认为，每个人在某种程度上都像一块不可充电的电池，包含有限的能量。这显然是他选择不锻炼的原因。参见 Rettner, "Trump Thinks That Exercising Too Much Uses Up the Body's 'Finite' Energy"。

26. "能量论"的思想在19世纪晚期的生物学中影响甚巨，可参见 William Colemand, *Biology in the Nineteenth Century*。

27. Bateman, "Sexin Education: A Case Study ofthe Establishment of Scientific Authority in the Service of a Social Agenda", p. 8。

28. Clarke, *Sex in Education; or, a Fair Chance for Girls*, p. 37。

29. Bateman, "Sex in Education: A Case Study of the Establishment of Scientific Authority in the Service of a Social Agenda", p. 9。

30. 同上，p. 3。

31. 公平地说，当时的教育工作者也对男性纵欲行为提出了警告，尤其是手淫。参见 Barker-Benfield, *The Culture of Sensibility; Sex and Society in Eighteenth-Century Britain*。但是男人可以通过纪律来控制他们的性行为，女性却不能控制她们的生殖系统。

32. Bateman, "Sex in Education: A Case Study of the Establishment of Scientific Authority in the Service of a Social Agenda", p. 4。

33. Clarke, *Sex in Education; or, a Fair Chance for Girls*, p. 140。此处我们也能看到达尔文思想的影响。

34. Paul, "Eugenic Anxieties, Social Realities, and Political Choices", pp. 676—677; Kevles, *In the Name of Eugenics*, p. 111。

35. Bateman, "Sex in Education: A Case Study of the Establishment of Scientific Authority in the Service of a Social Agenda", p. 16。

36. Clarke, *Sex in Education; or, a Fair Chance for Girls*。

37. Bateman, "Sex in Education: A Case Study of the Establishment of Scientific Authority in the Service of a Social Agenda", p. 20。

38. 同上，p. 23。

39. 同上，p. 25。

40. Hall, *Adolescence*, p. 589。1874年，马萨诸塞州卫生委员会对160名医生和学校管理人员做了一项调查，该调查结果发表在《科普月刊》(*Popular Science*

Monthly》),以及克拉克在1874年出版的《脑的构造》(*The Building of the Brain*),它是《性教育》(*Sex in Education*)一书的续篇。他们要求受访者回答"基于个人观察"的问题,"是否有一种性别比另一种性别更容易因上学而遭受健康问题?"109名受访者认为女性比男性更容易,1人认为男性比女性更容易,31人认为一样容易,4人认为都不容易。另外,120人说青春期增加了这种可能性。目前还不清楚调查对象是如何选择的。参见 Bateman, "Sex in Education: A Case Study of the Establishment of Scientifc Authority in the Service of a Social Agenda", p. 18。这有时也被引用为对有限能量疗法的支持,但需要注意的是,这项研究没有提供经验证据,它本质上是一次民意调查。这就是我个人怀疑在当代科学中将专家诱导作为证据的一种形式的原因之一。

41. 正如罗伯茨(Dorothy E. Roberts)最近在哈佛大学坦纳讲座中所说的那样,我们很容易想象类似的说法在今天或未来会穿上新的基因马甲复活。Roberts, *The Ethics of Biosocial Science | The New Biosocial and the Future of Ethical Science*。

42. 这一讨论引自我的第一本书, Oreskes, *The Rejection of Continental Drift*。

43. 同上, p. 65; Gould, *Ever since Darwin*, p. 161。

44. Oreskes, *The Rejection of Continental Drift*, p. 120.

45. 同上, p. 126。

46. 同上, p. 156。

47. Laudan, *From Mineralogy to Geology*.

48. Oreskes, *The Rejection of Continental Drift*, p. 136.

49. 同上。

50. Hallam, *Great Geological Controversies*.

51. Chamberlin, "Investigation versus Propagandism."

52. Oreskes, *The Rejection of Continental Drift*, p. 139.

53. 同上, p. 151。

54. 同上, p. 227。

55. 同上, chs. 5—6。

56. 同上, pp. 192—196。

57. 最著名的例子是克赖顿,但他的观点经常被重复。参见 Crichton, "Why Politicized Science Is Dangerous"。其《恐惧状态》(*State of Fear*)一书完全基于这样一个前提:气候科学相当于当代优生学。当克赖顿第一次提出这一观点时,我很惊讶优生学史家没有站出来反驳它。所以我就这样做了,从而开始了这一系列的思考并形成了本次系列讲座。Oreskes, "Fear-Mongering Crichton Wrong on Science"。另参见 Ekwurzel , "Crichton Thriller: State of Fear"。

58. *Buck v. Bell*, 274 US. 4, 5, 9—10, 20, 76.

59. *Buck v. Bell*, 274 US.

60. Kevles, *In the Name of Eugenics*, p. 111.

61. 有些人会说,"温和的"优生学从来没有真正消失过,比如,父母以堕胎的方式来终止携带遗传疾病胎儿的妊娠。我不确定这是不是优生学;在我看来,个人对生育做出自由选择的世界,与政府强制执行这种选择的世界,是完全不同的;但我也承认,这两个世界可能会发生碰撞。参阅 Duster, *Backdoor to Eugenics*。Comfort, *The Science of Perfection*,这本书就认为优生学不仅没有消失,反而成为了美国医学的核心。

62. 劳克林的专长有点难以形容。在1910年去往优生学记录署之前,他是一名学校教师,讲授农学。他在1917年获得了细胞学博士学位,然后,臭名昭著的是,1936年,由于在绝育示范方法方面的工作,他获得了海德堡大学的荣誉学位。参见"Biography of Harry H. Laughlin"。

63. Malthus, *An Essay on the Principle of Population, as It Affects the Future Improvement of Society. With Remarks on the Speculations of Mr. Godwin, M. Condorcet and Other Writers*.

64. Galton, *Hereditary Genius*.

65. Galton, *Memories of My Life*, p. 331.

66. 完全披露:我是拯救红杉联盟成员。

67. "The Immigration Act of 1924 (The Johnson-Reed Act)."

68. Gould, *Bully for Brontosaurus*, 162。关于希特勒,参阅 Spiro, *Defending the Master Race*; Kuhl, *The Nazi Connection*。

69. Grant and Osborn, *The Passing of the Great Race; or, the Racial Basis of European History. 4th Rev. Ed, with a Documentary Supplement, with Prefaces by Henry Fairfield Osborn*, p. 49.

70. 同样,也有拉马克版本的优生学。

71. 1921年,实验进化中心和ERO并入卡内基大学基因学系,由达文波特担任系主任。ERO的职能于1939年终止。请参阅 Allen, "The Eugenics Record Office"; Witkowski and Inglis, "Davenport's Dream", and Witkowski, *The Road to Discovery: A Short History of Cold Spring Harbor Laboratory*。

72. Davenport, *Eugenics, the Science of Human Improvement by Better Breeding*, p. 34.

73. 这项工作由哈里曼夫人资助,她是铁路大亨哈里曼的遗孀,也是后来的纽约州长埃夫里尔(Averill)的母亲。Comfort, *The Tangled Field*, p. 79。

74. "The Immigration Act of 1924 (The Johnson-Reed Act)."

75. 历史学家指出,卡丽(Carrie)的女儿实际上并不是智障者,在一个寄养家庭的照顾下,她在学校表现很好,8岁时死于结肠炎。参见 Gould, "Carrie Buck's Daughter"。1978年,在 *Stump v. Sparkman* 一案中,一位母亲申请对轻度智力迟钝的15岁女儿进行绝育手术,最高法院确认法官有权批准这一申请。女孩婚后发现自己被做了绝育手术,她和丈夫起诉了印第安纳州。该案提交给了最高法院,最高法院没有对法官判决的是非正当性做出裁决,而是认定,由于法官是在行使司法职权,因此免予起诉。该判决的反对者认为这是不正确的,因为他没有遵循基本的正当程序,比如,为女孩指定监护人。White, *Stump v. Sparkman*, 435 U.S. 349。

76. Proctor, *Racial Hygiene*, p. 101.

77. Kevles, *In the Name of Eugenics*.

78. 在这个意义上,我们可以把优生学和有限能量理论联系起来,这就引出了一个问题:女性主义者反对优生学吗? 这是一个需要进一步审视的话题。桑格(Sanger)1922年的著作《文明的中心》(*The Pivot of Civilization*)似乎与她那个时代的许多传统优生态度有相同之处。参见 Sanger and Wells, *The Pivot of Civilization*。然而,她的传记作者切斯勒(Ellen Chesler)指出,桑格在优生问题上经常被错误引用,尤其是她创建的组织——美国计划生育联合会随后的敌人。切斯勒还指出,桑格反对种族和民族的刻板印象,并"将引起贫困的原因归结为获取资源机会的差异,包括生育控制,而不是天生能力、智力或性格低下的不可改变的结果"。参见 Chesler, *Woman of Valor*, p. 484。天主教会的杰出成员,包括教皇庇护十一世,也反对优生学,认为这是对上帝计划的不当干预,并认为堕落的根源不是遗传,而是罪孽。参见 Pope Pius XI, "Casti Connubi: Encyclical of Pope Pius XI on Christian Marriage to the Venerable Brethren, Patriarchs Primates, Archbishops, Bishops, and Other Local Ordinaries Enjoying Peace and Communion with the Apostolic See"。

79. Crichton, *State of Fear*; Dykes, "Late Author Michael Crichton Warned of Global Warming's Dangerous Parallels to Eugenics."

80. 我说的是简短的回答,因为有人可能会说,优生学这个词的含义是多种多样的[正如凯夫利斯(Kevels)所暗示的那样],并随着时间的推移而改变,但即便如此,重量级社会科学家和遗传学家拒绝了优生学运动的核心主张,并且非常干脆利落,这一点一目了然。

81. Allen, *Eugenics and Modern Biology: Critiques of Eugenics, 1910—1945*.

82. Boas, "Eugenics", p. 471.

83. Boas, *Anthropology and Modern Life*.

84. Bowman-Kruhm, *Margaret Mead*, p. 140.

85. 保罗认为,这在欧洲尤其是斯堪的纳维亚半岛更为真实,因其人口同质化远甚于美国;但她自己和凯夫利斯的作品表明,在美国备受关注的移民人口,比如爱尔兰人和意大利人,依今天的标准也应该被视为"白人"。关于最近针对非裔美国人的优生学讨论,参阅 Roberts, *Killing the Black Body*。

86. 这并不是说只有社会主义遗传学家反对优生学,而是说社会主义者的异议很打眼,这与他们的政治立场有关。比如,一些非社会主义的美国遗传学家也主张更好地理解遗传与环境,参见 Jennings, "Heredity and Environment"。

87. Oreskes, "Objectivity or Heroism?"

88. Kevles, *In the Name of Eugenics*, p. 167.

89. 同上,p.134。

90. Muller et al. "Social Biology and Population Improvement"。这个问题的提出反映了当时整个世界的状态——而非仅仅是德国,不过,答案也是具有启发性的。

91. 最终，每一领域都是"具体的"。专业知识不能很好地跨越学科边界。

92. Muller et al., "Social Biology and Population Improvement"。也可参见 Darwin, "The Geneticists' Manifesto"。签署者包括赫胥黎以及霍尔丹。

93. Kevles, *In the Name of Eugenics*, p. 261.

94. Muller et al, "Social Biology and Population Improvement", p. 521.

95. 同上。

96. 同上。

97. 马勒的共同签名人之一是伟大的赫胥黎，他是现代进化综合理论的创始人之一，成功地将达尔文的选择理论与数量遗传学结合在一起。与马勒一样，赫胥黎也接受了优生学的基本前提，尽管他认为以"民族"而非"种族"群体作为研究的适当单位更为准确。他还批评了非自愿绝育等消极优生学。然而，他支持自愿绝育和节育，目的是鼓励"消灭少数最低级和退化的类型"。在20世纪60年代，他担心许多预期中的现代医学和食品供应改善带来的人道主义好处，会让那些本来会死去的人活下来。在他看来，这显然与改善人类适应性的自然倾向背道而驰。尽管赫胥黎并不清楚该如何做到这一点，但他认为，人类需要找到一种方法来对抗这种非优生效应，并让基因进化重回正轨。用他的话来说："我们必须设法让它回归其积极改善的古老进程之中。"Kevles, *In the Name of Eugenics*, p. 261。

98. Allen, *Eugenics and Modern Biology*, p. 315。亦可参阅 Spencer and Paul, "The Failure of a Scientific Critique"，以及 *Did Eugenics Rest on an Elementary Mistake?*

99. Jennings, *The Biological Basis of Human Nature*。亦可参阅 Jennings, "Heredity and Environment", *Scientific Monthly*, 1924。关于这个文本以及其他同样批评优生学的美国人，可参阅 Allen, *Eugenics and Modern Biology: Critiques of Eugenics*, 1910—1945。作者还讨论了美国新闻记者李普曼（Walter Lippmann）的一个有趣的反对意见。

100. Jennings, *Human Nature*, pp. 178—179.

101. 同上。

102. 同上，pp. 203—206。

103. 同上，p. 206。

104. 同上，p. 208。

105. 同上，pp. 228—229。

106. Allen, *Eugenics and Modern Biology*.

107. 同上 p.322.

108. 例如参见 Paul, Spencer, et. al. *Eugenics at the Edges of Empire*。

109. Allen, *Eugenics and Modern Biology*, p. 324。对此有一个重要的补充观点：许多科学评论发表在科学期刊上或通过私密途径（如信件）表达，因此不为公众所知。他写道："因而，普通公众明显地得到这样一种印象，即优生学获得了科学/遗传学界的认可。"故此，他总结说，在当代的争论中，专家揭露公共科学主张中的谬误是很重要的，这样公众才能知道并理解相关的批评。我赞同并补充一点：当公共话语中隐隐然有其他可能性时，科学家在公共场合确认在疫苗接种安全等问题上的共识也非常重要。

110. Skovlund et al. "Association of Hormonal Contraception with Depression."

111. Bakalar, "Contraceptives Tied to Depression Risk."

112. McDermott, "Can Birth Control Cause Depression?"

113. Tello, "Can Hormonal Birth Control Trigger Depression?"关于艾滋病危机中病人的角色,见 Epstein, *Impure Science*。我在这里的论点不是说病人的判断一定正确,而是说病人的报告是医生和研究人员该当关注的一种证据形式。

114. 关于自闭症和疫苗的证据有一本很好的入门读物,即 Mnookin, *The Panic Virus*。

115. Tello. "Can Hormonal Birth Control Trigger Depression?"

116. 更多关于定量统计在科学中的作用,参见 Porter, *Trust in Numbers*; Daston and Galison, *Objectivity*。

117. 关于误诊率可参见 Kirch and Schafi, "Misdiagnosis at a University Hospital in 4 Medical Eras";关于营销对处方药的影响可参见 Iizuka and Tin, "The Effect of Prescription Drug Advertising on Doctor Visits"。

118. Jones, Mosher, and Daniels, "Current Contraceptive Use in the United States, 2006—2010, and Changes in Patterns of Use since 1995"。批判性评论可参见:Schaffir, Worly, and Gur, "Combined Hormonal Contraception and Its Effects on Mood"。

119. Christin-Maitre, "History of Oral Contraceptive Drugs and Their Use Worldwide."

120. Seaman and Dreyfus, *The Doctor's Case against the Pill*, p. 210.

121. 最近,一项专门研究(同样在丹麦!)得出结论,女性使用激素避孕会增加两倍的自杀风险。Skovlund et al., "Association of Hormonal Contraception with Depression"。

122. Thompson, "A Brief History of Birth Control in the U.S."

123. Seaman and Dreyfus, *The Doctor's Case against the Pill*, p. 213.

124. 同上,214。

125. 同上,p. 223。

126. Oreskes, "The Scientific Consensus on Climate Change."

127. Cook et al., "Quantifying the Consensus"; Cook et al., "Consensus on Consensus."

128. Behre et al., "Efficacy and Safety of an Injectable Combination Hormonal Contraceptive for Men."

129. 同上。该研究得出结论:"该研究方案实现了几乎完全和可逆的精子形成抑制。与其他可供男性使用的可逆避孕方法相比,该方法的避孕效果较好。轻度到中度情绪障碍的频率相对较高。"媒体报道包括:CNN, "Male Birth Control Shot Found Effective, but Side Effects Cut Study Short"; "Male Birth Control Study Killed after Men Report Side Effects"; Watkins, "Why the Male 'Pill' Is Still So Hard to Swallow"。

130. Moses-Kolko et al., "Age, Sex, and Reproductive Hormone Effects on Brain Serotonin-IA and Serotonin-2A Receptor Binding in a Healthy Population"; Toufexis et al.,"Stress and the Reproductive Axis."

131. Mayo Clinic Staff, "Antidepressants"; Oláh, "The Use of Fluoxetine (Prozac) in Premenstrual Syndrome"; Cherney and Watson, "Managing Antidepressant Sexual Side Effects."

132. Balon, "SSRI-Associated Sexual Dysfunction"; Rosen, Lane, and Menza, "Effects of SSRIs on Sexual Function."

133. Rosen, Lane, and Menza, "Effects of SSRIs on Sexual Function"; Block "Antidepressant Killing Your Libido?"

134. Skovlund et al., "Association of Hormonal Contraception with Depression."

135. 关于此点,参见 Ziliak and McCloskey, *Cult of Statistical Significance*, 以及克罗斯克尼在本书中的评论。

136. Oreskes and Conway, *Merchants of Doubt*, p. 141.

137. 贝克特尔写道,科学家,特别是生命科学领域内的,经常使用机制来解释自然现象,但是机制在科学方法论中的作用在科学哲学中还没有得到充分的探索,科学哲学主要关注演绎方法。Bechtel, *Discovering Cell Mechanisms*; Bechtel, *Mental Mechanisms*。亦可参阅 Craver and Darden, *In Search of Mechanisms*; Machamer, Darden, and Craver, "Thinking about Mechanisms"。

138. Saint Louis, "Feeling Guilty about Not Flossing?"

139. "Haven't Flossed Lately?"

140. Greenberg, "Science Says Flossing Doesn't Work. You're Welcome."

141. Clarke-Billings, "After Generations of Dentists' Advice, Has the Flossing Myth Been Shattered?"

142. Donn, "Medical Benefits of Dental Floss Unproven."

143. "Sink Your Teeth into This Debate over Flossing."

144. Donn, "Medical Benefits of Dental Floss Unproven"。这些报告都没有指出牙线的其他重要用途,包括越狱:"Inmate Recalls How He Flossed Way To Freedom"。参见"Haven't Flossed Lately?"

145. "Everything You Believed about Flossing Is a Lie."

146. Rubin, "At a Loss over Dental Floss."

147. O'Connell, "The Great Dental Floss Scam."

148. Rubin, "At a Loss over Dental Floss."

149. Take Care Staff, "How a Journalist Debunked a Decades Old Health Tip."

150. 同上。

151. Hare, "How an AP Reporter Took down Flossing."

152. Ghani, "The Deceit of the Dental Health Industry and Some Potent Alternatives"。营养和基因当然会起作用。但问题是牙线是否有用,所以此种情形中其他

因素不在讨论之列。

153. Donn, "Medical Benefits of Dental Floss Unproven."

154. 同上。

155. 同上。亦可参考 Resnick, "If You Don't Floss Daily, You Don't Need to Feel Guilty".

156. Harrar, "Should You Bother to Floss Your Teeth?"

157. Hare, "How an AP Reporter Took down Flossing."

158. "About Us | Cochrane."

159. Sambunjak et al., "Flossing for the Management of Periodontal Diseases and Dental Caries in Adults."

160. 同上。

161. 尽管效应量很小:"1个月的SMD为-0.36(95% CI-0.66至-0.05),3个月的SMD-0.41(95% CI-0.68至0.14),6个月的SMD-0.72(95% CI-1.09至0.35)。"

162. Silness-Löe 指数是一种基于菌斑积累的口腔卫生指数。Moslehzadeh, "Silness-Löe Index"。SMD为效应量。

163. Levine, "The Last Word on Flossing Is Two Words: Pascal's Wager."

164. Bakalar, "Gum Disease Tied to Cancer Risk in Older Women"; Smyth, "Gum Disease Sufferers 70% More Likely to Get Dementia"。这篇文章后面的评论满是显而易见的反感和消极态度,看来让人们接受这些调查结果存在着巨大阻力。有必要研究一下为什么《纽约时报》的读者对牙线如此重要的观点这么反感!

165. Saint Louis, "Feeling Guilty about Not Flossing?"更多牙医对牙线的辩护,参阅 Selleck, "National Media's Spotlight on Flossing Enables Dental Professionals to Shine"。

166. 卡特赖特认为随机对照试验并不总是评估医疗效果的最佳工具:Cartwright, "Are RCTs the Gold Standard?"; Cartwright, "A Philosopher's View of the Long Road from RCTs to Effectiveness".

167. Cartwright and Hardie, *Evidence-Based Policy*.

168. 这一观点的提出者是 Shmerling, "Tossing Flossing?"

169. Harrar, "Should You Bother to Floss Your Teeth?"

170. Rubin, "At a Loss over Dental Floss"。亦可参阅"The Medical Benefit of Daily Flossing Called into Question".

171. Bechtel, *Mental Mechanisms*; Bechtel, *Discovering Cell Mechanisms*; Craver and Darden, *In Search of Mechanisms*; Machamer, Darden, and Craver, "Thinking about Mechanisms."

172. Saint Louis, "Feeling Guilty about Not Flossing?"

173. Cartwright and Hardie, *Evidence-Based Policy*.

174. "The Medical Benefit of Daily Flossing Called into Question."

175. Saint Louis, "Feeling Guilty about Not Flossing?"

176. 同上。

177. Crichton, "Aliens Cause Global Warming"; Perry, "For Earth Day"; Bushway, "Eugenics";等等。

178. "From the Editor."

179. Institute of Medicine（US）Committee on the Robert Wood Johnson Foundation Initiative on the Future of Nursing, "Transforming Leadership"; Editorial Board, "Opinion: Are Midwives Safer Than Doctors?"亦可以参考 Bourdieu and Passeron, *Reproduction in Education, Society and Culture*。它对权威的专业知识是如何创造和复制的进行了讨论。我们不应该仅仅因为"接地气"，就认为"其他专业人士"的观点必定正确；许多美国农民都是优生学的热心支持者，但我们可以争论这些人是否真的是专家；诸如此类。

180. Finlayson, *Fishing for Truth*；关于农夫，可参见温的经典研究 *May the Sheep Safely Graze?*以及更晚近的作品，比如"Participatory Mass Observation and Citizen Science"。关于把病人看作有相关知识的人，可参阅 Epstein, *Impure Science*。

181. Wynne, *May the Sheep Safely Graze?* p. 61.

182. Garber, *Academic Instincts*.

183. 相反，当科学家们偏离了他们的专业知识和经验领域时，对待他们的主张我们应报以审慎的态度，而不必惊慌。我在其他地方已经指出，"兜售怀疑的商人"的一个特征是，他们会做出与主流科学相冲突的自信声明，但又远远超出了他们自己的专业领域。见《为什么信任科学：科学史和科学哲学的视角》一章的讨论。

184. Wynne, *May the Sheep Safely Graze?* p. 74 及 p. 77。

185. Mnookin, *The Panic Virus*.

186. Oreskes and Conway, *Merchants of Doubt*; Brandt, *The Cigarette Century*; Proctor, *Golden Holocaust*; Proctor and Schiebinger, *Agnotology*; McGarity and Wagner, *Bending Science*; Wagner, "How Exxon Mobil 'Bends' Science to Cast Doubt on Climate Change"; Michaels, *Doubt Is Their Product, 2008*; Markowitz and Rosner, *Deceit and Denial*。新近对这类文献有用的补充是 Richard Staley, *Partisanal Knowledge: On Havek and Heretics in Climate Science and Discourse*。即将出版。

187. Mnookin, *The Panic Virus*.

188. https://www.nytimes.com/2015/o1/o4/opinion/sunday/playing-dumb-onclimate-change.html.

189. Bateman, "Sex in Education: A Case Study of the Establishment of Scientific Authority in the Service of a Social Agenda," p. 11.

190. 要了解技术界的类似观点，请参阅 Emily Chang 在硅谷的对"精英统治"的讨论：Chang, *Brotopia*。

191. Oreskes and Conway, *Merchants of Doubt*.

192. 1992年，温在其关于受切尔诺贝利核灾难放射性沉降物影响的坎布里亚牧羊场主的经典研究中总结道，普通人"比科学专家更善于反思自身知识的状况"

（Wynne, Misunderstood Misunderstanding, p. 298）。他的例子可能不是独一无二的；我们中的许多人发现，当被要求反思他们知识的状况时，科学家往往会采取提防的态度，认为任何这样的尝试都是对这种状况的攻击，即使它的目的是使科学更强大，或更客观。（参见《为什么信任科学：科学史和科学哲学的视角》）温还提出了另一个重要观点。他指出，"在现实世界中［原文如此］，人们必须调和或适应与矛盾共存，而这些矛盾并不一定在他们的控制范围内能够化解"，而"推动科学的隐含道德义务是重组和控制世界，以消除矛盾和歧义"。毫无疑问，他是对的（尽管我会认为科学家生活在现实世界中，虽然他们希望他们没有），但在我看来，越来越多的科学家已经逐步认识到，在很多领域，他们无法重组和控制世界，而是必须找到与矛盾和歧义共存的办法。女性主义的观点在此处再次体现出价值：女科学家一生都生活在作为女性和科学家的矛盾中，而这个世界仍然告诉她们，作为女性的品质（理解为感性）与作为科学家的品质（理解为理性）是不一致的。从这个意义上说，女科学家生活在杜波依斯（W. E. B. DuBois）提出的著名的"双重意识"之中。参见 Wynne, *May the Sheep Safely Graze?*

193. 事实上，若非如此，我们现在也就不会研究它了，只会视它为一个已被证明为错误的想法……

194. Rudner, "The Scientist qua Scientist Makes Value Judgments"; Douglas, "Inductive Risk and Values in Science," 2000; Douglas, *Science, Policy, and the Value Free Ideal*; Elliot and Richards, *Exploring Inductive Risk*.

195. Stern, *The Economics of Climate Change*; Stern, *Why Are We Waiting?* Nordhaus, *The Climate Casino*.

196. Brandt, *The Cigarette Century*; Proctor, *Golden Holocaust*; Michaels, *Doubt Is Their Product, 2008*; Oreskes and Conway, *Merchants of Doubt*.

197. Pearce et al. "Beyond Counting Climate Consensus."

198. Wynne, "Misunderstood Misunderstanding", p. 301.

199. Stark, *Behind Closed Doors*, p. 10.

200. "Gender Diversity in Senior Positions and Firm Performance"。讨论于 Emily Chang, *Brotopia*, p. 251。

201. Heather Douglas, *Science, Policy, and the Value-Free Ideal*.

202. 这一论点有时被用来表明，多样性在物理学中并不重要。巴拉德（Karen Barad）在她的书《半途而废》（*Meet the Universe Halfway*）中探讨了这个问题，书的开头是富尔顿（Alice Fulton）的一首诗，"因为我们不期待的真相很难让人感到……"

203. 我在他处提出，若第二次世界大战没有爆发，大陆漂移可能会在20世纪40年代被接受，但是无论是否真的如此，同样重要的是，当新信息在20世纪50年代末，以及60年代出现后，地球科学家接受了它们并迅速完善了板块构造理论。Oreskes, *Science on a Mission: American Oceanography in the Cold War and Beyond*。

204. Duesberg, "Peter Duesberg on AIDS."

205. 迪斯贝格在他的网站上声称，他的同事不理睬他的辩论，并利用这一点来筹措经费以继续研究。但他大量的出版物记录驳斥了这种说法。很可能他在筹集经费开展支持自己假说的研究方面遇到了困难,但资助环境是高度竞争的,评议人不赞同把钱花在他们认为毫无结果的研究上是合理的。同样,他的同事们的判断可能是错误的,但这不同于压制不同意见。

余论:科学中的价值观

1. Zycher, "The Absurdity That Is the Paris Climate Agreement."

2. 哲学家贾米森(Dale Jamieson)对此有过雄辩的说明。见 Jamieson, *Reason in a Dark Time*; 亦可参阅 Howe, *Behind the Curve*。

3. 道格拉斯引用赫里克的题为"垃圾科学和环境政治"(Junk Science and Environmental Policy)一文来说明这一点,其中"垃圾科学"(junk science)一词被批评家用来抹黑他们不喜欢其含义的工作(Douglas, *Science, Policy, and the Value-Free Ideal*, p. 11)。然而,她没考虑到的是,这个词的使用并非任意的;它由工业团体宣传使用,希望借此玷污那些含义与它们的产品或活动背道而驰的科学。同样,"健全的科学"(sound science)一词由烟草企业所宣传,用以诋毁他们认为"不健全"的科学。于是,在公关人员的帮助下,他们创建了健全科学进步联盟(Oreskes and Conway, *Merchants of Doubt*, pp. 150—152)。

4. Leiserowitz and Smith, "Knowledge of Climate Change across Global Warming's Six Americas"; 或参见 Oreskes and Conway, *Merchants of Doubt*。

5. Moore, *Disrupting Science*, p. 23; Jewett, *Science, Democracy, and the American University*, particularly, pp. 366—367.

6. Oreskes and Conway, *Merchants of Doubt*; Posner, *A Failure of Capitalism*; Brulle, "Institutionalizing Delay"; Dunlap and Brulle, *Climate Change and Society*. McCright and Dunlap, "Challenging Global Warming as a Social Problem"; McCright and Dunlap, "Social Movement Identity and Belief Systems."

7. Deen, "U.S. Lifestyle Is Not up for Negotiation"; "A Greener Bush."

8. Leiserowitz and Smith, "Knowledge of Climate Change across Global Warming's Six Americas."

9. Antonio and Brulle, "The Unbearable Lightness of Politics."

10. Numbers, *Galileo Goes to Jail and Other Myths about Science and Religion*, ch. 20.

11. K. Miller, *Only a Theory*, p. 139。或参见 Miller, *Finding Darwin's God*。

12. Proctor, *Value-Free Science?* Douglas, *Science, Policy, and the Value-Free Ideal*.

13. Shapin, *A Social History of Truth*; Weber, *Science as a Vocation*.

14. 一个例子是: Siegrist, Cvetkovich, and Gutscher, "Shared Values, Social Trust, and the Perception of Geographic Cancer Clusters"。本文认为,缺乏对公共卫生专家的信任是人们相信癌症群集性的原因之一,即使它们已经被证明是统计上的群集,并没有因果关系。

15. Merton, "Science and the Social Order", p. 329。亦可参考 Dant 的讨论 *Knowl-*

edge, Ideology, Discourse, and Mazotti, Knowledge as Social Order。

16. Daniels, "The Pure-Science Ideal and Democratic Culture"; Kevles, The Physicists; England, A Patron for Pure Science. The National Science Foundation's Formative Years, 1945—1957. NSF 82—24; Greenberg, Maddox, and Shapin, The Politics of Pure Science.

17. Merton, "Science and the Social Order", p. 328.

18. Proctor, Value-Free Science? Longino, The Fate of Knowledge; Douglas, Science, Policy, and the Value-Free Ideal.

19. Heilbron, The Sun in the Church.

20. Merton, Science, Technology & Society in Seventeenth-Century England.

21. Oreskes, Science on a Mission.

22. Oreskes and Krige, Science and Technology in the Global Cold War; Fleming, Fixing the Sky; Fleming, Meteorology in America, 1800—1870; Kohler, Partners in Science; H. S. Miller, Dollars for Research.

23. 除非这些价值观是由虚假的东西灌输所致。事实上，我将就此为许多气候变化否认者声辩。右翼评论员林博（Rush Limbaugh）、贝克（Glenn Beck）和卡托研究所的许多成员都赞同哈耶克的观点，认为社会民主不可避免地会走向极权主义。在《通往奴役之路》（The Road to Serfdom）出版后的几年里，这种说法被证明是不正确的。参见《西方文明的崩溃》（Collapse of Western Civilization）中的讨论。同样，许多美国农村人也不喜欢"大政府"和联邦所得税，因为他们认为政府项目的大部分支持了市中心的居民。事实上，研究表明，按人均计算，美国农村是联邦资金的最大受益者。参见 Reeder, Bagi, "Federal Funding in Rural America Goes Far Beyond Agriculture"，以及 Olson, "Study: Urban Tax Money Subsidizes Rural Counties"。

24. 在读研究生的时候，我曾经问我的论文指导老师，在写单个作者论文的时候应该用什么代词。他告诉我，要避免使用所有代词，而要把数据作为作者：如证据表明、数据表明或结果显示；使用被动语态，"矿床是由高温流体产生的……"；或者，如果所有的招儿都不管用，就用高贵的"我们"。现在大多数科学论文都是合著的，所以"我"的问题被排除了。但是这些模式有助于解释为什么被动语态在科学写作中如此普遍。

25. Daston and Galison, Objectivity。这与"无源之见"的理念有关。无作者论文是客观知识的理想表达。

26. 联系人告知，许多圣经段落指出，只有上帝才知道末日何时来临，而普通人提出相反的建议是狂妄的。例如，可参考 https://www.openbible.info/topics/when the world will end。海霍（Hayhoe）指出，在帖撒罗尼迦前书4:9—12和帖撒罗尼迦后书3:6—16中，保罗阐述了这一点。"许多人认为，一些帖撒罗尼迦人停止工作，是因为末日即将来临。他们可能会觉得自己已经生活在神的国度里，没有必要工作；或者他们可能觉得耶稣随时会来，因此工作没有意义。帖撒罗尼迦书信中确实有很多关于末世的误解，有趣的是，帖撒罗尼迦前书4:9—12和帖撒罗尼迦后书3:6—16中关于懒惰的段落，都是在末世的教导背景下出现的"（海霍电子邮件交流）。因此，即使末日将临，也不是偷懒或自满的理由。另一个联系人对我说，可以尝试告诉福音派基督徒说，当耶稣降临，发现我们把他父亲的作品搞得一团糟，会不高兴的！亦可参见 Mooney, "How to Convince Conservative Christians That Global Warming Is Real"。

27. Dietz, "Bringing Values and Deliberation to Science Communication"；亦可参阅 Fischhoff, "The Sciences of Science Communication"; National Academies of Sciences, *Using Science to Improve Science Communication*。

28. 道格拉斯也提出了类似的观点，尽管依据略有不同。她认为，价值无涉的理想不仅无法实现（我赞同），而且不受欢迎（我也赞同，但原因有异）。她的理由是，科学作为一种活动不应该是价值中立的，因为它不应该脱离社会。要让科学成为民主社会的适当组成部分，科学家"必须把他们的工作的后果视为我们共同承担的基本责任的一部分"。摘自 Douglas, *Science, Policy, and the Value-Free Ideal*, p. 15。我认为这可能是正确的，但我拒绝价值中立的首要理由是：作为个体的科学家需要表达和分享他们的价值观，以与我们的同胞建立联系及信任的纽带。我的第二个理由是，我们不可能（也不应该）成为真正的价值中立者，因此声称我们是中立者，就等于宣称某些不可能的事情，这意味着我们要么愚蠢、天真，要么说谎，这不是建立信任纽带的基础。

29. 可参见，"Shaping Tomorrow's World: Our Values"。关于弥合科学家和怀疑论者之间信任鸿沟的价值观的一个实际例子，请参阅 Webb and Hayhoe, "Assessing the Influence of an Educational Presentation on Climate Change Beliefs at an Evangelical Christian College"。

30. Berlin, *Two Concepts of Liberty*；参阅 Baum and Nicols 的讨论, *Isaiah Berlin and the Politics of Freedom*, p. 43。亦可参考林肯说的："我们都宣布为自由而战，但我们用的同一个词并不都是同一个意思……牧羊人把狼从羊的喉咙上赶走，羊因此感谢牧羊人是一个解放者，而狼谴责牧羊人是一个破坏自由的人。"

31. Prothero, *Religious Literacy*.

32. Stern, *Report on the Economics of Climate Change*.

33. 参见梅尔维尔出版社出版的 *Encyclical on Climate Change and Inequality* 第9页上我的介绍。

34. Intergovernmental Panel on Climate Change, Global Warming of 1.5°C.

冻豌豆的认识论：纯洁、暴力与对20世纪科学的日常信任

1. 有关当前科学方法中涉及人员和过程的特别令人毛骨悚然的描述，请参阅恩伯（Daniel Engber）关于曾是鲍林合作者的罗滨逊的详细故事。罗滨逊出自科学世家，并拥有家庭实验室。他在气候科学怀疑论中发挥了关键作用。Engber, "The Grandfather of Alt-Science".

2. 我知道在科学"向下"过滤成为技术（或机械）的先验关系中包含的所有假设，因它们被如此广泛地接受，所以我使用这些假设。关于这个问题更为批判性的

质疑，可见 Pisano 和 Bussati, "Historical and Epistemological Reflections"。

3. 包括考恩（Ruth Cowan）和布鲁尔（Priscilla Brewer）在内的几位技术史学家都对国内技术的用途和意义进行了深思熟虑的研究。然而，他们没有强调炉灶或吸尘器的高度科学起源。相反，技术史学家一直对用户如何适应并理解技术和技术变革感兴趣。另见布施（Busch）在1983年发表的关于燃气和电饭锅的引人注目的文章，这里重点同样不在于科学思想对炉灶的营销者和制造商的重要性。

4. Engdahl and Lidskog, "Risk Communication and Trust"。信任不仅是理性/认知的，而且是情感的，目前关于公众信任的讨论"有一个有限的理性主义偏见，即强调信任的认知反身方面，而忽视其情感方面"（第704页）。他们的工作是努力发展一种信任理论来解决这种情感特征。

5. 比如可以参看 Cartwright, *Hunting Causes and Using Them: Approaches in Philosophy and Economics*。

6. 想想 Hofstadter, *Anti-Intellectualism in American Thought*。

7. Wynne, *Risk Management and Hazardous Wastes*。强调信任是关系的，在分析公众对科学的信任时，情感-理性的二分从根本上是误导性的。

8. 参见 Mitchell, *Test Cases: Reconfiguring American Law, Technoscience and Democracy in the Nuclear Pacific*。

9. Crawford, "Internationalism in Science."

10. 关于纯粹的观点以及"科学主义"的新形势，见 Shapin, "The Virtue of Scientific Thinking"。

11. http://www.vqronline.org/essay/technology-history-and-culture-appreciation-melvin-kranzberg.

12. Wang, "Physics, Emotion, and Scientific Self."

13. 1954年7月9日，波拉德致默里（Tomas E. Murray，原子能委员会委员），抄送给史密斯，收录于 Henry DeWolf Smyth Papers，美国哲学学会，费城。波拉德回应了默里最近的声明，即从事任何形式国防工作的科学家都必须提防与那些可能可疑的人的一切联系。波拉德认为这对于那些在大学教书的人来说是"不可能的"，因为他们可能无法辨别学生的忠诚。波拉德说，这种期待可能会导致许多大学科学家停止国防工作。

14. 1954年7月9日，波拉德致默里（原子能委员会委员），抄送给史密斯，收录于 Henry DeWolf Smyth Papers，美国哲学学会，费城。

15. Galison, "Removing Knowledge."

16. Wang, *American Science in an age of Anxiety*; Wang, "Physics, Emotion, and the Scientific Self."

17. 参见下面的 Steinberg。

18. Wang, *American Science in an age of Anxiety*; Moore, *Disrupting Science*; Bridger, *Scientists at War*。

19. Freire, "Science and Exile."

20. 史密斯保存了一份公众对他工作和想法回应的文件。收录于 Henry DeWolf Smyth Papers，美国哲学学会，费城。

21. 特别见1953年12月11日斯坦伯格给儿童癌症研究基金会法伯（Sydney Farber）博士的信，收录于 Papers of Arthur Steinberg，美国哲学学会。他在其中总结了指控和谣言。斯坦伯格曾被考虑担任基金会的一个职位，但他没有得到那个位置，因为会长听到了他同情美国共产党的传闻，尽管他说这些传闻都不正确。

22. 参见相关文件，收录于 Papers of Arthur Steinberg，美国哲学学会，费城。在20世纪，科学家们甚至被囚禁，比如第一次世界大战中的遗传学家戈尔德施密特（Richard Goldschmidt），被怀疑对德国人有同情心；再比如细胞遗传学家古谷（Masuo Kodani），他在第二次世界大战中在曼扎纳尔的日本拘留营进行橡胶研究（Richmond, "A Scientist during Wartime"; Smocovitis, "Genetics behind Barbed Wire"）。

23. 关于卢里亚对冷战科学紧张局势看法的讨论，参见 Selya, *Salvador Luria's Unfinished Experiment*。

24. Probstein, "Reconversion and Non-Military Research Opportunities", 52.

25. Gusterson, *Testing Times*; Aaserud, "Sputnik and the 'Princeton Three'"; Cloud, "Imaging the World in a Barrel."

26. 参见我的博士生多施即将出版的研究。

27. Engber, "The Grandfather of Alt-Science."

28. Haraway, "Situated Knowledges", 598.

29. Haraway, "Situated Knowledges", 579.

30. Shapin, "What Else Is New?"

31. Edgerton, *The Shock of the Old Technology and Global History since 1900*.

32. 至于一个令人信服的关于冷冻物体的科学研究（与冻豌豆无关），可参考 Radin, *Life on Ice*。

信任科学的理由是什么？

1. Hume, *A Treatise of Human Nature*, bk. 1, pt. 3, sec. 6; Hume, *An Enquiry Concerning Human Understanding*, secs. 4—5.

2. Descartes, *Meditation on First Philosophy*.

3. Sextus Empiricus, *Against the Logicians*, p. 179.

4. Sellars, "Empiricism and the Philosophy of Mind", sec. 38.

5. Lange, "Hume and the Problem of Induction."

6. Sellars, "Some Reflections on Language Games", p. 355; cf. Lange, "Would Direct Realism Resolve the Classical Problem of Induction?"

7. 感谢某位匿名评审人员友好地鼓励我将这一点说得更清楚些。

8. Kuhn, *The Structure of Scientific Revolutions*.

9. Galilei, *Two New Sciences*, p. 167.

10. Meli, "The Axiomatic Tradition in Seventeenth-Century Mechanics"。1643年10

月,梅森(Marin Mersenne)在给德尚(Theodore Deschamps)的一封信中提到了这些相互竞争的提议。德尚在回复中给出了同样的证明,表明法布里和勒卡兹尔的提议都是不正确的。参见 Palmerino, "Infinite Degrees of Speed: Marin Mersenne and the Debate over Galileo's Law of Free Fall," pp. 295—296。我参照了帕尔梅里奥(Palmerino)展示这一论证的优雅方法。

11. 因次齐一性的更多细节,参见 Lange, *Because without Cause* 的第6章和那里列出的参考文献。

12. 在与自由落体相关的提议中,伽利略的奇数规则并不是唯一满足因次同一性的。奇数规则指出,在第 n 个时间段内物体下落的距离是其在第一段时间内的 $2n-1$ 倍,设想一个规则指出,在第 n 个时间段内,物体下落的距离是其在第一段时间内的 $3n^2-3n+1$ 倍。根据这一规则,在相继时间段内经过的距离是 1s,7s,19s,37s,61s,91s……与伽利略的规则一样,这一提议也是因次齐一的。例如,在时长为两倍时间段内,这一规则下经过的距离为 8s(1s+7s),56s(19s+37s),152s(61s+91s),……,而 8:56:152 正是 1:7:9。因次,尽管伽利略的因次论证排除了奇数规则的一些竞争方案,但它并不足以淘汰所有竞争方案。

13. Newport, "In U.S., 46% Hold Creationist View of Human Origin."

14. Horowitz, "Paul Broun: Evolution, Big Bang 'Lies Straight From the Pit of Hell.'"

15. Hoffman, "Climate Science as Culture War."

16. Goodman, *Fact, Fiction, and Forecast*, pp. 59—83.

17. Laudan, "The Demise of the Demarcation Problem."

18. Laudan, "A Confutation of Convergent Realism."

重构帕斯卡赌注:风险社会可信的气候政策评估

1. 参见 http://www.epa.gov/sites/production/files/2017-10/documents/ria_proposed-cpp-repeal_2017—2010.pdf,查询于2017年11月30日。

2. Beck, Risk Society, 21.

3. Kowarsch et al., "A Road Map for Global Environmental Assessments",该文献表明,许多在2015年的巴黎协定中制定了雄心勃勃的缓解目标的决策者和利益相关者,都希望政府间气候变化专家组未来的评估更明确地侧重于解决方案,特别是政策的评估,而不是问题分析。

4. Sarewitz, "How Science Makes Environmental Controversies Worse."

5. 有些人错误地认为,社会科学和人文科学不能(出于道德原因)也不应该为政策途径及其实际影响提供客观评估。这有不同的理由,包括:(1)理论上的假设,即不可能刻意引导社会进程,从而导致某种形式的一般政策怀疑论;(2)伦理相对主义和激进建构主义,这意味着任何政策评估都是建立在高度可疑的、纯粹的"主观"价值判断的基础上;(3)近年来许多科学技术学研究只关注政治和权力结构等。我们不认为这些是反对从事科学政策评估以促进政策学习过程的有力理由。

6. 这个赌注是由法国哲学家、数学家和物理学家帕斯卡(1623—1662)在神学背景下构想的。

7. IPCC, *Climate Change 2014*.

8. E.g., Koch et al., "Politics Matters."

9. Kowarsch et al., "A Road Map for Global Environmental Assessments."

10. Edenhofer and Kowarsch, "Cartography of Pathways."

11. Kowarsch, *A Pragmatist Orientation for the Social Sciences in Climate Policy*, ch. 5.

12. Kowarsch, *A Pragmatist Orientation for the Social Sciences in Climate Policy*, ch. 6.

13. 奥雷斯克斯提到了一个生动的例子,天主教会促进天文学更精确地计算复活节的确切日期。

14. 更多细节可参考 Putnam, The Collapse of the Fact/Value Dichotomy and Other Essays and Kowarsch 2016, sec. 6.2.3。

15. Edenhofer and Kowarsch, "Cartography of Pathways"; Kowarsch, *A Pragmatist Orientation for the Social Sciences in Climate Policy*.

对科学现状与未来的评论:受启发于内奥米·奥雷斯克斯

1. Bhattacharjee, "The Mind of a Con Man."

2. Bem, "Feeling the Future."

3. Yong, "A Failed Replication."

4. Lehrer, "The Truth Wears Off."

5. Vul et al., "Puzzlingly High Correlation."

6. Lehrer and Vul, "Voodoo Correlations."

7. Zimbardo, "The Stanford Prison Experiment."

8. Reicher and Haslam, "Rethinking the Psychology of Tyranny."

9. Festinger, *A Theory of Cognitive Dissonance*.

10. Lord, Ross, and Lepper, "Biased Assimilation and Attitude Polarization."

11. Miller et al., "The Attitude Polarization Phenomenon."

12. Carey, "Many Psychology Findings Not as Strong as Claimed."

13. LaCour and Green, "When Contact Changes Minds."

14. Carey and Belluck, "Doubts about Study of Gay Canvassers."

15. Mathews, "Papers in Economics 'Not Reproducible.'"

16. 参见比如 Barone, "Why Political Polls Are So Often Wrong."

17. Baker, "Biotech Giant Publishes Failures to Confirm High-Profile Science."

18. Open Science Collaboration, "Estimating the Reproducibility of Psychological Science."

19. Prinz, Schlange, and Asadullah, "Believe It or Not."

20. Walter, "Call to Arms on Data Integrity."

21. Koricheva and Gurevitch, "Uses and Misuses of Meta-analysis in Plant Ecology"; Jennions and Moller, "Relationships Fade with Time."

22. Freedman, Cockburn, and Simcoe, "The Economics of Reproducibility in Preclinical Research"; Freedman, "Lies, Damned Lies, and Medical Science."

23. Ioannidis, "Why Most Published Research Findings Are False."

24. John, Loewenstein, and Prelec, "Measuring the Prevalence of Questionable Research Practice."

答复

1. Oreskes, *Science on a Mission: American Oceanography from the Cold War to Climate Change.*

2. 关于保持控制知识分子议程的问题，参见 Forman, "Behind Quantum Electronics"。

3. Bloor, *The Enigma of the Aerofoil*, 给出了若干例证。

4. "Perceptions of Science in America."

5. Wazeck, *Einstein's Opponents.*

6. Oppenheimer et al., *Discerning Experts*; Wolfe and Sharp, "AntiVaccinationists Past and Present."

7. Cook, Ellerton, and Kinkead, "Deconstructing Climate Misinformation to Identify Reasoning Errors"; Cook, Lewandowsky, and Ecker, "Neutralizing Misinformation through Inoculation"; Linden et al. "Inoculating against Misinformation"; Linden et al. "Inoculating the Publicagainst Misinformation about Climate Change."

8. Layton, "Mirror-Image Twins."

9. Oreskes and Conway, *Merchants of Doubt.*

10. Oppenheimer et al., *Discerning Experts.*

11. Proctor, *Value-Free Science?*

12. Pope Francis, *Encyclical on Climate Change and Inequality.*

13. 关于心理学的复制危机参看：Yong, "Psychology's Replication Crisis Is Running out of Excuses"; Bishop, "What Is the Reproducibility Crisis in Science and What Can We Do about It?"; "Oxford Reproducibility Lectures"。

14. 关于撤稿危机，参见 Brainard and You, "What a Massive Database of Retracted Papers Reveals about Science Publishing's Death Penalty"。

15. Gonzales and Cunningham, "The Promise of Pre-Registration in Psychological Research"; Nosek and Lindsay, "Preregistration Becoming the Norm in Psychological Science."

16. https://www.nature.com/articles/d41586-019-00857-9.

17. 在我看来，特别具有误导性的反应是，2018年一群心理学家和其他科学家提议通过将统计显著性阈值从0.05提高到0.005来解决重复性问题：https://psyarxiv.

com/mky9j/?_ga = 2.29887741.370827084.1500902659-399963933.1500902659。我们只能希望这些科学家阅读2019年《自然》杂志上的那篇文章。

18. Lewandowsky et al., "Seepage and Influence: An Evidence-Resistant Minority Can Affect Scientific Belief Formation and Public Opinion"; Lewandowsky et al. "The 'Pause' in Global Warming in Historical Context"; Lewandowsky et al, "Seepage"; Lewandowsky, Risbey, and Oreskes, "The 'Pause' in Global Warming"; Lewandowsky, Risbey, and Oreskes, "On the Definition and Identifability of the Alleged 'Hiatus' in Global Warming"; Risbey et al, "A Fluctuation in Surface Temperature in Historical Context"; Risbey et al., "Well-Estimated Global Surface Warming in Climate Projections Selected for ENSO Phase."

19. Kennedy, "Why Did Earth's Surface Temperature Stop Rising in the Past Decade?"

20. Risbey et al, "A Fluctuation in Surface Temperature in Historical Context"; Mooney, "Ted Cruz Keeps Saying That Satellites Don't Show Global Warming. Here's the Problem"; Richardson, "Climate Change Whistleblower Alleges NOAA Manipulated Data to Hide Global Warming Pause"; Taylor, "Global Warming Pause Extends Underwhelming Warming."

21. 法内利(Daniele Fanelli)题为"有多少科学家捏造和伪造研究"的调查发现，11 000多名科学家中有2%(确切地说是1.97人)在其职业生涯中至少有过一次研究造假行为。我不知道这个数字与医生、律师、会计师或投资顾问相比如何，但如果它是正确的，那么98%的科学家是完全诚实的，这个非常棒的数字打动了我。另一方面，该研究报告称，"多达33.7%的人承认存在其他有问题的研究做法"。显然，这需要对什么是有问题的做法进行深究。

22. http://www.bbcprisonstudy.org/。调查一下英国赞助这项研究的背景会很有趣。

23. 一项重复性试验得出的结论是，一个重要的因素涉及参与者的自我选择，广告措辞的微小变化可能会影响结果。https://journals.sagepub.com/doi/abs/10.1177/0146167206292689?casa_token=6YVE-o6GoBsAAAAA%2AwT8rDXdHa6ilp7vrqXo2bnPFOiCMsw7FFgrF26XsBlri7ulicgAlf3w3d3SLLxPWaeuyn-QMViuC。这也提醒我们，心理学可能比物理、化学或地质学更容易受到结果不可重复问题的影响，因为人类是如此易变和敏感。我们得出诸如这样的结论合情合理：斯坦福大学的实验告诉了我们一些有趣的事情，一些人在特定的时间对特定的环境做出很不一样的反应，这使我们认识到，环境的微小变化可能会产生不同的结果。

24. Phillips, "The Female Mathematician Who Changed the Course of Physicsbut Couldn't Get a Job."

25. Alberts et al., "Self-Correction in Science at Work."

26. 这就是为什么烟草业长期以来坚持认为科学没有定论的一个重要原因：如果这是真的，那么政府在控制烟草方面按兵不动可能是合理的。参见Brandt, "Inventing Conflicts of Interest"。另一方面，如果已经有重要的证据表明烟草可能有害，那么即使在没有完全的科学一致性的情况下，政府开始采取行动保护公众健康也很有意义。

27. Hill, "The Environment and Disease: Association or Causation?"

28. 有关这一论点的更详细的阐述，参考石油和天然气行业的实践，参见 Oreskes, "Reconciling Representation with Reality".

29. Frederickson and Losada, "Positive Affect and the Complex Dynamics of Human Flourishing': Correction to Fredrickson and Losada (2005)."

30. Brown, Sokal, and Friedman, "The Complex Dynamics of Wishful Thinking"; Brown, Sokal, and Friedman, "The Persistence of Wishful 'Thinking."

31. For a full discussion, see Friedman and Brown, "Implications of Debunking the 'Critical Positivity Ratio' for Humanistic Psychology."

32. Steen, Casadevall, and Fang, "Why Has the Number of Scientific Retractions Increased?"

33. Fang, Steen, and Casadevall, "Mlisconduct Accounts for the Majority of Retracted Scientific Publications."

34. I am grateful to my colleague Alex Csiszar, who has studied the history of scientific publication, for his perspectives on this.

35. Steen, Casadevall, and Fang, "Why Has the Number of Scientific Retractions Increased?"

36. "Retraction Watch."

37. 关于古生物学研究成果的新闻报道被撤回是相当普遍的，它们通常是赤裸裸的欺骗（假化石），是在非科学媒体报道了未发表的研究后由科学家发现的。Pickrell, "How Fake Fossils Pervert Paleontology". 发生于古生物学领域的"皮尔当人"事件是科学史上最著名的骗局之一，它强化了这样一种观点：在吸引大量公众兴趣的领域，欺诈和骗局可能更常见。

38. Siegel et al. "Methane Concentrations in Water Wells Unrelated to Proximity to Existing Oil and Gas Wells in Northeastern Pennsylvania."

39. Oreskes et al, "Viewpoint"; Tollefson, "Earth Science Wrestles with Conflictof-Interest Policies."

40. Darrah et al., "The Evolution of Devonian Hydrocarbon Gases in Shallow Aquifers of the Northern Appalachian Basin."

41. 我此处可能太宽泛了。如果行业赞助的行为让一场本该适可而止的争辩继续展开，将会造成持久的伤害。当然，这极其难以判断，因为完全屏蔽行业影响、能对相同的数据进行收集和审查的"对照实验"是不可能有的。

42. Myers et al, "Why Public Health Agencies Cannot Depend on Good Laboratory Practices as a Criterion for Selecting Data"; Saal et al., "Flawed Experimental Design Reveals the Need for Guidelines Requiring Appropriate Positive Controls in Endocrine Disruption Research."

43. 一个有争议的案例是塞拉利尼（Gilles Seralini）和他的同事写的关于转基因玉米和农达除草剂对老鼠的影响的论文。该论文因研究结果"不明确"被撤。许多科学家反对这一不恰当的撤稿理由，该论文在另一家期刊上重新发表。参见 Oransky, "Retracted Seralini GMO-Rat Study Republished"。后来曝出，撤稿是精心策划的，至少受到农业生产商孟山都的严重干涉。参见 McHenry, "The Monsanto Papers"。

44. Brandt, *The Cigarette Century*; Proctor, *Golden Holocaust*; Michaels, *Doubt Is Their Product, 2008*; Oreskes and Conway, *Merchants of Doubt*。2013年,《英国医学杂志》(*BMJ*)、《心脏》(*Heart*)、《胸腔》(*Thorax*)和《英国医学杂志网络版》(*BMJ Open*)的编辑停止发表烟草业资助的研究。他们在一篇社论中说,"烟草业非但没有提高知识水平,反而利用研究故意制造无知,并推进其最终目标,即销售致命产品,同时拯救其支离破碎的合法性"。参见 Godlee et al., "Journal Policy on Research Funded by the Tobacco Industry"。

45. Dugan, "In U.S., Smoking Rate Hits New Low at 16%"。亦可参见：https://news.gallup.com/poll/237908/smoking-rate-hits-new-low.aspx。

46. Michaels, *Doubt Is Their Product*, 2008。亦可参见 Markowitz and Rosner, *Deceit and Denial*; Markowitz and Rosner, *Lead Wars*。法内利（"How Many Scientists Fabricate and Falsify Research?"）发现"医学/药理研究人员报告不当行为的频率高于其他人"。这支持了这样一种可能性：生物医学的不当行为是由医学研究的高度竞争气氛,以及利益关联资金的潜在扭曲效应,单独或二者共同驱动的。

47. Michaels, *Doubt Is Their Product*, 2008; Michaels and Monforton, "Manufacturing Uncertainty"; Oreskes et al., "Viewpoint", July 7, 2015.

48. Franta and Supran, "The Fossil Fuel Industry's Invisible Colonization of Academia."

49. 关于山寨科学的全面讨论,请参阅 Oreskes, "Systematicity Is Necessary but Not Sufficient: On the Problem of Facsimile Science", *Synthèse*, https://link.springer.com/article/10.1007/s11229-017-1481-1。

51. Oberhaus, "Hundreds of Researchers from Top Universities Were Published in Fake Academic Journals."

51. 关于烟草行业创建或支持的期刊参见 Proctor, *Golden Holocaust*。

52. Public Health Law Center, "United States v. Philip Morris（D.O. J. Lawsuit）"; Campaign for Tobacco-Free Kids, "Tobacco Companies Ordered to Place State, ments about Products' Dangers on Websites and Cigarette Packs."

53. Oberhaus, "Hundreds of Researchers from Top Universities Were Published in Fake Academic Journals."

54. Carey, "A Peek Inside the Strange World of Fake Academia"; Wikipedia "Predatory Conference."

55. Oberhaus, "Hundreds of Researchers from Top Universities Were Published in Fake Academic Journals"。在研究起初,科学家们炮制了一篇胡说八道的论文,并将其

提交给这些期刊之一,参见 https://www.daserste.de/information/reportage-dokumenta-tion/dokus/videos/exclusiv-im-ersten-fake-science-die-luegenmacher-englische-version-video-100.html。当然,胡说八道的东西也可能出现在合法的期刊上,索卡尔的著名恶作剧和我上面关于临界积极性比率的讨论就证明了这一点。但值得注意的是,索卡尔的恶作剧是在《社会文本》(Social Text)上干的,而这本期刊并不是同行评议的。几年前,索卡尔是我楼上的邻居,我问他为什么不把他的恶作剧提交给同行评议期刊,比如《科学的社会研究》(Social Studies of Science)(因为他声称科学学领域基本上是胡说八道)。他回答说:"哦,我知道审稿人会看穿这是胡说八道,它会被拒绝的。"这实际上让我松了一口气:索卡尔显然认为他的骗局不会通过同行评议。

56. Open Science Collaboration, 2015. "Estimating the Reproducibility of Psychological Science," *Science*. 349: 943.

57. "Comment: Raise Standards for Preclinical Cancer Research." Begley,C. Glenn and Ellis, Lee M, 2012. *Nature* 483: 531—533.

58. 一个有用的未来调查路径,应该是检查不同社会、不同知识和政治背景如何在不同的科学中产生不同种类的问题。例如,在气候科学中,稳健为上的原则证据确凿——同事和我称之为"但求无过",因为社会压力和恐吓使气候科学家变得谨慎(Brysse et., 2013)。在肿瘤学领域,尤其是在私营部门的研究实验室,则面临着一种完全不同的压力:为了成为第一个证明药物疗效的人,行动要快。

59. "Comment: Raise Standards for Preclinical Cancer Research." Begley,C. Glenn and Ellis. Lee M.. 2012. *Nature* 483: 531—533, on p. 53.

后记

1. For one perspective: Pomerantsev, "Why We're Post-Fact."

2. For a global perspective, see Ghosh, *The Great Derangement*.

3. Trump, "The Concept of Global Warming Was Created by and for the Chinese in Order to Make U.S. Manufacturing Non‑Competitive"。亦可参见:Jacobson, "Did Trump Say Climate Change Was a Chinese Hoax?" 以及 Zurcher, "Does Trump Still Think It's All Hoax?"在怀疑气候变化的现实和诋毁气候科学方面,特朗普紧随许多共和党政客们的脚步,包括俄克拉何马州参议员英霍夫(James Inhofe)和得州参议员克鲁斯(Ted Cruz)。前者因将雪球带进国会大厅企图反驳气候变化而臭名昭著;后者则咬定全球变暖已经停止,全然不顾压倒性的相反科学证据,以及各路科学家们的澄清。[C-SPAN, *Sen. James Inhofe (R-OK) Snowball in the Senate*. Mooney, "Ted Cruz Keeps Saying That Satellites Don't Show Global Warming. Here's the Problem"。]全球变暖已经停止的说法,也被许多长期以来鼓动怀疑气候变化和气候科学的智库所热炒,比如卡托研究所:Bastasch and Maue, "Take a Look at the New 'Consensus' on Global Warming"。

4. Smith, "Vaccine Rejection and Hesitancy."

5. "Where Is Glyphosate Banned?"; "IARC Monographs Volume 112: Evaluation of

Five Organophosphate Insecticides and Herbicides."

6. Oppenheimer et al., *Discerning Experts*.

7. Rudwick, *The Great Devonian Controversy*.

8. Gross and Levitt, *Higher Superstition*.

9. Wang et al. "Recent Advances on Endocrine Disrupting Effects of UV Filters."

10. Downs et al., "Toxicopathological Effects of the Sunscreen UV Filter, Oxybenzone (Benzophenone-3), on Coral Planulae and Cultured Primary Cells and Its Environmental Contamination in Hawaii and the U.S. Virgin Islands"。亦可参见"Oxybenzone-Substance Information"。

11. Gabbard et al, *Relating to Water Pollution*。该法案还禁止销售辛酯防晒霜，除非医生开处方。奥曲肽也与珊瑚毒性有关。Schneider and Lim, "Review of Environmental Effects of Oxybenzone and Other Sunscreen Active Ingredients"。

12. Jacobsen, "Is Sunshine the New Margarine?"

13. 他们还说，"美国食品药物监督管理局(FDA)已经批准这两种防晒霜中的活性成分是安全有效的。"FDA的监管问题，特别是内分泌干扰素的监管问题，是另一回事。有关FDA允许的防晒成分列表，请参见《美国联邦法规》(Code of Federal Regulations)第21篇。有关美国化妆品中允许使用，但在其他地方受限或禁止使用的可疑产品的讨论，参见 Becker, "10 American Beauty Ingredients That Are Banned in Other Countries"。目前，在美国和欧洲，氧苯甲酮在防晒霜中的允许含量高达6%。

14. Perez, Musini, and Wright, "Effect of Early Treatment with Anti-Hypertensive Drugs on Short and Long-Term Mortality in Patients with an Acute Cardiovascular Event"。分析血压对长期心血管健康影响的研究建议采用多个样本，这样短期的变化不会扭曲数据："Age-Specific Relevance of Usual Blood Pressure to Vascular Mortality"。

15. Consensus Development Panel, "National Institutes of Health Summary of the Consensus Development Conference on Sunlight, Ultraviolet Radiation, and the Skin. Bethesda, Maryland, May 8—10, 1989."

16. Cancer Council Australia, "Position Statement-Sun Exposure and Vitamin D-Risks and Benefits-National Cancer Control Policy."

17. Ibid. "In late autumn and winter in those parts of Australia where the UV Index is below 3, sun protection is not recommended. During these times, to support vitamin D production it is recommended that people are outdoors in the middle of the day with some skin uncovered on most days of the week. Being physically active while outdoors will further assist with vitamin D levels."

18. Cancer Council Australia, "SunSmart."

19. "Sunscreen Fact Sheet."

20. 同上。

21. 关于避免日照的净风险：Lindqvist et al., "Avoidance of Sun Exposure as a Risk Factor for Major Causes of Death"。

参考文献

为什么信任科学：科学史和科学哲学的视角

Agrawal, Arun. "Dismantling the Divide between Indigenous and Scientific Knowledge." *Development and Change* 26, no. 3（July 1, 1995）: 413—439. https://doi.org/10.1111/j.1467-7660.1995.tb00560.x.

Ayer, Alfred J. *Language, Truth and Logic*. 2nd edition. New York: Dover Publications, 1952.

Banerjee, Neela, Lisa Song, and David Hasemyer. "Exxon: The Road Not Taken." *Inside Climate News*, September 15, 2015. http://insideclimatenews.org/content/exxon-the-road-not-taken.

Barnes, Barry. *Interests and the Growth of Knowledge*. Routledge and Kegan Paul, 1977.

Berger, Peter L., and Thomas Luckmann. *The Social Construction of Reality: A Treatise in the Sociology of Knowledge*. New York: Anchor, 1967.

Berkman, Michael, and Eric Plutzer. *Evolution, Creationism, and the Battle to Control America's Classrooms*. 1st edition. New York: Cambridge University Press, 2010.

Bernard, Claude. An *Introduction to the Study of Experimental Medicine*. Translated by H. C. Greene. USA: Schuman, 1865. http://archive.org/details/b21270557.

Bloor, David. *Knowledge and Social Imagery*. Chicago: University of Chicago Press, 1991.

———. *The Enigma of the Aerofoil: Rival Theories in Aerodynamics, 1909—1930*. Chicago: University of Chicago Press, 2011.

Bourdeau, Michel. "Auguste Comte." In *The Stanford Encyclopedia of Philosophy*, edited by Edward N. Zalta, Winter 2015. Metaphysics Research Lab, Stanford University, 2015. https://plato.stanford.edu/archives/win2015/entries/comte/.

Campbell, Charles. "The Great Global Warming Hustle." baltimoresun.com. Accessed August 24, 2017. http://www.baltimoresun.com/news/opinion/oped/bs-ed-op-0721-global-warming-hoax-20170719-story.html.

Comte, Auguste. *Introduction to Positive Philosophy*. Indianapolis: Hackett Publishing, 1988.

Conant, James Bryant. *Harvard Case Histories in Experimental Science Volume I*. Harvard University Press, 1957. http://archive.org/details/harvardcasehisto010924mbp.

Conis, Elena. "Jenny McCarthy's New War on Science: Vaccines, Autism and the Media's Shame." *Salon*, November 8, 2014. http://www.salon.com/2014/11/08/jenny_mccarthys_new_war_on_science_vaccines_autism_and_the_medias_shame/.

Cook, John, et al. "Quantifying the Consensus on Anthropogenic Global Warming in the Scientific Literature." *Environmental Research Letters* 8 (024024). 2013.

Cook, John, et al. "Consensus on Consensus: A Synthesis of Consensus Estimates on Human‐Caused Global Warming." *Environmental Research Letters* 11 (048002). 2016.

Coyne, Jerry. "Another Philosopher Proclaims a Nonexistent 'Crisis' in Evolutionary Biology." *Why Evolution Is True* (blog), 2012. https://whyevolutionistrue.wordpress.com/2012/09/07/another-philosopher-proclaims-a-nonexistent-crisis-in-evolutionary-biology/.

Crosland, Maurice. *Science under Control: The French Academy of Sciences 1795—1914*. Cambridge: Cambridge University Press, 2002.

Dant, Tim. *Knowledge, Ideology, and Discourse: A Sociological Perspective*. New York: Routledge, 2012. First edition, 1991.

Duhem, Pierre Maurice Marie. *The Aim and Structure of Physical Theory*. Translated by Philip P. Wiener. Reprint edition. Princeton, NJ: Princeton University Press, 1991.

Ellis, J., I. Mulligan, J. Rowe, and D. L. Sackett. "Inpatient General Medicine Is Evidence Based. A‐Team, Nuffield Department of Clinical Medicine." *Lancet (London, England)* 346, no. 8972 (August 12, 1995): 407—410.

Epstein, Steven. *Impure Science: AIDS, Activism, and the Politics of Knowledge*. 1st edition. Berkeley: University of California Press, 1996.

Ernst, Edzard. "The Efficacy of Herbal Medicine—an Overview." *Fundamental & Clinical Pharmacology* 19, no. 4 (August 1, 2005): 405—409. https://www.ncbi.nlm.nih.gov/pubmed/16011726.

"Evolution Resources from the National Academies." Accessed August 24, 2017. http://www.nas.edu/evolution/Statements.html.

"Exxon Climate Denial Funding 1998—2014." *Exxon Secrets*. Accessed October 11, 2018. https://exxonsecrets.org/html/index.php.

Fausto-Sterling, Anne. *Myths of Gender: Biological Theories about Women and Men, Revised Edition*. 2nd edition. New York: Basic Books, 1992.

Feyerabend, Paul. *Against Method*. London: Verso, 1993.

Fleck, Ludwik. "Scientific Observation and Perception in General." In *Cognition and Fact*, 59—78. Boston Studies in the Philosophy of Science. Dordrecht: Springer, 1986. https://doi.org/10.1007/978-94-009-4498-5_4.

Fleck, Ludwik, and Thomas S. Kuhn. *Genesis and Development of a Scientific Fact*. Edited by Thaddeus J. Trenn and Robert K. Merton. Translated by Frederick Bradley.

Chicago: University of Chicago Press, 1981.

Friedman, Michael, and Richard Creath, eds. *The Cambridge Companion to Carnap*. Cambridge: Cambridge University Press, 2008.

Frodeman, Robert, and Adam Briggle. "When Philosophy Lost Its Way." *New York Times: Opinionator*, 2016. https://opinionator.blogs.nytimes.com/2016/01/11/when-philosophy-lostits-way/.

Fuller, Steve. *Thomas Kuhn: A Philosophical History for Our Times*. Chicago: University of Chicago Press, 2000. http://www.press.uchicago.edu/ucp/books/book/chicago/T/bo3629340.html.

Galison, Peter. "History, Philosophy, and the Central Metaphor." *Science in Context* 2, no. 1 (1988).

Galison, Peter, and David J. Stump, eds. *The Disunity of Science: Boundaries, Contexts, and Power*. 1st edition. Stanford: Stanford University Press, 1996.

Giddens, Anthony. *The Consequences of Modernity*. 1st edition. Stanford: Stanford University Press, 1991.

Goonatilake, Susantha. *Toward a Global Science: Mining Civilizational Knowledge*. Bloomington: Indiana University Press, 1998.

Gross, Paul R., and Norman Levitt. *Higher Superstition: The Academic Left and Its Quarrels with Science*. Reprint edition. Baltimore: Johns Hopkins University Press, 1997.

Gross, Paul R., Norman Levitt, and Martin W. Lewis, eds. *The Flight from Science and Reason*. Baltimore: New York Academy of Sciences, 1997.

Hacking, Ian. *The Social Construction of What?* Revised edition. Cambridge, MA: Harvard University Press, 2000.

HADGirl. "10 Evil Vintage Cigarette Ads Promising Better Health." *Healthcare Administration Degree Programs* (blog). Accessed October 11, 2018. https://www.healthcare-administrationdegree.net/10-evil-vintage-cigarette-ads-promising-better-health/.

Harding, Sandra. *The Science Question in Feminism*. 1st edition. Ithaca: Cornell University Press, 1986.

———. Women at the Center: History of Women's Studies at the University of Delaware. Video, July 20, 2012. MSS 664. University of Delaware women's studies oral history collection. http://udspace.udel.edu/bitstream/handle/19716/12708/Tape%20Log%20Sandra%20Harding.pdf.

Hayward, Steven F. "Climategate (Part II)." *American Enterprise Institute*, 2011. http://www.aei.org/publication/climategate-part-ii/.

Hemmer, Nicole. *Messengers of the Right: Conservative Media and the Transformation of American Politics*. Philadelphia: University of Pennsylvania Press, 2016.

Hicks, Stephen. "Is Newton's *Principia* a Rape Manual?" *Stephen Hicks, PhD* (blog), June 24, 2017. https://www.stephenhicks.org/2017/06/24/newtons-principia-as-a-rape-manual/.

Hubbard, Ruth. *The Politics of Women's Biology*. New Brunswick, NJ: Rutgers University Press, 1990.

Jones, Alex. "About Alex Jones." *Infowars*. Accessed August 15, 2017. https://www.infowars.com/about-alex-jones/.

Keller, Evelyn Fox. *Reflections on Gender and Science*. New Haven, CT: Yale University Press, 1995.

Kuhn, Thomas. "Reflections on My Critics." In *Criticism and the Growth of Knowledge: Volume 4: Proceedings of the International Colloquium in the Philosophy of Science, London, 1965*, by Imre Lakatos (ed.) and Alan Musgrave. Cambridge: Cambridge University Press, 1970.

Kuhn, Thomas S., and James Bryant Conant. *The Copernican Revolution: Planetary Astronomy in the Development of Western Thought*. Revised edition. Cambridge, MA: Harvard University Press, 1992.

Ladyman, James, Don Ross, David Spurrett, and John Collier. *Every Thing Must Go: Metaphysics Naturalized*. 1st edition. Oxford: Oxford University Press, 2009.

Lakatos, Imre. "Criticism and the Methodology of Scientific Research Programmes." *Proceedings of the Aristotelian Society*, New Series, 69 (1968): 149—186.

Laland, Kevin. "What Use Is an Extended Evolutionary Synthesis?" Presented at the International Society for History, Philosophy, and Social Studies of Science, Sao Paolo, Brazil, July 2017.

Laland, Kevin, Tobias Uller, Marc Feldman, Kim Sterelny, Gerd B. Müller, Armin Moczek, Eva Jablonka, et al. "Does Evolutionary Theory Need a Rethink?" *Nature News* 514, no. 7521 (October 9, 2014): 161. https://doi.org/10.1038/514161a.

Laland, Kevin N., Tobias Uller, Marcus W. Feldman, Kim Sterelny, Gerd B. Müller, Armin Moczek, Eva Jablonka, and John Odling-Smee. "The Extended Evolutionary Synthesis: Its Structure, Assumptions and Predictions." *Proc. R. Soc. B* 282, no. 1813 (August 22, 2015). https://doi.org/10.1098/rspb.2015.1019.

Latour, Bruno. *Science in Action: How to Follow Scientists and Engineers through Society*. Cambridge, MA: Harvard University Press, 1987.

——. *We Have Never Been Modern*. Translated by Catherine Porter. Cambridge, MA: Harvard University Press, 1993.

——. *Politics of Nature: How to Bring the Sciences into Democracy*. Translated by Catherine Porter. Cambridge, MA: Harvard University Press, 2004.

Latour, Bruno. *Facing Gaia: Eight Lectures on the New Climatic Regime*. Cambridge: Polity Press, 2017.

Longino, Helen E. *Science as Social Knowledge: Values and Objectivity in Scientific Inquiry*. Princeton, NJ: Princeton University Press, 1990.

———. *The Fate of Knowledge.* Princeton, NJ: Princeton University Press, 2001.

Lowery, Ilana. "Why Gender Diversity on Corporate Boards Is Good for Business." *Phoenix Business Journal*, November 27, 2017. https://www.bizjournals.com/phoenix/news/2017/11/27/why-gender-diversity-on-corporate-boards-is-good.html.

Madsen, Kreesten Meldgaard, Anders Hviid, Mogens Vestergaard, Diana Schendel, Jan Wohlfahrt, Poul Thorsen, Jørn Olsen, and Mads Melbye. "A Population-Based Study of Measles, Mumps, and Rubella Vaccination and Autism." *New England Journal of Medicine* 347, no. 19 (November 7, 2002): 1477—1482. https://doi.org/10.1056/NEJMoa021134.

Markowitz, Gerald, and David Rosner. *Deceit and Denial: The Deadly Politics of Industrial Pollution.* 1st paperback printing edition. Berkeley: University of California Press, 2003.

Michaels, David. *Doubt Is Their Product: How Industry's Assault on Science Threatens Your Health.* 1st edition. Oxford: Oxford University Press, 2008.

Miller, Kenneth R. *Only a Theory: Evolution and the Battle for America's Soul.* Reprint edition. New York: Penguin Books, 2009.

Mirowski, Philip, and Dieter Plehwe, eds. *The Road from Mont Pelerin: The Making of the Neoliberal Thought Collective.* 1st edition. Cambridge, MA: Harvard University Press, 2009.

Mnookin, Seth. *The Panic Virus: The True Story behind the Vaccine-Autism Controversy.* 1st edition. New York: Simon and Schuster, 2012.

Mößner, Nicola. "Thought Styles and Paradigms—a Comparative Study of Ludwik Fleck and Thomas S. Kuhn." *Studies in History and Philosophy of Science Part A, Model-Based Representation in Scientific Practice*, 42, no. 2 (June 1, 2011): 362—371. https://doi.org/10.1016/j.shpsa.2010.12.002.

Mohan, Kamlesh. *Science and Technology in Colonial India.* Delhi: Aakar Books, 2014.

Morris, William Edward, and Charlotte R. Brown. "David Hume." In *The Stanford Encyclopedia of Philosophy*, edited by Edward N. Zalta, Spring 2017. Metaphysics Research Lab, Stanford University, 2017. https://plato.stanford.edu/archives/spr2017/entries/hume/.

Motterlini, Matteo. *For and Against Method.* Chicago: University of Chicago Press, 1999.

National Center for Science Education. "Background on Tennessee's 21st Century Monkey Law." Accessed August 15, 2017. https://ncse.com/library-resource/background-tennessees-21st-century-monkey-law.

Nestle, Marion. *Unsavory Truth: How Food Companies Skew the Science of What We Eat.* New York: Basic Books, 2018.

Nestle, Marion, Mark Bittman, and Neal Baer. *Soda Politics: Taking on Big Soda*. 1st edition. Oxford: Oxford University Press, 2015.

Newport, Frank. "In U.S., 46% Hold Creationist View of Human Origins." Gallup.com, 2012. http://www.gallup.com/poll/155003/Hold-Creationist-View-Human-Origins.aspx.

Oppenheimer, Michael, Dale Jamieson, Naomi Oreskes, Keynyn Brysse, Jessica O'Reilly, Matthew Shindell, and Milena Wazeck. *Discerning Experts: The Practices of Scientific Assessment for Public Policy*. University of Chicago Press, 2019.

Oreskes, Naomi. *The Rejection of Continental Drift: Theory and Method in American Earth Science*. 1st edition. New York: Oxford University Press, 1999.

———. "The Devil Is in the (Historical) Details: Continental Drift as a Case of Normatively Appropriate Consensus?" [Essay Review of Miriam Solomon: *Social Epistemology*], *Perspectives in Science* 16, no. 2 (2008): 253—264.

———. "Why We Should Trust Scientists." *TED Talk*, 2014. https://www.ted.com/talks/naomi_oreskes_why_we_should_believe_in_science.

———. Response by Oreskes to "Beyond Counting Climate Consensus," *Environmental Communication* 11, no. 6 (2017): 731—737.

Oreskes, Naomi, Daniel Carlat, Michael E. Mann, Paul D. Thacker, and Frederick S. vom Saal. "Viewpoint: Why Disclosure Matters." *Environmental Science & Technology* 49, no. 13 (July 7, 2015): 7527—7528. https://doi.org/10.1021/acs.est.5b02726.

Oreskes, Naomi, and Erik M. Conway. *Merchants of Doubt: How a Handful of Scientists Obscured the Truth on Issues from Tobacco Smoke to Global Warming*. Reprint edition. New York: Bloomsbury Press, 2011.

Oreskes, Naomi, Kristin Shrader-Frechette, and Kenneth Belitz. "Verification, Validation, and Confirmation of Numerical Models in the Earth Sciences." *Science* 263, no. 5147 (February 4, 1994): 641—646. https://doi.org/10.1126/science.263.5147.641.

Page, Scott E., and Katherine Phillips. *The Diversity Bonus: How Great Teams Pay Off in the Knowledge Economy*. Edited by Earl Lewis and Nancy Cantor. Princeton, NJ: Princeton University Press, 2017.

Pearce, Warren, Reiner Grundmann, Mike Hulme, Sujatha Raman, Eleanor Hadley Kershaw, and Judith Tsouvalis. "Beyond Counting Climate Consensus." *Environmental Communication* 11, no. 6 (July 23, 2017): 1—8. https://doi.org/10.1080/17524032.2017.1333965.

"Pope Claims GMOs Could Have 'Ruinous Impact' on Environment." *Genetic Literacy Project* (blog), 2016. https://geneticliteracyproject.org/2016/10/20/pope-claims-gmos-ruinous-impactenvironment/.

Popper, Karl. *Conjectures and Refutations: The Growth of Scientific Knowledge*. New York: Basic Books, 1962.

———. *The Myth of the Framework: In Defence of Science and Rationality*. Edited by M. A. Notturno. 1st edition. London: Routledge, 1996.

Proctor, Robert N. *Golden Holocaust: Origins of the Cigarette Catastrophe and the Case for Abolition*. 1st edition. Berkeley: University of California Press, 2012.

Proctor, Robert N., and Londa Schiebinger, eds. *Agnotology: The Making and Unmaking of Ignorance*. 1st edition. Stanford: Stanford University Press, 2008.

Quine, Willard V. O. "Two Dogmas of Empiricism." *Philosophical Review* 60, no. 1 (1951): 20—43.

Quine, W. V., and Rudolf Carnap. *Dear Carnap, Dear Van: The Quine-Carnap Correspondence and Related Work: Edited and with an Introduction by Richard Creath*. Edited by Richard Creath. 1st printing edition. Berkeley: University of California Press, 1991.

Redd, Nola Taylor. "Wernher von Braun, Rocket Pioneer." Space.com. Accessed October 11, 2018. https://www.space.com/20122-wernher-von-braun.html.

Reisch, George. "Anticommunism, the Unity of Science Movement and Kuhn's *Structure of Scientific Revolutions*." *Social Epistemology* 17, no. 2—3 (January 1, 2003): 271—275. https://doi.org/10.1080/0269172032000144289.

Rice, Ken. "Beyond Climate Consensus." *And Then There's Physics*, July 30, 2017. https://andthentheresphysics.wordpress.com/2017/07/30/beyond-climate-consensus/.

Richards, Jay. "When to Doubt a Scientific 'Consensus.'" *American Enterprise Institute*, 2010. https://www.aei.org/publication/when-to-doubt-a-scientific-consensus/.

Richardson, Alan, and Thomas Uebel. *The Cambridge Companion to Logical Empiricism*. Cambridge: Cambridge University Press, 2007.

Rossiter, Margaret W. *Women Scientists in America: Struggles and Strategies to 1940*. JHU Press, 1984.

The Royal Society. "Royal Society and ExxonMobil." Accessed October 11, 2018. https://royalsociety.org/topics-policy/publications/2006/royal-society-exxonmobil/.

Sachs, Jeffrey. "How the AEI Distorts the Climate Debate." *Huffington Post* (blog), 2014. http://www.huffingtonpost.com/jeffrey-sachs/how-the-aei-distorts-the_b_4751680.html.

Sady, Wojciech. "Ludwik Fleck." In *The Stanford Encyclopedia of Philosophy*, edited by Edward N. Zalta, Summer 2016. Metaphysics Research Lab, Stanford University, 2016. https://plato.stanford.edu/archives/sum2016/entries/fleck/.

Sample, Ian. "Scientists Offered Cash to Dispute Climate Study." *Guardian*, 2007, sec. Environment. http://www.theguardian.com/environment/2007/feb/02/frontpagenews.climatechange.

Saxon, Wolfgang. "William B. Shockley, 79, Creator of Transistor and Theory on Race." *New York Times*, 1989. http://www.nytimes.com/learning/general/onthisday/bday/0213.html?mcubz=0.

Schiebinger, Londa. "Has Feminism Changed Science?" *Signs* 25, no. 4 (2000): 1171—1175. https://www.jstor.org/stable/3175507.

Schiebinger, Londa, and Claudia Swan, eds. *Colonial Botany: Science, Commerce, and Politics in the Early Modern World*. Philadelphia: University of Pennsylvania Press, 2007.

Schreiber, Ronnee. *Righting Feminism: Conservative Women and American Politics*. 1st edition. Oxford: Oxford University Press, 2008.

Scott, Colin. "Science for the West, Myth for the Rest?" In *The Postcolonial Science and Technology Studies Reader*, edited by Sandra G. Harding, 175. Durham, NC: Duke University Press, 2011.

Semali, Ladislaus M., and Joe L. Kincheloe. *What Is Indigenous Knowledge?: Voices from the Academy*. New York: Routledge, 2002.

Shapin, Steven. *A Social History of Truth: Civility and Science in Seventeenth-Century England*. 1st edition. Chicago: University of Chicago Press, 1995.

Shapin, Steven, and Simon Schaefer. *Leviathan and the Air-Pump: Hobbes, Boyle, and the Experimental Life*. Princeton, NJ: Princeton University Press, 1985. http://www.jstor.org/stable/j.ctt7sv46.

Shenton, Joan. *Positively False: Exposing the Myths around HIV and AIDS*. London: I. B. Tauris, 1998.

Sokal, Alan. *Beyond the Hoax: Science, Philosophy and Culture*. 1st edition. Oxford: Oxford University Press, 2010.

Solomon, Miriam. *Social Empiricism*. Cambridge, MA: A Bradford Book, 2007.

Staley, Richard. "Partisanal Knowledge: On Hayek and Heretics in Climate Science and Discourse." Presented at the Weak Knowledge: Forms, Functions, and Dynamics, Frankfurt, July 4, 2017. http://www.hsozkult.de/event/id/termine-34489.

Stark, Laura. *Behind Closed Doors: IRBs and the Making of Ethical Research*. 1st edition. Chicago: University of Chicago Press, 2012.

Sterman, John D. "The Meaning of Models." *Science* 264, no. 5157 (April 15, 1994): 329—330. https://doi.org/10.1126/science.264.5157.329-b.

Supran, Geoffrey, and Naomi Oreskes. "Assessing ExxonMobil's Climate Change Communications (1977—2014)." *Environmental Research Letters* 12 (August 1, 2017): 084019. https://doi.org/10.1088/1748-9326/aa815f.

Taylor, Luke E., Amy L. Swerdfeger, and Guy D. Eslick. "Vaccines Are Not Associated with Autism: An Evidence-Based Meta-Analysis of Case-Control and Cohort Studies." *Vaccine* 32, no. 29 (June 17, 2014): 3623—3629. https://doi.org/10.1016/j.vaccine.2014.04.085.

Union of Concerned Scientists. "Global Warming Skeptic Organizations." Accessed August 16, 2017. http://www.ucsusa.org/global_warming/solutions/fight-misinformation/

global-warmingskeptic.html#.WZSl4P_yvL-.

———. "ExxonMobil Report: Smoke Mirrors & Hot Air." *Union of Concerned Scientists*. Accessed October 11, 2018. https://www.ucsusa.org/global-warming/solutions/fight-misinformation/exxonmobil-report-smoke.html.

Von Neumann, John. "Can We Survive Technology?" *Fortune*, 1955.

Walker, M. "Navigating Oceans and Cultures: Polynesian and European Navigation Systems in the Late Eighteenth Century." *Journal of the Royal Society of New Zealand* 42, no. 2（June 1, 2012）: 93—98. https://doi.org/10.1080/03036758.2012.673494.

Weinberg, Steven. *Facing Up: Science and Its Cultural Adversaries*. New edition. Cambridge, MA: Harvard University Press, 2003.

Weir, Todd H. *Secularism and Religion in Nineteenth-Century Germany: The Rise of the Fourth Confession*. Cambridge: Cambridge University Press, 2014.

Yearley, Steven, David Mercer, Andy Pitman, Naomi Oreskes, and Erik Conway. "Perspectives on Global Warming." *Metascience* 21, no. 3（2012）: 531—559.

Zammito, John H. *A Nice Derangement of Epistemes: Post-Positivism in the Study of Science from Quine to Latour*. 1st edition. Chicago: University of Chicago Press, 2004.

Zycher, Benjamin. "The Enforcement of Climate Orthodoxy and the Response to the Asness-Brown Paper on the Temperature Record." *American Enterprise Institute*, 2015. http://www.aei.org/publication/the-enforcement-of-climate-orthodoxy-and-the-response-to-the-asness-brownpaper-on-the-temperature-record/.

———. "Shut Up, She Explained: My Request for Climate Evidence." *American Enterprise Institute*, 2016. https://www.aei.org/publication/shut-up-she-explained-my-request-for-climateevidence/.

误入歧途的科学

"About Us | Cochrane." Accessed August 27, 2017. https://us.cochrane.org/about-us.

Allen, Garland E. "The Eugenics Record Office at Cold Spring Harbor, 1910—1940: An Essay in Institutional History." *Osiris* 2（1986）: 225—264. https://www.jstor.org/stable/301835.

———. "Eugenics and Modern Biology: Critiques of Eugenics, 1910—1945." *Annals of Human Genetics* 75, no. 3（May 2011）: 314—325. https://doi.org/10.1111/j.1469-1809.2011.00649.x.

Bakalar, Nicholas. "Contraceptives Tied to Depression Risk." *New York Times*, September 30, 2016, sec. Wellness. https://www.nytimes.com/2016/09/30/well/live/contraceptives-tied-todepression-risk.html.

———. "Gum Disease Tied to Cancer Risk in Older Women." *New York Times*, August 2, 2017. https://www.nytimes.com/2017/08/02/well/gum-disease-tied-to-cancer-risk-in-older-women.html.

Balon, Richard. "SSRI-Associated Sexual Dysfunction." *American Journal of Psychiatry* 163, no. 9 (September 1, 2006): 1504—1509. https://doi.org/10.1176/ajp.2006. 163.9.1504.

Barad, Karen. *Meeting the Universe Halfway: Quantum Physics and the Entanglement of Matter and Meaning.* Second printing edition. Durham, NC: Duke University Press, 2007.

Barker-Benfield, G. J. *The Culture of Sensibility: Sex and Society in Eighteenth-Century Britain.* Chicago: University of Chicago Press, 1992. http://www.press.uchicago.edu/ucp/books/book/chicago/C/bo3625409.html.

Bateman, Katharine Saunders. "Sex in Education: A Case Study of the Establishment of Scientific Authority in the Service of a Social Agenda." Masters of Arts in Liberal Studies, Dartmouth College, 1994.

Bechtel, William. *Mental Mechanisms: Philosophical Perspectives on Cognitive Neuroscience.* 1st edition. New York: Psychology Press, 2007.

——. *Discovering Cell Mechanisms: The Creation of Modern Cell Biology.* 1st edition. Cambridge: Cambridge University Press, 2008.

Behre, Hermann M., Michael Zitzmann, Richard A. Anderson, David J. Handelsman, Silvia W. Lestari, Robert I. McLachlan, M. Cristina Meriggiola, et al. "Efficacy and Safety of an Injectable Combination Hormonal Contraceptive for Men." *Journal of Clinical Endocrinology & Metabolism* 101, no. 12 (December 1, 2016): 4779—4788. https://doi.org/10.1210/jc.2016-2141.

"Biography of Harry H. Laughlin." Accessed October 13, 2018. http://library.truman.edu/manuscripts/laughlinbio.asp.

Block, Jenny. "Antidepressant Killing Your Libido? Not for Long." *Fox News*, October 11, 2011. http://www.foxnews.com/health/2011/10/10/antidepressant-killing-your-libido-not-for-long.html.

Bloor, David. *The Enigma of the Aerofoil: Rival Theories in Aerodynamics, 1909—1930.* Chicago: University of Chicago Press, 2011.

Boas, Franz. "Eugenics." *Scientific Monthly* 3, no. July—December (1916): 471—478. http://www.estherlederberg.com/Franz_Boaz.pdf.

——. *Anthropology and Modern Life.* New York: Norton, 1962. http://archive.org/details/anthropologymode00boas.

Bourdieu, Pierre, and Jean-Claude Passeron. *Reproduction in Education, Society and Culture.* Thousand Oaks, CA: SAGE, 1977.

Bowman-Kruhm, Mary. *Margaret Mead: A Biography.* Greenwood Publishing Group, 2003.

Brandt, Allan. *The Cigarette Century: The Rise, Fall, and Deadly Persistence of the*

Product That Defined America. 1st reprint edition. New York: Basic Books, 2009.

Bushway, Rob. "Eugenics: When Scientific Consensus Leads to Mass Murder." *Climate Depot*, April 10, 2017. http://www.climatedepot.com/2017/04/10/eugenics-when-scientific-consensus-leads-to-mass-murder/.

Cartwright, Nancy. "Are RCTs the Gold Standard?" *BioSocieties* 2, no. 1 (March 1, 2007): 11—20. https://doi.org/10.1017/S1745855207005029.

———. "A Philosopher's View of the Long Road from RCTs to Effectiveness." *Lancet* 377, no. 9775 (April 23, 2011): 1400—1401. https://doi.org/10.1016/S0140-6736(11)60563-1.

Cartwright, Nancy, and Jeremy Hardie. *Evidence-Based Policy: A Practical Guide to Doing It Better.* 1st edition. Oxford: Oxford University Press, 2012.

Chamberlin, T. C. "Investigation versus Propagandism." *Journal of Geology* 27, no. 5 (1919): 305—338. https://doi.org/10.2307/30059365.

Chang, Emily. *Brotopia: Breaking Up the Boys' Club of Silicon Valley.* New York: Portfolio, 2018.

Cherney, Kristeen, and Kathryn Watson. "Managing Antidepressant Sexual Side Effects." *Healthline*, March 3, 2016. http://www.healthline.com/health/erectile-dysfunction/antidepressant-sexual-side-effects.

Chesler, Ellen. *Woman of Valor: Margaret Sanger and the Birth Control Movement in America.* New York: Simon and Schuster, 2007.

Christin-Maitre, Sophie. "History of Oral Contraceptive Drugs and Their Use Worldwide." *Best Practice & Research. Clinical Endocrinology & Metabolism* 27, no. 1 (February 2013): 3—12. https://doi.org/10.1016/j.beem.2012.11.004.

Clarke, Edward H. *Sex in Education; or, a Fair Chance for Girls.* Houghton, Mifflin, and Company, 1873.

Clarke-Billings, Lucy. "After Generations of Dentists' Advice, Has the Flossing Myth Been Shattered?" *Newsweek*, August 3, 2016. http://www.newsweek.com/after-generations-recommendation-has-flossing-myth-been-shattered-486761.

CNN, Susan Scutti. "Male Birth Control Shot Found Effective, but Side Effects Cut Study Short." *CNN*. Accessed August 27, 2017. http://www.cnn.com/2016/10/30/health/male-birth-control/index.html.

Cohen, I. Bernard. *Revolution in Science.* Cambridge, MA: The Belknap Press of Harvard University Press, 1985.

Colbert, Stephen. *"Post-Truth" Is Just a Rip-Off of "Truthiness." The Late Show with Stephen Colbert*, 2016. https://www.youtube.com/watch?v=Ck0yqUoBY7M.

Coleman, William. *Biology in the Nineteenth Century: Problems of Form, Function and Transformation.* 2nd edition. Cambridge: Cambridge University Press, 1978.

Comfort, Nathaniel. *The Tangled Field: Barbara McClintock's Search for the Pat-*

terns of Genetic Control. Cambridge, MA: Harvard University Press, 2009.

———. *The Science of Human Perfection: How Genes Became the Heart of American Medicine*. Reprint edition. New Haven, CT: Yale University Press, 2014.

Craver, Carl F., and Lindley Darden. *In Search of Mechanisms: Discoveries across the Life Sciences*. Chicago: University of Chicago Press, 2013.

Crichton, Michael. "Aliens Cause Global Warming: A Caltech Lecture by Michael Crichton." Michelin Lecture, Caltech, January 17, 2003. https://wattsupwiththat.com/2010/07/09/aliens-cause-global-warming-a-caltech-lecture-by-michael-crichton/.

———. *State of Fear*. Reprint edition. New York: Harper, 2009.

Crichton, Michael. "Why Politicized Science Is Dangerous." *MichaelCrichton.Com* (blog). Accessed October 13, 2018. http://www.michaelcrichton.com/why-politicized-science-is-dangerous/.

Dant, Tim. *Knowledge, Ideology, and Discourse: A Sociological Perspective*. New York: Routledge, 2012. First edition, 1991.

Darwin, Leonard. "The Geneticists' Manifesto." *Eugenics Review* 31, no. 4 (January 1940): 229—230. http://www.ncbi.nlm.nih.gov/pmc/articles/PMC2962351/.

Daston, Lorraine J., and Peter Galison. *Objectivity*. New York: Zone Books, 2010.

Davenport, Charles Benedict. *Eugenics, the Science of Human Improvement by Better Breeding*. New York: H. Holt and Company, 1910. http://archive.org/details/eugenicsscienceo00daverich.

Donn, Jeff. "Medical Benefits of Dental Floss Unproven." *AP News*, 2016. https://apnews.com/f7e66079d9ba4b4985d7af350619a9e3/medical-benefits-dental-floss-unproven.

Douglas, Heather. *Science, Policy, and the Value-Free Ideal*. Pittsburgh: University of Pittsburgh Press, 2009.

Duesberg, Peter. "Peter Duesberg on AIDS." *Duesberg on AIDS*. Accessed August 27, 2017. http://www.duesberg.com/.

Duster, Troy. *Backdoor to Eugenics*. 2nd edition. New York: Routledge, 2003.

Dykes, Aaron. "Late Author Michael Crichton Warned of Global Warming's Dangerous Parallels to Eugenics." *Infowars* (blog), 2009. https://www.infowars.com/late-author-michael-crichtonwarned-of-global-warmings-dangerous-parallels-to-eugenics/.

The Editorial Board. "Opinion: Are Midwives Safer Than Doctors?" *New York Times*, December 14, 2014, sec. Opinion. https://www.nytimes.com/2014/12/15/opinion/are-midwives-safer-than-doctors.html.

Ekwurzel, Brenda. "Crichton Thriller State of Fear." *Union of Concerned Scientists*, 2005. https://www.ucsusa.org/global-warming/solutions/fight-misinformation/crichton-thriller-state-of.html.

Elliot, Kevin, and Ted Richards. *Exploring Inductive Risk: Case Studies of Values in*

Science. Oxford: Oxford University Press, 2017.

"Everything You Believed about Flossing Is a Lie." TheWeek.com. August 2, 2016. http://theweek.com/speedreads/640513/everything-believed-about-flossing-lie.

Feldman, Stacy. "Climate Scientists Defend IPCC Peer Review as Most Rigorous in History." *Inside Climate News*, February 26, 2010. http://insideclimatenews.org/news/20100226/climate-scientists-defend-ipcc-peer-review-most-rigorous-history.

Finlayson, Alan Christopher. *Fishing for Truth: A Sociological Analysis of Northern Cod Stock Assessments from 1977 to 1990.* St. John's, NL: Institute of Social & Economic, 1994.

"From the Editor." *Hedgehog Review.* Accessed August 27, 2017. http://www.iasc-culture.org/THR/THR_article_2016_Fall_Editor.php.

Hemment, Drew, Rebecca Ellis, and Brian Wynne. "Participatory Mass Observation and Citizen Science." *Leonardo* 44, no. 1 (February 2011): 62—63. https://doi.org/10.1162/LEON_a_00096.

Galton, Francis. *Hereditary Genius: An Inquiry into Its Laws and Consequences.* New York: Macmillan, 1869.

——. *Memories of My Life.* London: Methuen and Company, 1908. http://archive.org/details/memoriesmylife01galtgoog.

Garber, Marjorie. *Academic Instincts.* Princeton, NJ: Princeton University Press, 2003.

"Gender Diversity in Senior Positions and Firm Performance: Evidence from Europe." *IMF.* Accessed October 13, 2018. https://www.imf.org/en/Publications/WP/Issues/2016/12/31/Gender-Diversity-in-Senior-Positions-and-Firm-Performance-Evidence-from-Europe-43771.

Ghani, Maseeh. "The Deceit of the Dental Health Industry and Some Potent Alternatives." *Collective Evolution*, 2016. http://www.collective-evolution.com/2016/10/26/the-deceit-of-the-dental-health-industry-and-some-potent-alternatives/.

Gould, Stephen Jay. "Carrie Buck's Daughter." *Constitutional Commentary* 2 (1985): 331—340.

——. *Bully for Brontosaurus: Reflections in Natural History.* Reprint edition. New York: W. W. Norton and Company, 1992.

——. *Ever since Darwin: Reflections in Natural History.* New York: W. W. Norton and Company, 1992.

Grant, Madison, and Henry Fairfield Osborn. *The Passing of the Great Race; or, the Racial Basis of European History.* 4th Rev. Ed., with a Documentary Supplement, with Prefaces by Henry Fairfield Osborn. New York: Scribner, 1922. http://archive.org/details/passingofgreatraoogranuoft.

Greenberg, Will. "Science Says Flossing Doesn't Work. You're Welcome." *Mother*

Jones (blog). Accessed August 27, 2017. http://www.motherjones.com/environment/2016/08/flossing-doesnt-work/.

Hall, Granville Stanley. *Adolescence.* New York: D. Appleton and Company, 1904. http://archive.org/details/adolescenceitsp01hallgoog.

Hallam, A. *Great Geological Controversies.* 2nd edition. Oxford: Oxford University Press, 1989.

Hardin, Clyde L., and Alexander Rosenberg. "In Defense of Convergent Realism." *Philosophy of Science* 49, no. 4 (December 1, 1982): 604—615. https://doi.org/10.1086/289080.

Hare, Kristen. "How an AP Reporter Took down Flossing." *Poynter,* August 4, 2016. http://www.poynter.org/2016/how-an-ap-reporter-took-down-flossing/424625/.

Harrar, Sari. "Should You Bother to Floss Your Teeth?" *Consumer Reports.* Accessed August 27, 2017. http://www.consumerreports.org/beauty-personal-care/should-you-bother-to-floss-yourteeth/.

"Haven't Flossed Lately? Don't Feel Too Bad: Evidence for the Benefits of Flossing Is 'Weak, Very Unreliable.' " *Los Angeles Times,* August 2, 2016. http://www.latimes.com/science/sciencenow/la-sci-floss-benefits-unproven-20160802-snap-story.html.

Iizuka, Toshiaki, and Ginger Zhe Jin. "The Effect of Prescription Drug Advertising on Doctor Visits." *Journal of Economics & Management Strategy* 14, no. 3 (September 1, 2005): 701—727. https://doi.org/10.1111/j.1530-9134.2005.00079.x.

"The Immigration Act of 1924 (The Johnson-Reed Act)." Office of the Historian. Accessed August 27, 2017. https://history.state.gov/milestones/1921—1936/immigration-act.

"Inmate Recalls How He Flossed Way to Freedom." DeseretNews.com, August 14, 1994. http://www.deseretnews.com/article/369688/INMATE-RECALLS-HOW-HE-FLOSSED-WAY-TOFREEDOM.html.

Institute of Medicine (US) Committee on the Robert Wood Johnson Foundation Initiative on the Future of Nursing. "Transforming Leadership." In *The Future of Nursing: Leading Change, Advancing Health.* National Academies Press (US), 2011. https://www.ncbi.nlm.nih.gov/books/NBK209867/.

James, William. "Pragmatism's Conception of Truth." *Journal of Philosophy, Psychology and Scientific Methods* 4, no. 6 (1907): 141—155. https://doi.org/10.2307/2012189.

Jennings, Herbert Spencer. "Heredity and Environment." *Scientific Monthly* 19, no. 3 (1924): 225—238. https://www.jstor.org/stable/7321.

——. *The Biological Basis of Human Nature.* 1st edition. New York: W. W. Norton and Company, 1930.

Jones, Jo, William Mosher, and Kimberly Daniels. "Current Contraceptive Use in the United States, 2006—2010, and Changes in Patterns of Use since 1995." National Health Statistics Report. National Center for Health Statistics, October 18, 2012. https://www.cdc.gov/nchs/data/nhsr/nhsr060.pdf.

Kevles, Daniel J. *In the Name of Eugenics: Genetics and the Uses of Human Heredity.* Cambridge, MA: Harvard University Press, 1985.

Kirch, W., and C. Schafii. "Misdiagnosis at a University Hospital in 4 Medical Eras." *Medicine* 75, no. 1 (January 1996): 29—40. https://doi.org/10.1097/00005792-199601000-00004.

Kuhl, Stefan. *The Nazi Connection: Eugenics, American Racism, and German National Socialism.* New York: Oxford University Press, 2002.

Ladher, Navjoyt. "Nutrition Science in the Media: You Are What You Read." *BMJ* 353 (April 7, 2016): i1879. https://doi.org/10.1136/bmj.i1879.

Latour, Bruno. "One More Turn after the Social Turn: Easing Science Studies into the Non-Modern World," 1992, 25.

———. "Why Has Critique Run Out of Steam? From Matters of Fact to Matters of Concern." *Critical Inquiry* 30, no. 2 (January 1, 2004): 225—248. https://doi.org/10.1086/421123.

Latour, Bruno, Steve Woolgar, and Jonas Salk. *Laboratory Life: The Construction of Scientific Facts.* 2nd edition. Princeton, NJ: Princeton University Press, 1986.

Laudan, Larry. "A Confutation of Convergent Realism." *Philosophy of Science* 48, no. 1 (1981): 19—49. https://doi.org/10.2307/187066.

Laudan, Rachel. *From Mineralogy to Geology: The Foundations of a Science, 1650—1830.* Chicago: University of Chicago Press, 1987.

Leiserowitz, Anthony, and Nicholas Smith. "Knowledge of Climate Change across Global Warming's Six Americas." Yale Project on Climate Change Communication. New Haven, CT: Yale University, 2010. http://climatecommunication.yale.edu/publications/knowledge-of-climate-change-across-global-warmings-six-americas/.

Levine, Timothy. "The Last Word on Flossing Is Two Words: Pascal's Wager." *Chicago Tribune: Digital Edition.* Accessed August 27, 2017. http://digitaledition.chicagotribune.com/tribune/article_popover.aspx?guid=e22b8ba6-f7c1-43ee-a10a-6af692511143.

Lustig, Robert H. *Fat Chance: The Bitter Truth about Sugar.* Fourth Estate, 2013.

Machamer, Peter, Lindley Darden, and Carl F. Craver. "Thinking about Mechanisms." *Philosophy of Science* 67, no. 1 (March 1, 2000): 1—25. https://doi.org/10.1086/392759.

"Male Birth Control Study Killed after Men Report Side Effects." NPR.org. Accessed August 27, 2017. http://www.npr.org/sections/health-shots/2016/11/03/500549503/male-birth-control-study-killed-after-men-complain-about-side-effects.

Malthus, T. R. (Thomas Robert). *An Essay on the Principle of Population, as It Af-*

fects the Future Improvement of Society. With Remarks on the Speculations of Mr. Godwin, M. Condorcet and Other Writers. London: J. Johnson, 1798. http://archive.org/details/essayonprincipl00malt.

Markowitz, Gerald, and David Rosner. *Deceit and Denial: The Deadly Politics of Industrial Pollution*. 1st paperback printing edition. Berkeley: University of California Press, 2003.

Mayo Clinic Staff. "Antidepressants: Get Tips to Cope with Side Effects." *Mayo Clinic*. Accessed August 27, 2017. http://www.mayoclinic.org/diseases-conditions/depression/in-depth/antidepressants/art-20049305.

Mazotti, Massimo. *Knowledge as Social Order: Rethinking the Sociology of Barry Barnes*. New York: Routledge, 2016.

McDermott, Annette. "Can Birth Control Cause Depression?" *Healthline*, 2016. http://www.healthline.com/health/birth-control/birth-control-and-depression.

McGarity, Thomas O., and Wendy E. Wagner. *Bending Science: How Special Interests Corrupt Public Health Research*. Cambridge, MA: Harvard University Press, 2012.

"The Medical Benefit of Daily Flossing Called into Question." *American Dental Association*, August 2, 2016. http://www.ada.org/en/science-research/science-in-the-news/the-medical-benefit-of-daily-flossing-called-into-question.

Merton, Robert. "Science and the Social Order." *Philosophy of Science* 5, no. 3 (1938): 321—337.

Michaels, David. *Doubt Is Their Product: How Industry's Assault on Science Threatens Your Health*. 1st edition. Oxford: Oxford University Press, 2008.

Mnookin, Seth. *The Panic Virus: The True Story behind the Vaccine-Autism Controversy*. 1st edition. New York: Simon and Schuster, 2012.

Moses-Kolko, Eydie L., Julie C. Price, Nilesh Shah, Sarah Berga, Susan M. Sereika, Patrick M. Fisher, Rhaven Coleman, et al. "Age, Sex, and Reproductive Hormone Effects on Brain Serotonin-1A and Serotonin-2A Receptor Binding in a Healthy Population." *Neuropsychopharmacology: Official Publication of the American College of Neuropsychopharmacology* 36, no. 13 (December 2011): 2729—2740. https://doi.org/10.1038/npp.2011.163.

Moslehzadeh, Kaban. "Silness-Löe Index," September 29, 2010. /CAPP/Methods-and-Indices/Oral-Hygiene-Indices/Silness-Loe-Index/.

Muller, H. J., F.A.E. Crew, C. D. Darlington, J.B.S. Haldane, C. Harland, L. T. Hogben, J. S. Huxley, et al. "Social Biology and Population Improvement." *Nature* 144 (September 16, 1939): 521—522. https://doi.org/10.1038/144521a0.

Musgrave, Alan. "The Ultimate Argument for Scientific Realism." In *Relativism and Realism in Science*, edited by Robert Nola. Berlin: Springer Science and Business Media, 1988.

Nestle, Marion, Mark Bittman, and Neal Baer. *Soda Politics: Taking on Big Soda.* 1st edition. Oxford: Oxford University Press, 2015.

Nordhaus, William D. *The Climate Casino: Risk, Uncertainty, and Economics for a Warming World.* New Haven, CT: Yale University Press, 2015.

O'Connell, Ronan. "The Great Dental Floss Scam: You May Never Need to Floss Again." *Techly*, August 19, 2016. http://www.techly.com.au/2016/08/19/great-dental-floss-scam-may-neverneed-floss/.

Oláh, K. S. "The Use of Fluoxetine (Prozac) in Premenstrual Syndrome: Is the Incidence of Sexual Dysfunction and Anorgasmia Acceptable?" *Journal of Obstetrics and Gynaecology* 22, no. 1 (January 1, 2002): 81—83. https://doi.org/10.1080/01443610120101808.

Oreskes, Naomi. "Objectivity or Heroism? On the Invisibility of Women in Science." *Osiris* 11 (1996): 87—113. https://doi.org/10.2307/301928.

——. *The Rejection of Continental Drift: Theory and Method in American Earth Science.* New York: Oxford University Press, 1999.

——. "*The Scientific Consensus on Climate Change.*" Science 306 (2004):1686.

——. " 'Fear'-Mongering Crichton Wrong on Science." *San Francisco Chronicle.* Accessed October 13, 2018. https://www.sfgate.com/opinion/openforum/article/Fear-mongering-Crichton-wrong-on-science-2698545.php.

——. *Science on a Mission: American Oceanography from the Cold War to Climate Change.* Chicago: University of Chicago Press, accepted pending revision.

Oreskes, Naomi, Daniel Carlat, Michael E. Mann, Paul D. Thacker, and Frederick S. vom Saal. "Viewpoint: Why Disclosure Matters." *Environmental Science & Technology* 49, no. 13 (July 7, 2015): 7527—7528. https://doi.org/10.1021/acs.est.5b02726.

Oreskes, Naomi, and Erik M. Conway. *Merchants of Doubt: How a Handful of Scientists Obscured the Truth on Issues from Tobacco Smoke to Global Warming.* Reprint edition. New York: Bloomsbury Press, 2011.

Paul, Diane B. "Eugenic Anxieties, Social Realities, and Political Choices." *Social Research* 59, no. 3 (1992): 663—683. https://doi.org/10.2307/40970710.

——. *Controlling Human Heredity, 1865 to the Present.* Humanities Press, 1995.

Paul, Diane B., and Hamish G. Spencer. "Did Eugenics Rest on an Elementary Mistake?" In *Thinking about Evolution: Historical, Philosophical, and Political Perspectives*, edited by Rama S. Singh and Costas B. Krimbas. Cambridge: Cambridge University Press, 2001.

Paul, Diane B., John Stenhouse, and Hamish G. Spencer. *Eugenics at the Edges of Empire: New Zealand, Australia, Canada and South Africa.* Springer, 2017.

Pearce, Warren, Reiner Grundmann, Mike Hulme, Sujatha Raman, Eleanor Hadley Kershaw, and Judith Tsouvalis. "Beyond Counting Climate Consensus." *Environmental*

Communication 11, no. 6 (July 23, 2017): 1—8. https://doi.org/10.1080/17524032.2017.1333965.

Perry, Mark. "For Earth Day: Michael Crichton Explains Why There Is 'No Such Thing as Consensus Science.'" *American Enterprise Institute*, April 20, 2015. http://www.aei.org/publication/for-earth-day-michael-crichton-explains-why-there-is-no-such-thing-as-consensus-science/.

Pope Pius XI. "Casti Connubii: Encyclical of Pope Pius XI on Christian Marriage to the Venerable Brethren, Patriarchs, Primates, Archbishops, Bishops, and Other Local Ordinaries Enjoying Peace and Communion with the Apostolic See." Encyclical, December 31, 1930. https://w2.vatican.va/content/pius-xi/en/encyclicals/documents/hf_p-xi_enc_19301231_casti-connubii.html.

Porter, Theodore M. *Trust in Numbers*. Reprint edition. Princeton, NJ: Princeton University Press, 1996.

Proctor, Robert N. *Racial Hygiene: Medicine under the Nazis*. Cambridge, MA: Harvard University Press, 1988.

———. *Golden Holocaust: Origins of the Cigarette Catastrophe and the Case for Abolition*. 1st edition. Berkeley: University of California Press, 2012.

Proctor, Robert N., and Londa Schiebinger, eds. *Agnotology: The Making and Unmaking of Ignorance*. 1st edition. Stanford: Stanford University Press, 2008.

Psillos, Stathis. *Scientific Realism: How Science Tracks Truth*. New York: Routledge, 2005.

Resnick, Brian. "If You Don't Floss Daily, You Don't Need to Feel Guilty." *Vox*, August 2, 2016. https://www.vox.com/2016/8/2/12352226/dental-floss-even-work.

Rettner, Rachael. "Trump Thinks That Exercising Too Much Uses up the Body's 'Finite' Energy." *Washington Post*, May 14, 2017, sec. Health and Science. https://www.washingtonpost.com/national/health-science/trump-thinks-that-exercising-too-much-uses-up-the-bodys-finite-energy/2017/05/12/bb0b9bda-365d-11e7-b4ee-434b6d506b37_story.html.

Roberts, Dorothy. *Killing the Black Body: Race, Reproduction, and the Meaning of Liberty*. New York: Vintage, 1998.

———. *The Ethics of Biosocial Science | The New Biosocial and the Future of Ethical Science*. The Tanner Lectures on Human Values. Princeton, NJ, 2016. https://www.youtube.com/watch?v=NbCyHY9BH7I.

Rosen, Raymond, Roger Lane, and Matthew Menza. "Effects of SSRIs on Sexual Function: A Critical Review: Journal of Clinical Psychopharmacology." *Journal of Clinical Psychopharmacology* 19, no. 1 (February 1999): 67-85. http://journals.lww.com/psychopharmacology/Fulltext/1999/02000/Effects_of_SSRIs_on_Sexual_Function__A_Critical.13.aspx.

Rubin, Neal. "At a Loss over Dental Floss." *Detroit News*, 2016. http://www.detroitnews. com/story/opinion/columnists/neal - rubin/2016/08/22/rubin - loss - dental - floss/89131294/.

Saint Louis, Catherine. "Feeling Guilty about Not Flossing? Maybe There's No Need." *New York Times*, August 2, 2016, sec. Health. https://www.nytimes.com/2016/08/03/health/flossing-teeth-cavities.html.

Sambunjak, Dario, Jason W. Nickerson, Tina Poklepovic, Trevor M. Johnson, Pauline Imai, Peter Tugwell, and Helen V. Worthington. "Flossing for the Management of Periodontal Diseases and Dental Caries in Adults." *Cochrane Database of Systematic Reviews*, no. 12 (December 7, 2011): CD008829. https://doi. org/10.1002/14651858. CD008829.pub2.

Sanger, Margaret, and H. G. Wells. *The Pivot of Civilization*. Berkshire, UK: Dodo Press, 2007.

Schaffir, Jonathan, Brett L. Worly, and Tamar L. Gur. "Combined Hormonal Contraception and Its Effects on Mood: A Critical Review." *European Journal of Contraception & Reproductive Health Care: The Official Journal of the European Society of Contraception* 21, no. 5 (October 2016): 347—355. https://doi. org/10.1080/13625187.2016. 1217327.

Schoenfeld, J. D., and J. P. Ioannides,. "Is Everything We Eat Associated with Cancer? A Systematic Cookbook Review." *American Journal of Clinical Nutrition* 97 (2013): 127—134.

Seaman, Barbara, and Claudia Dreyfus. *The Doctor's Case against the Pill: 25th Anniversary*. Alameda, CA: Hunter House, 1995.

Selleck, Robert. "National Media's Spotlight on Flossing Enables Dental Professionals to Shine." *Dental Tribune*, October 13, 2016. http://www.dental-tribune.com/articles/news/usa/31377_national_medias_spotlight_on_flossing_enables_dental_professionals_to_shine.html.

Shmerling, Robert H. "Tossing Flossing?" *Harvard Health* (blog), August 17, 2016. https://www.health.harvard.edu/blog/tossing-flossing-2016081710196.

Showalter, Elaine, and English Showalter. "Victorian Women and Menstruation." *Victorian Studies* 14, no. 1 (1970): 83—89. http://www.jstor.org.ezp-prod1.hul.harvard. edu/stable/3826408.

"Sink Your Teeth into This Debate over Flossing," *Chicago Tribune*. Accessed August 27, 2017. http://www.chicagotribune.com/news/opinion/editorials/ct-dental-floss-fat-heart-associatedpress-edit-0805-jm-20160804-story.html.

Skovlund, Charlotte Wessel, Lina Steinrud Mørch, Lars Vedel Kessing, and Øjvind Lidegaard. "Association of Hormonal Contraception with Depression." *JAMA Psychiatry* 73, no. 11 (November 1, 2016): 1154—1162. https://doi. org/10.1001/jamapsychiatry.2016.2387.

Smyth, Chris. "Gum Disease Sufferers 70% More Likely to Get Dementia." *Times*, August 22, 2017, sec. News. https://www.thetimes.co.uk/article/gum-disease-sufferers-70-more-likely-toget-dementia-alzheimers-rd5xxnxwh.

Spiro, Jonathan Peter. *Defending the Master Race: Conservation, Eugenics, and the Legacy of Madison Grant*. 1st edition. Burlington, VT: University of Vermont Press, 2008.

Spencer, Hamish G., and Diane B. Paul. "The Failure of a Scientific Critique: David Heron, Karl Pearson and Mendelian Eugenics." *British Journal for the History of Science* 31, no. 4 (December 1998): 441—452. https://doi.org/10.1017/S0007087498003392.

Staff. "How a Journalist Debunked a Decades Old Health Tip." Accessed August 27, 2017. http://wrvo.org/post/how-journalist-debunked-decades-old-health-tip.

Staley, Richard. "Partisanal Knowledge: On Hayek and Heretics in Climate Science and Discourse." Presented at the Weak Knowledge: Forms, Functions, and Dynamics, Frankfurt, July 4, 2017. http://www.hsozkult.de/event/id/termine-34489.

Stark, Laura. *Behind Closed Doors: IRBs and the Making of Ethical Research*. 1st edition. Chicago: University of Chicago Press, 2012.

Stern, Nicholas. *The Economics of Climate Change: The Stern Review*. Cambridge: Cambridge University Press, 2007.

——. *Why Are We Waiting?: The Logic, Urgency, and Promise of Tackling Climate Change*. Cambridge, MA: MIT Press, 2015. http://www.jstor.org/stable/j.ctt17kk7g6.

Tello, Monique. "Can Hormonal Birth Control Trigger Depression?" *Harvard Health* (blog), October 17, 2016. https://www.health.harvard.edu/blog/can-hormonal-birth-control-triggerdepression-2016101710514.

Thompson, Kristen M. J. "A Brief History of Birth Control in the U.S." *Our Bodies Ourselves* (blog), 2013. http://www.ourbodiesourselves.org/health-info/a-brief-history-of-birth-control/.

Toufexis, D., M. A. Rivarola, H. Lara, and V. Viau. "Stress and the Reproductive Axis." *Journal of Neuroendocrinology* 26, no. 9 (September 2014): 573—586. https://doi.org/10.1111/jne.12179.

Wagner, Wendy E. "How Exxon Mobil 'Bends' Science to Cast Doubt on Climate Change." *New Republic*, November 11, 2015. https://newrepublic.com/article/123433/how-exxon-mobilbends-science-cast-doubt-climate-change.

Wang, Amy B. "'Post-Truth' Named 2016 Word of the Year by Oxford Dictionaries." *Washington Post*, November 16, 2016, sec. The Fix. https://www.washingtonpost.com/news/the-fix/wp/2016/11/16/post-truth-named-2016-word-of-the-year-by-oxford-dictionaries/.

Watkins, Adam. "Why the Male 'Pill' Is Still So Hard to Swallow." *Independent*, 2016. http://www.independent.co.uk/life-style/health-and-families/health-news/why-the-male-pill-is-still-so-hard-to-swallow-a7400846.html.

Weinberg, Steven. *Facing Up: Science and Its Cultural Adversaries*. New edition. Cambridge, MA: Harvard University Press, 2003.

White, Byron. *Stump v. Sparkman*, 435 U.S. 349 (March 28, 1978).

Witkowski, Jan. A., *The Road to Discovery: A Short History of Cold Spring Harbor Laboratory*, New York: Cold Spring Harvard Laboratory Press, 2016.

Witkowski, Jan A., and John R. Inglis. "Davenport's Dream: 21st Century Reflections on Heredity and Eugenics." *Journal of the History of Biology* 42, no. 3（2009）: 593—598.

Wynne, Brian. "May the Sheep Safely Graze? A Reflexive View of the Expert-Lay Knowledge Divide." In *Risk, Environment and Modernity: Towards a New Ecology*, edited by Scott Lash, Bronislaw Szerszynski, and Brian Wynne, 44—83. London: Sage, 1996. http://ls-tlss.ucl.ac.uk/course-materials/GEOGG013_59466.pdf.

Ziliak, Steve, and Deirdre Nansen McCloskey. *The Cult of Statistical Significance: How the Standard Error Costs Us Jobs, Justice, and Lives*. Ann Arbor: University of Michigan Press, 2008.

余论：科学中的价值观

Antonio, Robert J., and Robert J. Brulle. "The Unbearable Lightness of Politics: Climate Change Denial and Political Polarization." *Sociological Quarterly* 52, no. 2（March 1, 2011）: 195—202.https://doi.org/10.1111/j.1533-8525.2011.01199.x.

Baum, Bruce, and Robert Nichols. *Isaiah Berlin and the Politics of Freedom*: "Two Concepts of Liberty" 50 Years Later. London: Routledge, 2013.

Berlin, Isaiah. "Two Concepts of Liberty." *Liberty Reader*, 1958. https://doi.org/10.4324/9781315091822-3.

Brulle, Robert J. "Institutionalizing Delay: Foundation Funding and the Creation of U.S. Climate Change Counter-Movement Organizations." *Climatic Change* 122, no. 4（February 1, 2014）: 681—694. https://doi.org/10.1007/s10584-013-1018-7.

Daniels, George H. "The Pure-Science Ideal and Democratic Culture." *Science* 156, no. 3783（June 30, 1967）: 1699—1705. https://doi.org/10.1126/science.156.3783.1699.

Daston, Lorraine J., and Peter Galison. *Objectivity*. New York: Zone Books, 2010.

Deen, Thalif. "U.S. Lifestyle Is Not up for Negotiation." *Inter Press Service News Agency*, May 1, 2012. http://www.ipsnews.net/2012/05/us-lifestyle-is-not-up-for-negotiation/.

Dietz, Thomas. "Bringing Values and Deliberation to Science Communication." *Proceedings of the National Academy of Sciences* 110, no. suppl. 3（August 20, 2013）: 14081—14087. https://doi.org/10.1073/pnas.1212740110.

Douglas, Heather. *Science, Policy, and the Value-Free Ideal*. Pittsburgh: University of Pittsburgh Press, 2009.

Dunlap, Riley E., and Robert J. Brulle. *Climate Change and Society: Sociological Perspectives*. Oxford: Oxford University Press, 2015.

England, J. Merton. *A Patron for Pure Science. The National Science Foundation's Formative Years, 1945—1957*. NSF 82—24, 1982. https://eric.ed.gov/?id=ED230414.

Fischhoff, Baruch. "The Sciences of Science Communication." *Proceedings of the National Academy of Sciences* 110, no. suppl. 3（August 20, 2013）: 14033—14039. https://doi.org/10.1073/pnas.1213273110.

Fleming, James. *Meteorology in America, 1800—1870*. Baltimore: Johns Hopkins University Press, 2000.

——. *Fixing the Sky: The Checkered History of Weather and Climate Control*. New York: Columbia University Press, 2012.

Greenberg, Daniel S., John Maddox, and Steve Shapin. *The Politics of Pure Science*. Revised edition. Chicago: University of Chicago Press, 1999.

"A Greener Bush." *Economist*, February 13, 2003. http://www.economist.com/node/1576767.

Heilbron, J. L. *The Sun in the Church: Cathedrals as Solar Observatories*. Revised edition. Cambridge, MA: Harvard University Press, 2001.

Herrick, Charles N. "Junk Science and Environmental Policy: Obscuring Public Debate with Misleading Discourse." *Philosophy & Public Policy Quarterly* 21, no. 2/3（2001）: 11—16. http://journals.gmu.edu/PPPQ/article/view/359.

Howe, Joshua P., and William Cronon. *Behind the Curve: Science and the Politics of Global Warming*. Reprint edition. Seattle: University of Washington Press, 2016.

Intergovernmental Panel on Climate Change. "Global Warming of 1.5 °C." *IPCC*, 2018. http://www.ipcc.ch/report/sr15/.

Jamieson, Dale. *Reason in a Dark Time: Why the Struggle Against Climate Change Failed—and What It Means for Our Future*. 1st edition. Oxford: Oxford University Press, 2014.

Jewett, Andrew. *Science, Democracy, and the American University: From the Civil War to the Cold War*. Cambridge: Cambridge University Press, 2012.

Kevles, Daniel J. *The Physicists: The History of a Scientific Community in Modern America, Revised Edition*. Revised edition. Cambridge, MA: Harvard University Press, 1995.

Kohler, Robert E. *Partners in Science: Foundations and Natural Scientists, 1900—1945*. Chicago: University of Chicago Press, 1991.

Leiserowitz, Anthony, and Nicholas Smith. "Knowledge of Climate Change Aacross Global Warming's Six Americas." Yale Project on Climate Change Communication. New Haven, CT: Yale University, 2010. http://climatecommunication. yale. edu/publications/

knowledge-ofclimate-change-across-global-warmings-six-americas/.

Longino, Helen E. *The Fate of Knowledge*. Princeton, NJ: Princeton University Press, 2001.

McCright, Aaron M., and Riley E. Dunlap. "Challenging Global Warming as a Social Problem: An Analysis of the Conservative Movement's Counter-Claims." *Social Problems* 47, no. 4 (2000): 499—522. https://doi.org/10.2307/3097132.

———. "Social Movement Identity and Belief Systems: An Examination of Beliefs about Environmental Problems within the American Public." *Public Opinion Quarterly* 72, no. 4 (2008): 651—676. http://www.jstor.org.ezp-prod1.hul.harvard.edu/stable/25167658.

Merton, Robert K. "Science and the Social Order." *Philosophy of Science* 5, no. 3 (July 1, 1938): 321—337. https://doi.org/10.1086/286513.

———. *Science, Technology & Society in Seventeenth-Century England*. 1st Howard Fertig paperback edition. New York: Howard Fertig, 2002.

Miller, Howard Smith. *Dollars for Research: Science and Its Patrons in Nineteenth-Century America*. 1st edition. Seattle: University of Washington Press, 1970.

Miller, Kenneth R. *Finding Darwin's God: A Scientist's Search for Common Ground Between God and Evolution*. Reprint edition. New York: Harper Perennial, 2007.

———. *Only a Theory: Evolution and the Battle for America's Soul*. Reprint edition. New York: Penguin Books, 2009.

Mooney, Chris. "How to Convince Conservative Christians That Global Warming Is Real." *Mother Jones* (blog). Accessed August 30, 2017. http://www.motherjones.com/environment/2014/05/inquiring-minds-katharine-hayhoe-faith-climate/.

Moore, Kelly. *Disrupting Science: Social Movements, American Scientists, and the Politics of the Military, 1945—1975*. Princeton, NJ: Princeton University Press, 2009.

National Academies of Sciences, Engineering, Division of Behavioral and Social Sciences and Education, and Committee on the Science of Science Communication: A Research Agenda. *Using Science to Improve Science Communication*. Washington, DC: National Academies Press, 2017. https://www.ncbi.nlm.nih.gov/books/NBK425715/.

Numbers, Ronald L., ed. *Galileo Goes to Jail and Other Myths about Science and Religion*. Reprint edition. Cambridge, MA: Harvard University Press, 2010.

Olson, Scott. "Study: Urban Tax Money Subsidizes Rural Counties." *Indianapolis Business Journal*, 2010. https://www.ibj.com/articles/15690-study-urban-tax-money-subsidizes-ruralcounties?v=preview.

Oreskes, Naomi, and Erik M. Conway. *Merchants of Doubt: How a Handful of Scientists Obscured the Truth on Issues from Tobacco Smoke to Global Warming*. Reprint edition. New York: Bloomsbury Press, 2011.

———. *The Collapse of Western Civilization: A View from the Future*. New York:

Columbia University Press, 2014.

Oreskes, Naomi, and John Krige, eds. *Science and Technology in the Global Cold War*. Cambridge, MA: MIT Press, 2014.

Pope Francis. *Encyclical on Climate Change and Inequality*. Melville Press, 2015. https://www.mhpbooks.com/books/encyclical-on-climate-change-and-inequality/.

Posner, Richard A. *A Failure of Capitalism: The Crisis of 08 and the Descent into Depression*. Unknown edition. Cambridge, MA: Harvard University Press, 2011.

Proctor, Robert. *Value-Free Science?: Purity and Power in Modern Knowledge*. Cambridge, MA: Harvard University Press, 1991.

Prothero, Stephen. *Religious Literacy: What Every American Needs to Know—And Doesn't*. Reprint edition. New York: HarperOne, 2008.

Reeder, Richard, and Faqir Bagi. "Federal Funding in Rural America Goes Far Beyond Agriculture." *USDA ERS*, 2008. https://www.ers.usda.gov/amber-waves/2009/march/federal-funding-in-rural-america-goes-far-beyond-agriculture/.

Shapin, Steven. *A Social History of Truth: Civility and Science in Seventeenth-Century England*. 1st edition. Chicago: University of Chicago Press, 1995.

"Shaping Tomorrow's World: Our Values." Accessed August 30, 2017. http://www.shapingtomorrowsworld.org/values4stw.htm.

Siegrist, Michael, George T. Cvetkovich, and Heinz Gutscher. "Shared Values, Social Trust, and the Perception of Geographic Cancer Clusters." *Risk Analysis* 21, no. 6 (2001): 1047—1054. http://onlinelibrary.wiley.com/doi/10.1111/0272-4332.216173/full.

Stern, Nicholas. *The Economics of Climate Change: The Stern Review*. Cambridge: Cambridge University Press, 2007.

Webb, Brian S., and Doug Hayhoe. "Assessing the Influence of an Educational Presentation on Climate Change Beliefs at an Evangelical Christian College." *Journal of Geoscience Education* 65, no. 3 (August 1, 2017): 272—282. https://doi.org/10.5408/16-220.1.

Weber, Max. "Science as a Vocation." *Daedalus* 87, no. 1 (1958): 111—134. https://doi.org/10.2307/20026431.

Zycher, Benjamin. "The Absurdity That Is the Paris Climate Agreement." *American Enterprise Institute*, May 25, 2017. http://www.aei.org/publication/the-absurdity-that-is-the-paris-climateagreement/.

冻豌豆的认识论：纯洁、暴力与对20世纪科学的日常信任

Aaserud, Finn. "Sputnik and the 'Princeton Three': The National Security Laboratory That Was Not to Be." *Historical Studies in the Physical and Biological Sciences* 25, no. 2 (1995): 185—239.

Brewer, P. *From Fireplace to Cookstove: Technology and the Domestic Ideal in America.* Syracuse, NY: Syracuse University Press, 2000.

Bridger, S. *Scientists at War: The Ethics of Cold War Weapons Research.* Cambridge, MA: Harvard University Press, 2015.

Busch, J. "Cooking Competition: Technology on the Domestic Market in the 1930s." *Technology and Culture* 24, no. 2 (April 1983): 222—245.

Cartwright, Nancy. *Hunting Causes and Using Them: Approaches in Philosophy and Economics.* Cambridge: Cambridge University Press, 2007.

Cloud, J. "Imaging the World in a Barrel: CORONA and the Clandestine Convergence of the Earth Sciences." *Social Studies of Science* 31, no. 2 (April 2001): 231—251.

Cowan, R. C. *More Work for Mother: The Ironies of Household Technology from the Hearth to the Microwave.* New York: Basic Books, 1983.

Crawford, E. "Internationalism in Science as a Casualty of the First World War." *Social Science Information* 27 (1988): 163—201.

Dobbs, Betty Jo Teeter. *The Foundations of Newton's Alchemy or "The Hunting of the Greene Lyon."* Cambridge: Cambridge University Press, 1975.

Edgerton, David. *The Shock of the Old Technology and Global History since 1900.* New York: Oxford University Press, 2006.

Engber, Daniel. "The Grandfather of Alt-Science: Art Robinson Has Seeded Scientific Skepticism within the GOP for Decades. Now He Wants to Use Urine to Save Lives." Fivethirtyeight.com, October 12, 2017, https://fivethirtyeight.com/features/the-grandfather-of-alt-science/.

Engdahl, E., and Lidskog, R. "Risk, Communication and Trust: Towards an Emotional Understanding of Trust." *Public Understanding of Science* 23, no. 6 (2014): 703—717.

Fauque, D.M.E. "French Chemists and the International Reorganisation of Chemistry after World War I." *Ambix* 58, no. 2 (July 2011): 116—135.

Freire, Olival. "Science and Exile: David Bohm, the Cold War, and a New Interpretation of Quantum Mechanics." *Historical Studies in the Physical and Biological Sciences* 36, no. 1 (September 2005): 1—34.

Galison, P. "Removing Knowledge." *Critical Inquiry* 31, no. 1 (Autumn 2004): 229—243.

Gusterson, Hugh. *Testing Times: A Nuclear Weapons Laboratory at the End of the Cold War.* Stanford: Stanford University Press, 1992.

Haraway, D. "Situated Knowledges: The Science Question in Feminism and the Privilege of Partial Perspective." *Feminist Studies* 14, no. 3 (1988): 575—599.

———. *Modest-Witness@Second-Millennium. FemaleMan-Meets-OncoMouse.* New York: Routledge, 1997.

Hofstadter, R. *Anti-Intellectualism in American Thought*. New York: Knopf, 1963.

Mitchell, M. X. *Test Cases: Reconfiguring American Law, Technoscience and Democracy in the Nuclear Pacific*. PhD dissertation, University of Pennsylvania, 2016.

Moore, Kelly. 2008. *Disrupting Science: Social Movements, American Science and the Politics of the Military, 1945—1975*. Princeton, NJ: Princeton University Press, 2008.

Pisano R., and Busati P. "Historical and Epistemological Reflections on the Culture of Machines around the Renaissance: How Science and Technique Work?" *Acta Baltica Historiae et Philosophiae Scientiarum* 2, no. 2 (Autumn 2014).

Probstein, Ronald F. "Reconversion and Non-Military Research Opportunities." *Astronautics and Aeronautics* (October 1969): 50—56.

Radin, J. *Life on Ice: A History of New Uses for Cold Blood*. Chicago: University of Chicago Press, 2017.

Richmond, M. L. "A Scientist during Wartime: Richard Goldschmidt's Internment in the U.S.A. during the First World War." *Endeavor* 39, no. 1 (2015): 52—62.

Sagan, Carl. *The Demon-Haunted World: Science as a Candle in the Dark*. New York: Random House, 1995.

Selya, Rena. *Salvador Luria's Unfinished Experiment: The Public Life of a Biologist in a Cold War Democracy*. PhD Dissertation, Harvard University, 2002.

Shapin, Steven. "What Else Is New? How Uses Not Innovations Drive Human Technology." *New Yorker*. May 14, 2007.

———. "The Virtue of Scientific Thinking." *Boston Review*. January 20, 2015.

Smocovitis V. B. "Genetics behind Barbed Wire: Masuo Kodani, Emigré Geneticists, and Wartime Genetics Research at Manzanar Relocation Center." *Genetics* 187 (2011): 357—366.

Wang, J. *American Science in an Age of Anxiety: Scientists, Anti-Communism and the Cold War*. Chapel Hill: University of North Carolina Press, 1999.

———. "Physics, Emotion, and the Scientific Self: Merle Tuve's Cold War." *Historical Studies in the Natural Sciences* 42, no. 5 (November 2012): 341—388.

Wynne, Brian. *Risk Management and Hazardous Wastes: Implementation and the Dialectics of Credibility*. Berlin: Springer, 1987.

信任科学的理由是什么?

Descartes, René. *Meditations on First Philosophy* (1641). Cambridge: Cambridge University Press, 1988.

Galilei, Galileo. *Two New Sciences* (1638). Translated by Stillman Drake. Madison: University of Wisconsin Press.

Goodman, Nelson. *Fact, Fiction, and Forecast*. Fourth edition. Cambridge, MA: Harvard University Press, 1983.

Hoffman, Andrew. "Climate Science as Culture War." *Stanford Social Innovation Review*, 2012. https://ssir.org/articles/entry/climate_science_as_culture_war.

Horowitz, Alana. "Paul Broun: Evolution, Big Bang 'Lies Straight from the Pit of Hell.'" *HuffPost*, 2012. http://www.huffingtonpost.com/2012/10/06/paul-broun-evolution-big-bang_n_1944808.html.

Hume, David. *A Treatise of Human Nature* (1739). Oxford: Clarendon, 1978.

——. *An Enquiry Concerning Human Understanding* (1748). Indianapolis: Hackett, 1977.

Kuhn, Thomas. *The Structure of Scientific Revolutions* (1962). 50th anniversary edition. Chicago: University of Chicago Press, 2012.

Lange, Marc. "Would Direct Realism Resolve the Classical Problem of Induction?" *Noûs* 38 (2004): 197—232.

——. "Hume and the Problem of Induction." In *Handbook of the History of Logic, Colume 10: Inductive Logic*, edited by Dov Gabbay, Stephen Hartmann, and John Woods. Amsterdam: Elsevier/North Holland, 2011, 43—92.

——. *Because without Cause: Non-Causal Explanations in Science and Mathematics*. New York: Oxford University Press, 2016.

Laudan, Larry. "A Confutation of Convergent Realism." *Philosophy of Science* 48 (1981): 604—615.

——. "The Demise of the Demarcation Problem." In *Physics, Philosophy, and Psychoanalysis*, edited by Robert S. Cohen and Larry Laudan. Dordrecht: Reidel, 1983, 111—127.

Meli, Domenico Bertoloni. "The Axiomatic Tradition in Seventeenth-Century Mechanics." In *Discourse on a New Method*, edited by Mary Domski and Michael Dickson. La Salle, IL: Open Court, 2010, 23—41.

Newport, Frank. "In U.S., 46% Hold Creationist View of Human Origins." Gallup.com, http://www.gallup.com/poll/155003/Hold-Creationist-View-Human-Origins.aspx.

Palmerino, Carla Rita. "Infinite Degrees of Speed: Marin Mersenne and the Debate over Galileo's Law of Free Fall." *Early Science and Medicine* 4 (1999): 268—328.

Sextus Empiricus. *Against the Logicians*. Translated by R. G. Bury. Loeb edition. London: W. Heinemann, 1935.

Sellars, Wilfrid. "Empiricism and the Philosophy of Mind." In Sellars, *Science, Perception and Reality*. London: Routledge and Kegan Paul, 1963, 127—196.

——. "Some Reflections on Language Games. In Sellars, *Science, Perception and Reality*. London: Routledge and Kegan Paul, 1963, 321—358.

重构帕斯卡赌注:风险社会可信的气候政策评估

Beck, Ulrich. *Risk Society: Towards a New Modernity*. London: Sage, 1992.

Edenhofer, Ottmar, and Kowarsch, Martin. "Cartography of Pathways: A New Model for Environmental Policy Assessments." *Environmental Science & Policy* 51 (2015): 56—64.

Intergovernmental Panel on Climate Change. *Climate Change 2014—Mitigation of Climate Change: Contribution of Working Group III to the Fifth Assessment Report of the Intergovernmental Panel on Climate Change*, edited by O. Edenhofer, R. P. Pichs-Madruga, Y. Sokona, E. Farahani, S. Kadner, and K. Seyboth. Cambridge: Cambridge University Press, 2014.

Koch, N., G. Grosjean, S. Fuss, and O. Edenhofer. "Politics Matters: Regulatory Events as Catalysts for Price Formation under Cap-and-Trade." *Journal of Environmental Economics and Management*, 78 (2016): 121—139. doi: 10.1016/j.jeem.2016.03.004.

Kowarsch, Martin. *A Pragmatist Orientation for the Social Sciences in Climate Policy: How to Make Integrated Economic Assessments Serve Society. Boston Studies in the Philosophy and History of Science 323*. Switzerland: Springer International Publishing, 2016.

Kowarsch, Martin, Jason Jabbour, Christian Flachsland, Marcel T. J. Kok, Robert Watson, Peter M. Haas, et al. "A Road Map for Global Environmental Assessments." *Nature Climate Change* 7, no. 6 (2017): 379—382.

Putnam, Hilary. *The Collapse of the Fact/Value Dichotomy and Other Essays*. Cambridge, MA: Harvard University Press, 2004.

Sarewitz, Daniel. "How Science Makes Environmental Controversies Worse." *Environmental Science & Policy* 7, no. 5 (2004): 385—403.

对科学现状与未来的评论:受启发于内奥米·奥雷斯克斯

Baker, Monya. "Biotech Giant Publishes Failures to Confirm High-Profile Science." *Nature* 530, no. 7589 (2016). https://www.nature.com/news/biotech-giant-publishes-failures-to-confirmhigh-profile-science-1.19269.

Barone, Michael. "Why Political Polls Are So Often Wrong." *Wall Street Journal*, November 11, 2015. https://www.wsj.com/articles/why-political-polls-are-so-often-wrong-1447285797.

Bem, D. J. "Feeling the Future: Experimental Evidence for Anomalous Retroactive Influences on Cognition and Affect." *Journal of Personality and Social Psychology* 100, no. 3 (2011): 407—425. doi: 10.1037/a0021524.

Bhattacharjee, Yudhijit. "The Mind of a Con Man." *New York Times*, April 26, 2013. http://www.nytimes.com/2013/04/28/magazine/diederik-stapels-audacious-academic-fraud.html?pagewanted=all.

Carey, Benedict. "Many Psychology Findings Not as Strong as Claimed, Study Says." *New York Times*, August 27, 2015. https://www.nytimes.com/2015/08/28/science/

many-social-science-findings-not-as-strong-as-claimed-study-says.html.

Carey, Benedict, and Pam Belluck. "Doubts about Study of Gay Canvassers Rattle the Field." *New York Times*, May 25, 2015. https://www.nytimes.com/2015/05/26/science/maligned-study-on-gay-marriage-is-shaking-trust.html.

Festinger, Leon. *A Theory of Cognitive Dissonance*. Evanston, IL: Row, Peterson and Company, 1957.

Freedman, David H. "Lies, Damned Lies, and Medical Science." *Atlantic*, November 2010. https://www.theatlantic.com/magazine/archive/2010/11/lies-damned-lies-and-medical-science/308269/.

Freedman, Leonard P., Iain M. Cockburn, and Timothy S. Simcoe. "The Economics of Reproducibility in Preclinical Research." *PLOS Biology* 13, no. 6 (2015). doi: 10.1371/journal.pbio.1002165.

Ioannidis, John P. A. "Why Most Published Research Findings Are False." *PLOS Medicine* 2, no. 8 (2015): e124. https://doi.org/10.1371/journal.pmed.0020124.

Jennions, M. D., and A. P. Møller. "Relationships Fade with Time: A Meta-analysis of Temporal Trends in Publication in Ecology and Evolution." *Proceedings of the Royal Society of London. Series B*. Biological Sciences 269, no. 1486 (2002): 43—48.

John, Leslie K., George Loewenstein, and Drazen Prelec. "Measuring the Prevalence of Questionable Research Practices with Incentives for Truth Telling." *Psychological Science* 23, no. 5 (2012): 524—532.

Koricheva, Julia, and Jessica Gurevitch. "Uses and Misuses of Meta-analysis in Plant Ecology." *Journal of Ecology* 102, no. 4 (2014): 828—844.

LaCour, Michael J., and Donald P. Green. "When Contact Changes Minds: An Experiment on Transmission of Support for Gay Equality." *Science* 346, no. 6215 (2014): 1366—1369. doi: 10.1126/science.1256151.

Lehrer, Jonah. "The Truth Wears Off." *New Yorker*, December 5, 2010. https://www.newyorker.com/magazine/2010/12/13/the-truth-wears-off.

Lehrer, Jonah, and Ed Vul. "Voodoo Correlations: Have the Results of Some Brain Scanning Experiments Been Overstated?" *Scientific American*, January 20, 2009. https://www.scientificamerican.com/article/brain-scan-results-overstated/.

Lord, C. G., L. Ross, and M. R. Lepper. "Biased Assimilation and Attitude Polarization: The Effects of Prior Theories on Subsequently Considered Evidence." *Journal of Personality and Social Psychology* 37, no. 11 (1979): 2098—2109. http://dx.doi.org/10.1037/0022-3514.37.11.2098.

Mathews, David. "Papers in Economics 'Not Reproducible.' " *Times Higher Education*, October 21, 2015. https://www.timeshighereducation.com/news/papers-in-economics-not-reproducible.

Miller, Arthur G., John W. McHoskey, Cynthia M. Bane, and Timothy G. Dowd.

"The Attitude Polarization Phenomenon: Role of Response Measure, Attitude Extremity, and Behavioral Consequences of Reported Attitude Change." *Journal of Personality and Social Psychology* 64, no. 4 (1993): 561—574. http://dx.doi.org/10.1037/0022-3514.64.4.561.

Open Science Collaboration. "Estimating the Reproducibility of Psychological Science." *Science* 349, no. 6251 (2015). http://science.sciencemag.org/content/349/6251/aac4716.

Prinz, Florian, Thomas Schlange, and Khusru Asadullah. "Believe It or Not: How Much Can We Rely on Published Data on Potential Drug Targets?" *Nature Reviews Drug Discovery* 10, no. 712 (2011). doi: 10.1038/nrd3439-c1.

Reicher, Stephen, and S. Alexander Haslam. "Rethinking the Psychology of Tyranny: The BBC Prison Study." *British Journal of Social Psychology* 45 (2006): 1—40. doi: 10.1348/014466605X48998.

Vazire, S., L. J. Jussim, J. A. Krosnick, S. T. Stevens, and S. Anglin. In preparation. "A Social Psychological Model of Suboptimal Scientific Practices." University of California, Davis.

Vul, Edward, Christine Harris, Piotr Winkielman, and Harold Pashler. "Puzzlingly High Correlations in fMRI Studies of Emotion, Personality, and Social Cognition." *Perspectives on Psychological Science* 4, no. 3 (2009): 274—290. https://www.edvul.com/pdf/VulHarrisWinkielmanPashler-PPS-2009.pdf.

Walter, Patrick. "Call to Arms on Data Integrity." *Chemistry World*, July 18, 2013. https://www.chemistryworld.com/news/call-to-arms-on-data-integrity/6390.article.

Yong, Ed. "A Failed Replication Draws a Scathing Personal Attack from a Psychology Professor." *Discover*, March 10, 2012. http://blogs.discovermagazine.com/notrocketscience/2012/03/10/failed-replication-bargh-psychology-study-doyen/#.Wo4g_JM-dP0.

Zimbardo, Philip. "The Stanford Prison Experiment: A Simulation Study of the Psychology of Imprisonment." Stanford University, Stanford Digital Repository.

回应

Alberts, Bruce, Ralph J. Cicerone, Stephen E. Fienberg, Alexander Kamb, Marcia McNutt, Robert M. Nerem, Randy Schekman, et al. "Self-Correction in Science at Work." *Science* 348, no. 6242 (June 26, 2015): 1420—1422. https://doi.org/10.1126/science.aab3847.

Bishop, Dorothy V. M. "What Is the Reproducibility Crisis in Science and What Can We Do about It?" University of Oxford, August 30, 2005. https://dx.plos.org/10.1371/journal.pmed.0020124.

Bloor, David. *The Enigma of the Aerofoil: Rival Theories in Aerodynamics, 1909—1930*. Chicago: University of Chicago Press, 2011.

Brainard, Jeffrey, and Jia You. "What a Massive Database of Retracted Papers Reveals about Science Publishing's 'Death Penalty.'" *Science*, October 18, 2018. https://www.sciencemag.org/news/2018/10/what-massive-database-retracted-papers-reveals-about-science-publishing-s-death-penalty.

Brandt, Allan. *The Cigarette Century: The Rise, Fall, and Deadly Persistence of the Product That Defined America*. 1st reprint edition. New York: Basic Books, 2009.

——. "Inventing Conflicts of Interest: A History of Tobacco Industry Tactics." *American Journal of Public Health* 102, no. 1 (January 2012): 63—71. https://doi.org/10.2105/AJPH.2011.300292.

Brown, Nicholas J. L., Alan D. Sokal, and Harris L. Friedman. "The Complex Dynamics of Wishful Thinking: The Critical Positivity Ratio." *American Psychologist* 68, no. 9 (December 2013): 801—813. https://doi.org/10.1037/a0032850.

——. "The Persistence of Wishful Thinking." *American Psychologist* 69, no. 6 (September 2014): 629—632. https://doi.org/10.1037/a0037050.

Cook, John, Peter Ellerton, and David Kinkead. "Deconstructing Climate Misinformation to Identify Reasoning Errors." *Environmental Research Letters* 13, no. 2 (2018): 024018. https://doi.org/10.1088/1748-9326/aaa49f.

Cook, John, Stephan Lewandowsky, and Ullrich K. H. Ecker. "Neutralizing Misinformation through Inoculation: Exposing Misleading Argumentation Techniques Reduces Their Influence." *PLOS ONE* 12, no. 5 (May 5, 2017): e0175799. https://doi.org/10.1371/journal.pone.0175799.

Darrah, Thomas H., Robert B. Jackson, Avner Vengosh, Nathaniel R. Warner, Colin J. Whyte, Talor B. Walsh, Andrew J. Kondash, and Robert J. Poreda. "The Evolution of Devonian Hydrocarbon Gases in Shallow Aquifers of the Northern Appalachian Basin: Insights from Integrating Noble Gas and Hydrocarbon Geochemistry." *Geochimica et Cosmochimica Acta* 170 (December 1, 2015): 321—355. https://doi.org/10.1016/j.gca.2015.09.006.

Dugan, Andrew. "In U.S., Smoking Rate Hits New Low at 16%." Gallup.com, July 24, 2018. https://news.gallup.com/poll/237908/smoking-rate-hits-new-low.aspx.

Fanelli, Daniele. "How Many Scientists Fabricate and Falsify Research? A Systematic Review and Meta-Analysis of Survey Data." *PLOS ONE* 4, no. 5 (May 29, 2009): e5738. https://doi.org/10.1371/journal.pone.0005738.

Fang, Ferric C., R. Grant Steen, and Arturo Casadevall. "Misconduct Accounts for the Majority of Retracted Scientific Publications." *Proceedings of the National Academy of Sciences* 109, no. 42 (October 16, 2012): 17028—17033. https://doi.org/10.1073/pnas.1212247109.

Forman, Paul. "Behind Quantum Electronics: National Security as Basis for Physical Research in the United States, 1940—1960." *Historical Studies in the Physical and*

Biological Sciences 18, no. 1 (1987): 149—229. https://doi.org/10.2307/27757599.

Franta, Benjamin, and Geoffrey Supran. "The Fossil Fuel Industry's Invisible Colonization of Academia." *Guardian*, March 13, 2017, sec. Environment. https://www.theguardian.com/environment/climate-consensus-97-per-cent/2017/mar/13/the-fossil-fuel-industrys-invisible-colonization-of-academia.

Frederickson, Barbara L., and Marcial F. Losada. " 'Positive Affect and the Complex Dynamics of Human Flourishing': Correction to Fredrickson and Losada (2005)." *American Psychologist* 68, no. 9 (December 2013): 822.

Friedman, Harris L., and Nicholas J. L. Brown. "Implications of Debunking the 'Critical Positivity Ratio' for Humanistic Psychology: Introduction to Special Issue." *Journal of Humanistic Psychology* 58, no. 3 (May 1, 2018): 239—261. https://doi.org/10.1177/0022167818762227.

Godlee, Fiona, Ruth Malone, Adam Timmis, Catherine Otto, Andrew Bush, Ian Pavord, and Trish Groves. "Journal Policy on Research Funded by the Tobacco Industry." *Thorax* 68 (2013): 1091.

Gonzales, Joseph, and Corbin A. Cunningham. "The Promise of Pre-Registration in Psychological Research." *American Psychological Association*, August 2015. http://www.apa.org/science/about/psa/2015/08/pre-registration.aspx.

Hill, Austin Bradford. "The Environment and Disease: Association or Causation?" *Proceedings of the Royal Society of Medicine* 58 (1965): 295—300. https://www.edwardtufte.com/tufte/hill.

Kennedy, Caitlin. "Why Did Earth's Surface Temperature Stop Rising in the Past Decade?" NOAA, September 1, 2018. https://www.climate.gov/news-features/climate-qa/why-did-earth's-surface-temperature-stop-rising-past-decade.

Layton, Edwin. "Mirror-Image Twins: The Communities of Science and Technology in 19th-Century America." *Technology and Culture* 12, no. 4 (1971): 562—580. https://doi.org/10.2307/3102571.

Lewandowsky, Stephan, Kevin Cowtan, James S. Risbey, Michael E. Mann, Byron A. Steinman, Naomi Oreskes, and Stefan Rahmstorf. "The 'Pause' in Global Warming in Historical Context: (II). Comparing Models to Observations." *Environmental Research Letters* 13, no. 12 (2018): 123007. https://doi.org/10.1088/1748—9326/aaf372.

Lewandowsky, Stephan, James S. Risbey, and Naomi Oreskes. "The 'Pause' in Global Warming: Turning a Routine Fluctuation into a Problem for Science." *Bulletin of the American Meteorological Society* 97, no. 5 (September 14, 2015): 723—733. https://doi.org/10.1175/BAMS-D-14-00106.1.

——. "On the Definition and Identifiability of the Alleged 'Hiatus' in Global Warming." *Scientific Reports* 5 (November 24, 2015): 16784. https://doi.org/10.1038/srep16784.

Lewandowsky, Stephan, Naomi Oreskes, James S. Risbey, Ben R. Newell, and Michael Smithson. "Seepage: Climate Change Denial and Its Effect on the Scientific Community." *Global Environmental Change* 33 (July 1, 2015): 1—13. https://doi.org/10.1016/j.gloenvcha.2015.02.013.

Lewandowsky, Stephan, Toby Pilditch, Jens Koed Madsen, Naomi Oreskes, and James S. Risbey. "Seepage and Influence: An Evidence-Resistant Minority Can Affect Scientific Belief Formation and Public Opinion." *Cognition*, Forthcoming.

Linden, Sander van der, Anthony Leiserowitz, Seth Rosenthal, and Edward Maibach. "Inoculating the Public against Misinformation about Climate Change." *Global Challenges* 1, no. 2 (2017): 1600008. https://doi.org/10.1002/gch2.201600008.

Linden, Sander van der, Edward Maibach, John Cook, Anthony Leiserowitz, and Stephan Lewandowsky. "Inoculating against Misinformation." *Science* 358, no. 6367 (December 1, 2017): 1141—1142. https://doi.org/10.1126/science.aar4533.

Markowitz, Gerald, and David Rosner. *Deceit and Denial: The Deadly Politics of Industrial Pollution*. 1st paperback printing edition. Berkeley: University of California Press, 2003.

———. *Lead Wars: The Politics of Science and the Fate of America's Children*. 1st edition. Berkeley: University of California Press, 2013.

McHenry, Leemon B. "The Monsanto Papers: Poisoning the Scientific Well." *International Journal of Risk & Safety in Medicine* 29, no. 3—4 (January 1, 2018): 193—205. https://doi.org/10.3233/JRS-180028.

Michaels, David. *Doubt Is Their Product: How Industry's Assault on Science Threatens Your Health*. 1st edition. Oxford: Oxford University Press, 2008.

Michaels, David, and Celeste Monforton. "Manufacturing Uncertainty: Contested Science and the Protection of the Public's Health and Environment." *American Journal of Public Health* 95, no. S1 (July 1, 2005): S39—348. https://doi.org/10.2105/AJPH.2004.043059.

Mooney, Chris. "Ted Cruz Keeps Saying That Satellites Don't Show Global Warming. Here's the Problem." *Washington Post*, January 29, 2016. https://www.washingtonpost.com/news/energy-environment/wp/2016/01/29/ted-cruz-keeps-saying-that-satellites-dont-show-warming-heresthe-problem/.

Myers, John Peterson, Frederick S. vom Saal, Benson T. Akingbemi, Koji Arizono, Scott Belcher, Theo Colborn, Ibrahim Chahoud, et al. "Why Public Health Agencies Cannot Depend on Good Laboratory Practices as a Criterion for Selecting Data: The Case of Bisphenol A." *Environmental Health Perspectives* 117, no. 3 (March 2009): 309—315. https://doi.org/10.1289/ehp.0800173.

Nosek, Brian A., and D. Stephen Lindsay. "Preregistration Becoming the Norm in Psychological Science." *APS Observer* 31, no. 3 (February 28, 2018). https://www.

psychologicalscience.org/observer/preregistration-becoming-the-norm-in-psychological-science.

Oppenheimer, Michael, Naomi Oreskes, Dale Jamieson, Keynyn Brysse, Jessica O'Reilly, Matthew Shindell, and Milena Wazeck. *Discerning Experts: The Practices of Scientific Assessment for Environmental Policy*. First edition. Chicago: University of Chicago Press, 2019.

Oransky, Author Ivan. "Retracted Seralini GMO-Rat Study Republished." *Retraction Watch* (blog), June 24, 2014. http://retractionwatch.com/2014/06/24/retracted-seralini-gmo-rat-studyrepublished/.

Oreskes, Naomi. "Reconciling Representation with Reality: Unitisation as an Example for Science and Public Policy." *The Politics of Scientific Advice: Institutional Design for Quality Assurance*, January 1, 2011, 36—53. https://doi.org/10.1017/CBO9780511777141.003.

———. *Science on a Mission: American Oceanography from the Cold War to Climate Change*. Chicago: Chicago University Press, 2020.

Oreskes, Naomi, Daniel Carlat, Michael E. Mann, Paul D. Thacker, and Frederick S. vom Saal. "Viewpoint: Why Disclosure Matters." *Environmental Science & Technology* 49, no. 13 (July 7, 2015): 7527—7528. https://doi.org/10.1021/acs.est.5b02726.

Oreskes, Naomi, and Erik M. Conway. *Merchants of Doubt: How a Handful of Scientists Obscured the Truth on Issues from Tobacco Smoke to Global Warming*. Reprint edition. New York: Bloomsbury Press, 2011.

"Oxford Reproducibility Lectures: Dorothy Bishop." *NeuroAnaTody*. Accessed January 1, 2019. http://neuroanatody.com/2017/11/oxford-reproducibility-lectures-dorothy-bishop/.

"Perceptions of Science in America." *The Public Face of Science*. American Academy of Arts and Sciences, 2018. https://www.amacad.org/publication/perceptions-science-america.

Phillips, Lee. "The Female Mathematician Who Changed the Course of Physics—but Couldn't Get a Job." *Ars Technica*, May 26, 2015. https://arstechnica.com/science/2015/05/the-female-mathematician-who-changed-the-course-of-physics-but-couldnt-get-a-job/.

Pickrell, John. "How Fake Fossils Pervert Paleontology." *Scientific American*. Accessed January 14, 2019. https://www.scientificamerican.com/article/how-fake-fossils-pervert-paleontologyexcerpt/.

Pope Francis. *Encyclical on Climate Change and Inequality*. Melville Press, 2015. https://www.mhpbooks.com/books/encyclical-on-climate-change-and-inequality/.

Proctor, Robert N. *Value-Free Science?: Purity and Power in Modern Knowledge*. Cambridge, MA: Harvard University Press, 1991.

———. *Golden Holocaust: Origins of the Cigarette Catastrophe and the Case for Abolition*. 1st edition. Berkeley: University of California Press, 2012.

"Retraction Watch." *Retraction Watch*. Accessed January 14, 2019. https://retractionwatch.com/.

Richardson, Valerie. "Climate Change Whistleblower Alleges NOAA Manipulated Data to Hide Global Warming 'Pause.'" *Washington Times*, February 5, 2017. https://www.washingtontimes.com/news/2017/feb/5/climate-change-whistleblower-alleges-noaa-manipula/.

Risbey, James S., Stephan Lewandowsky, Clothilde Langlais, Didier P. Monselesan, Terence J. O'Kane, and Naomi Oreskes. "Well-Estimated Global Surface Warming in Climate Projections Selected for ENSO Phase." *Nature Climate Change* 4, no. 9 (September 2014): 835—840. https://doi.org/10.1038/nclimate2310.

Risbey, James S., Stephan Lewandowsky, Kevin Cowtan, Naomi Oreskes, Stefan Rahmstorf, Ari Jokimäki, and Grant Foster. "A Fluctuation in Surface Temperature in Historical Context: Reassessment and Retrospective on the Evidence." *Environmental Research Letters* 13, no. 12 (2018): 123008. https://doi.org/10.1088/1748-9326/aaf342.

Saal, Frederick S. vom, Benson T. Akingbemi, Scott M. Belcher, David A. Crain, David Crews, Linda C. Guidice, Patricia A. Hunt, et al. "Flawed Experimental Design Reveals the Need for Guidelines Requiring Appropriate Positive Controls in Endocrine Disruption Research." *Toxicological Sciences* 115, no. 2 (June 2010): 612—613. https://doi.org/10.1093/toxsci/kfq048.

Siegel, Donald I., Nicholas A. Azzolina, Bert J. Smith, A. Elizabeth Perry, and Rikka L. Bothun. "Methane Concentrations in Water Wells Unrelated to Proximity to Existing Oil and Gas Wells in Northeastern Pennsylvania." *Environmental Science & Technology* 49, no. 7 (April 7, 2015): 4106—4112. https://doi.org/10.1021/es505775c.

Steen, R. Grant, Arturo Casadevall, and Ferric C. Fang. "Why Has the Number of Scientific Retractions Increased?" *PLOS ONE* 8, no. 7 (July 8, 2013): e68397. https://doi.org/10.1371/journal.pone.0068397.

Taylor, James. "Global Warming Pause Extends Underwhelming Warming." *Heartland Institute*, August 8, 2014. https://www.heartland.org/news-opinion/news/global-warming-pause-extends-underwhelming-warming.

Tollefson, Jeff. "Earth Science Wrestles with Conflict-of-Interest Policies." *Nature News* 522, no. 7557 (June 25, 2015): 403. https://doi.org/10.1038/522403a.

Wazeck, Milena. *Einstein's Opponents: The Public Controversy about the Theory of Relativity in the 1920s*. Translated by Geoffrey S. Koby. 1st edition. Cambridge: Cambridge University Press, 2014.

Wolfe, Robert M., and Lisa K. Sharp. "Anti-Vaccinationists Past and Present." *BMJ (Clinical Research Ed.)* 325, no. 7361 (August 24, 2002): 430—432.

Yong, Ed. "Psychology's Replication Crisis Is Running out of Excuses." *Atlantic*, November 19, 2018. https://www.theatlantic.com/science/archive/2018/11/psychologys-replication-crisis-real/576223/.

后记

"Age-Specific Relevance of Usual Blood Pressure to Vascular Mortality: A Meta-Analysis of Individual Data for One Million Adults in 61 Prospective Studies." *Lancet* 360, no. 9349 (December 14, 2002): 1903—1913. https://doi.org/10.1016/S0140—6736(02)11911-8.

Bastasch, Michael, and Ryan Maue. "Take a Look at the New 'Consensus' on Global Warming." Cato Institute, June 21, 2017. https://www.cato.org/publications/commentary/take-look-newconsensus-global-warming.

Becker, Katie. "10 American Beauty Ingredients That Are Banned in Other Countries." *Cosmopolitan*, November 8, 2016. https://www.cosmopolitan.com/style-beauty/beauty/g7597249/banned-cosmetic-ingredients/.

Cancer Council Australia. "Position Statement—Sun Exposure and Vitamin D—Risks and Benefits—National Cancer Control Policy." *National Cancer Control Policy*. Accessed January 20, 2019. https://wiki.cancer.org.au/policy/Position_statement_-_Risks_and_benefits_of_sun_exposure#_ga=2.151372857.1466774130.1547753555-1991479126.1547753555.

Cancer Council Australia. "SunSmart." *Cancer Council Australia*. Accessed January 20, 2019. https://www.cancer.org.au/policy-and-advocacy/position-statements/sun-smart/.

Carey, Kevin. "A Peek Inside the Strange World of Fake Academia." *The New York Times*, December 22, 2017.

CFR—Code of Federal Regulations, Title 21, Sec. 352.10. Accessed January 19, 2019. https://www.accessdata.fda.gov/scripts/cdrh/cfdocs/cfcfr/cfrsearch.cfm?fr=352.10.

Consensus Development Panel. "National Institutes of Health Summary of the Consensus Development Conference on Sunlight, Ultraviolet Radiation, and the Skin. Bethesda, Maryland, May 8—10, 1989." *Journal of the American Academy of Dermatology*, no. 24(1991): 608—612.

C-SPAN. *Sen. James Inhofe (R-OK) Snowball in the Senate*. Accessed January 19, 2019. https://www.youtube.com/watch?v=3E0a_60PMR8.

Downs, C. A., Esti Kramarsky-Winter, Roee Segal, John Fauth, Sean Knutson, Omri Bronstein, Frederic R. Ciner, et al. "Toxicopathological Effects of the Sunscreen UV Filter, Oxybenzone (Benzophenone-3), on Coral Planulae and Cultured Primary Cells and Its Environmental Contamination in Hawaii and the U.S. Virgin Islands." *Archives of Environmental Contamination and Toxicology* 70, no. 2 (February 1, 2016): 265—288. https://doi.org/10.1007/s00244-015-0227-7.

Gabbard, Mike, Donna Mercado Kim, Laura Thielen, Les Ihara, Clarence Nishihara, and Brickwood Galuteria. *Relating to Water Pollution*, SB2571SD2HD2CD1 (2021). https://www.capitol.hawaii.gov/Archives/measure_indiv_Archives.aspx?billtype=SB&billnumber=2571&year=2018.

Ghosh, Amitav. *The Great Derangement: Climate Change and the Unthinkable*. 1st edition. Chicago: University of Chicago Press, 2017.

Gross, Paul R., and Norman Levitt. *Higher Superstition: The Academic Left and Its Quarrels with Science*. Reprint edition. Baltimore: Johns Hopkins University Press, 1997.

"IARC Monographs Volume 112: Evaluation of Five Organophosphate Insecticides and Herbicides." *IARC Monographs*. International Agency for Research on Cancer, March 20, 2015.

Jacobsen, Rowan. "Is Sunshine the New Margarine?" *Outside Online*, January 10, 2019. https://www.outsideonline.com/2380751/sunscreen-sun-exposure-skin-cancer-science.

Jacobson, Louis. "Did Trump Say Climate Change Was a Chinese Hoax?" *Politifact*. June 3, 2016. https://www.politifact.com/truth-o-meter/statements/2016/jun/03/hillary-clinton/yesdonald-trump-did-call-climate-change-chinese-h/.

Lindqvist, P. G., E. Epstein, K. Nielsen, M. Landin-Olsson, C. Ingvar, and H. Olsson. "Avoidance of Sun Exposure as a Risk Factor for Major Causes of Death: A Competing Risk Analysis of the Melanoma in Southern Sweden Cohort." *Journal of Internal Medicine* 280, no. 4 (2016): 375—387. https://doi.org/10.1111/joim.12496.

Mooney, Chris. "Ted Cruz Keeps Saying That Satellites Don't Show Global Warming. Here's the Problem." *Washington Post*. Accessed January 19, 2019. https://www.washingtonpost.com/news/energy-environment/wp/2016/01/29/ted-cruz-keeps-saying-that-satellites-dont-show-warming-heres-the-problem/.

Oberhaus, Daniel. "Hundreds of Researchers from Top Universities Were Published in Fake Academic Journals." *Vice*, August 14, 2018.

Oppenheimer, Michael, Naomi Oreskes, Dale Jamieson, Keynyn Brysse, Jessica O'Reilly, Matthew Shindell, and Milena Wazeck. *Discerning Experts: The Practices of Scientific Assessment for Environmental Policy*. First edition. Chicago: University of Chicago Press, 2019.

"Oxybenzone—Substance Information." *ECHA*. Accessed January 19, 2019. https://echa.europa.eu/substance-information/-/substanceinfo/100.004.575.

Perez, Marco I., Vijaya M. Musini, and James M. Wright. "Effect of Early Treatment with Anti-Hypertensive Drugs on Short and Long-Term Mortality in Patients with an Acute Cardiovascular Event." *Cochrane Database of Systematic Reviews*, no. 4 (October 7, 2009): CD006743. https://doi.org/10.1002/14651858.CD006743.pub2.

Pomerantsev, Peter. "Why We're Post-Fact." *Granta Magazine* (blog), July 20,

2016. https://granta.com/why-were-post-fact/.

"Predatory Conference." Wikipedia. Accessed April 19, 2019. en.wikipedia.org/w/index.php?title=Predatory_conference&oldid=893730268.

Rudwick, Martin J. S. *The Great Devonian Controversy: The Shaping of Scientific Knowledge among Gentlemanly Specialists.* Chicago: University of Chicago Press, 1988.

Schneider, Samantha L., and Henry W. Lim. "Review of Environmental Effects of Oxybenzone and Other Sunscreen Active Ingredients." *Journal of the American Academy of Dermatology* 80, no. 1 (January 1, 2019): 266—271. https://doi.org/10.1016/j.jaad.2018.06.033.

Smith, Tara C. "Vaccine Rejection and Hesitancy: A Review and Call to Action." *Open Forum Infectious Diseases* 4, no. 3 (July 18, 2017). https://doi.org/10.1093/ofid/ofx146.

"Sunscreen Fact Sheet." *British Association of Dermatologists*. Accessed January 20, 2019. http://www.bad.org.uk/for-the-public/skin-cancer/sunscreen-fact-sheet#sun-safety-tips.

"Tobacco Companies Ordered to Place Statements about Products' Dangers on Websites and Cigarette Packs." Campaign for Tobacco-Free Kids, January 5, 2018. www.tabaccofreekids.org/press-releases/2018_05_01_correctivestatements.

Trump, Donald J. "The Concept of Global Warming Was Created by and for the Chinese in Order to Make U.S. Manufacturing Non-Competitive." Tweet. *@realDonaldTrump* (blog), November 6, 2012. https://twitter.com/realDonaldTrump/status/265895292191248385.

"United States v. Philip Morris (D.O.J. Lawsuit)." Public Health Law Center. Accessed May 29, 2019. http://publichealthlawcenter.org/topics/tobacco-control/tobacco-control-litigation/united-states-v-philip-morris-doj-lawsuit.

Wang, Jiaying, Liumeng Pan, Shenggan Wu, Liping Lu, Yiwen Xu, Yanye Zhu, Ming Guo, and Shulin Zhuang. "Recent Advances on Endocrine Disrupting Effects of UV Filters." *International Journal of Environmental Research and Public Health* 13, no. 8 (August 2016). https://doi.org/10.3390/ijerph13080782.

"Where Is Glyphosate Banned?" *Baum Hedlund Aristei Goldman* (blog), November 2018. https://www.baumhedlundlaw.com/toxic-tort-law/monsanto-roundup-lawsuit/where-is-glyphosate-banned/.

Zurcher, Anthony. "Does Trump Still Think It's All a Hoax?," *BBC News*, June 2, 2017, sec. US and Canada. https://www.bbc.com/news/world-us-canada-40128034.

译后记

本书与我有缘。

2020年初,接到王洋编辑翻译本书的邀约,在大致翻看之后很快应承下来。其中最为重要的原因是,我2018年刚刚由她担任责编出版了《科学之死:20世纪科学哲学思想简史》一书,而科学的客观性和真理性"死亡"之后,逻辑上必定产生的一个问题就是我们为什么还要相信它。因此,翻译本书其实可以算得上一个学习的过程,看看别人如何思考自己所关切的问题。

感谢王洋编辑的慧眼,让我能有机会对这本趣味盎然的书先睹为快;更要感谢她的耐心和包容,方能让译者从容完成任务。也感谢清华大学科学史系博士研究生乔宇同学的加盟,他在繁重的学位论文写作阶段参与此项工作,殊为不易。

本书大体上采取了直译的方式,仅在个别地方略有意译的味道(主要是余论末尾作者表达自己价值观的段落)。乔宇同学翻译了评论部分(包括其相关注释),余者由我完成,最终的统稿也由我负责。

鉴于本书涉及的知识面极其广泛,加之作者众多、风格迥异,译者视野所限,难免有未尽其意、挂一漏万之处,还望读者诸君多多包涵及指教。

翻译辛苦事,不足外道。某日,夫人看过一段译文之后笑而不语。再三问之,答曰:翻译没几天,连中国话都说不利索了。儿子在旁再补一刀:爸,您这每个字我都认识,咋连在一起我就不知道啥意思了呢?

一切都是最好的安排。

马建波
2021年3月30日于中国人民大学青年公寓

图书在版编目(CIP)数据

为什么信任科学:反智主义、怀疑论及文化多样性/(美)内奥米·奥雷斯克斯著;马建波,乔宇译. —上海:上海科技教育出版社,2021.12
(哲人石丛书. 当代科普名著系列)
书名原文:Why Trust Science?
ISBN 978-7-5428-7602-7

Ⅰ.①为… Ⅱ.①内… ②马… ③乔… Ⅲ.①科学知识—普及读物 Ⅳ.①Z228

中国版本图书馆CIP数据核字(2021)第221493号

责任编辑　王　洋　师宇楠
装帧设计　李梦雪

WEISHENME XINREN KEXUE
为什么信任科学——反智主义、怀疑论及文化多样性
[美]内奥米·奥雷斯克斯　著
马建波　乔　宇　译

出版发行　上海科技教育出版社有限公司
　　　　　(上海市闵行区号景路159弄A座8楼　邮政编码201101)
网　　址　www.sste.com　www.ewen.co
经　　销　各地新华书店
印　　刷　常熟市文化印刷有限公司
开　　本　720×1000　1/16
印　　张　19.75
版　　次　2021年12月第1版
印　　次　2021年12月第1次印刷
书　　号　ISBN 978-7-5428-7602-7/N·1135
图　　字　09-2020-645号
定　　价　68.00元

Why Trust Science?

by

Naomi Oreskes

Copyright © 2019 by Princeton University Press

Chinese (Simplified Characters) Edition Copyright © 2021

by Shanghai Scientific & Technological Education Publishing House Co., Ltd.

This translation is published by arrangement with Princeton Univesity Press,

ALL RIGHTS RESERVED

上海科技教育出版社业经 Princeton University Press 授权

取得本书中文简体字版版权